国家社科基金项目(11BTQ012)

我国农民信息需求特征及其影响因素研究

Study on the Characteristics of Chinese Farmers' Information Need and Its Influencing Factors

蔡东宏 陈立贞／著

中国财经出版传媒集团

经济科学出版社

Economic Science Press

图书在版编目（CIP）数据

我国农民信息需求特征及其影响因素研究／蔡东宏，
陈立贞著 . —北京：经济科学出版社，2017.1
ISBN 978 - 7 - 5141 - 7746 - 6

Ⅰ.①我… Ⅱ.①蔡… ②陈… Ⅲ.①农民 - 情报
需求 - 研究 - 中国 Ⅳ.①S126

中国版本图书馆 CIP 数据核字（2017）第 022845 号

责任编辑：刘 莎
责任校对：靳玉环
责任印制：邱 天

我国农民信息需求特征及其影响因素研究
蔡东宏 陈立贞 著
经济科学出版社出版、发行 新华书店经销
社址：北京市海淀区阜成路甲 28 号 邮编：100142
总编部电话：010 - 88191217 发行部电话：010 - 88191522
网址：www. esp. com. cn
电子邮件：esp@ esp. com. cn
天猫网店：经济科学出版社旗舰店
网址：http://jjkxcbs. tmall. com
北京万友印刷有限公司印装
710 × 1000 16 开 17.5 印张 320000 字
2017 年 2 月第 1 版 2017 年 2 月第 1 次印刷
ISBN 978 - 7 - 5141 - 7746 - 6 定价：58.00 元
（图书出现印装问题，本社负责调换。电话：010 - 88191510）
（版权所有 侵权必究 举报电话：010 - 88191586
电子邮箱：dbts@ esp. com. cn）

前　言

《中华人民共和国国民经济和社会发展第十三个五年规划纲要》目标要求中指出："十三五"期间我国"经济保持中高速增长，在提高发展平衡性、包容性、可持续性的基础上，到2020年国内生产总值和城乡居民人均收入比2010年翻一番，产业迈向中高端水平，消费对经济增长贡献明显加大，户籍人口城镇化率加快提高。农业现代化取得明显进展，人民生活水平和质量普遍提高，我国现行标准下农村贫困人口实现脱贫，贫困县全部摘帽，解决区域性整体贫困。"我国在推进农村现代化进程中，城乡之间因为发展战略、基础、区位等多重因素的影响，导致发展有快有慢，有强有弱，城乡居民收入水平、生活质量和公共服务存在较大差距、城乡数字鸿沟也在不断加大，城乡分化及分化程度的加深，使农村成为我国现代化、信息化的短板，"三农"问题已成为制约我国国民经济发展和影响社会稳定的严峻问题。农业信息化作为国民经济和社会信息化的重要组成，关系到我国传统农业向现代农业的转型。无论是"三农"问题，还是农村信息化问题，其核心的主体都是农民。农民是农村信息化的受益者，是农业信息的利用者、传播者，农民的信息意识、信息能力决定着农业政策的落实和农村信息服务的效果，然而在农村信息化进程中，农民面对信息产品、信息服务仍存在用不上、用不全、用不起、用不久和怎么用的障碍，信息享有的不均等将导致贫富差距进一步拉大，这将严重制约农村信息化进程，信息在农民群体中的传播和利用已经成为影响农民生产效率和生活水平的重要因素。农村信息化建设是一个系统工程，受到农村经济社会发展、地域特征和国情等多种因素影响，伴随着我国城镇化进程加快和国家对"三农"扶持的深化，农村信息化问题已经由以往单一的基础设施建设向更深层次提升涉农信息服务效果转变，农村信息服务机构只有了解农民信息需求内容、特点以及信息利用过程的影响因素，才能更好地评价涉农信息服务政策、手段的有效性，有针对性地解决涉农信息服务质量问题，提高农村信息化应用水平，为解决现阶段农村信息化建设瓶颈找到突破口。

本书以"我国农民信息需求特征及其影响因素研究"为题，主要以信息经济学、传播学、需求层次理论、信息资源管理理论等相关理论为依托，研究我国农民信息需求现状及特征、分析影响农民信息需求的客观因素和影响信息需求认识与表达的因素，此外，还结合问卷调查的数据，建立了海南省农民信息需求影响因素的实证模型，得出了各影响因素对海南省农民信息需求的相关关系和影响程度。通过这些研究，力求为我国农村信息服务工作的开展提供理论支持，为农村信息化发展建言献策。

第1章导论，主要探讨选题背景，研究的目的与意义，国内外研究现状，主要研究方法与内容，研究的重点、难点、创新点，数据来源等。

第2章农民信息需求内涵及相关理论基础，主要探讨农民信息需求内涵、信息需求相关理论、信息经济学相关理论、传播学相关理论。

第3章农民对农业信息接受的机理分析，主要探讨农民对农业信息接受的生理机制、农民对农业信息接受的心理机制、农民对农业信息接受的社会机制和农民对农业信息接受的媒体传播机制。

第4章我国农民信息需求现状与特点分析，主要分析我国东中西部农民信息需求现状、农民信息需求的类型、农民信息需求特点与趋势、农民信息获取渠道与特点。

第5章海南省农民信息需求现状与特点分析，主要分析海南省农民的农业信息需求现状、民生信息需求现状、行政管理信息需求现状，以及海南省农民信息需求特点和信息获取渠道。

第6章农民信息需求的影响因素分析，主要分析影响农民信息需求的客观因素以及影响农民信息需求认识与表达的因素。

第7章农民信息需求影响因素计量模型的建立与分析，主要内容涉及实证模型构建和研究假设、变量定义和说明、相关分析、回归分析、实证结果与讨论。

第8章发达国家满足农民信息需求的措施及启示。主要阐述美国、欧盟、日本、韩国等发达国家和地区在推进农业信息化发展满足农民信息需求政策措施方面的成功经验和做法，并结合我国实际情况，探讨发达国家在满足农民信息需求方面给我国带来的启示。

第9章推进农业信息化发展满足农民信息需求的思路与对策。结合上述研究成果和研究结论，提出推进农业信息化发展满足我国农民信息需求的整体思路与对策建议。

笔者在写作修改完善该专著的过程中，得到冯颖教授、许海平博士和秦子珍博士的无私帮助和大力支持，在此一并表示衷心感谢！

目　　录

第1章　导论 ……………………………………………………………… 1

　　1.1　选题背景 ………………………………………………………… 1

　　1.2　研究的目的与意义 ……………………………………………… 7

　　1.3　国内外研究现状 ………………………………………………… 9

　　1.4　主要研究内容与方法 …………………………………………… 19

　　1.5　研究的重点、难点、创新点 …………………………………… 22

　　1.6　数据来源 ………………………………………………………… 23

第2章　农民信息需求内涵及相关理论基础 …………………………… 28

　　2.1　农民信息需求内涵 ……………………………………………… 28

　　2.2　信息需求相关理论 ……………………………………………… 34

　　2.3　信息经济学相关理论 …………………………………………… 37

　　2.4　传播学相关理论 ………………………………………………… 39

第3章　农民对农业信息接受的机理分析 ……………………………… 45

　　3.1　农民对农业信息接受的生理机制分析 ………………………… 46

　　3.2　农民对农业信息接受的心理机制分析 ………………………… 48

　　3.3　农民对农业信息接受的社会机制分析 ………………………… 60

　　3.4　农民对农业信息接受的媒体传播机制分析 …………………… 67

第4章　我国农民信息需求现状与特点分析 …………………………… 74

　　4.1　我国东中西部农民信息需求现状 ……………………………… 75

　　4.2　农民信息需求的类型 …………………………………………… 85

　　4.3　我国农民信息需求特点与趋势 ………………………………… 90

　　4.4　农民信息获取渠道与特点 ……………………………………… 95

第 5 章 海南省农民信息需求现状与特点分析 ················· 111

　　5.1 农民的农业信息需求现状分析 ················· 111

　　5.2 民生信息需求现状分析 ················· 118

　　5.3 行政管理信息需求现状分析 ················· 121

　　5.4 海南省农民信息需求特点分析 ················· 123

　　5.5 海南省农民获取信息的渠道分析 ················· 133

第 6 章 农民信息需求的影响因素分析 ················· 147

　　6.1 影响农民信息需求的客观因素分析 ················· 147

　　6.2 影响农民信息需求认识与表达的因素分析 ················· 155

第 7 章 农民信息需求影响因素计量模型的建立与分析 ················· 179

　　7.1 实证模型构建和研究假设 ················· 179

　　7.2 变量定义和说明 ················· 181

　　7.3 相关分析 ················· 183

　　7.4 回归分析 ················· 193

　　7.5 实证结果与讨论 ················· 205

第 8 章 发达国家满足农民信息需求的措施及启示 ················· 224

　　8.1 发达国家满足农民信息需求的措施 ················· 224

　　8.2 发达国家满足农民信息需求的政策措施对我国的启示 ················· 238

第 9 章 推进农业信息化发展满足农民信息需求的思路与对策 ················· 244

　　9.1 推进农业信息化发展满足农民信息需求的思路 ················· 244

　　9.2 满足农民信息需求的对策建议 ················· 250

参考文献 ················· 262

第 *1* 章

导　论

选题背景

党的十八大报告提出"促进工业化、信息化、城镇化、农业现代化同步发展"的战略部署，确保了信息化成为工业化、城镇化、农业现代化发展的主要动力与支柱。工业化、信息化、城镇化快速发展，对同步推进农业现代化的要求尤为迫切，没有农村信息化，就不可能有农业的现代化，更不可能实现农村全面小康。当前，我国正处在从传统农业向现代农业转型的关键时期，在推进农村现代化进程中，城乡之间因为发展战略、基础、区位等多重因素的影响，导致发展有快有慢，有强有弱，城乡居民收入水平、生活质量和公共服务存在较大差距、城乡数字鸿沟也在不断加大，城乡分化及分化程度的加深，农业还是"四化同步"的短腿，农村仍是全面建设小康社会的短板，"三农"问题依旧是制约我国农村发展及现代化进程中的瓶颈，也是中华民族伟大复兴征程中的一道难以逾越的鸿沟。

自 2001 年以来，我国城镇居民家庭人均可支配收入虽然呈现快速增长趋势，2013 年的年人均可支配收入达到 26955.1 元，是 2001 年 6859.6 元的 3.93 倍，城镇居民人均可支配收入仍是农村居民家庭人均纯收入 3 倍有余，尽管自 2009 年以来这一比例趋降（见表 1-1）。城乡居民收入差距较大，"三农"问题的解决任重而道远。

恩格尔系数（Engel's Coefficient）是国际上通用的衡量居民生活水平高低的一项重要指标，是指食品支出总额占个人消费支出总额的比重，一般随居民家庭收入和生活水平的提高而下降。改革开放 36 年以来，我国城镇和农村居民家庭恩格尔系数已由 1978 年的 57.5% 和 67.7% 分别下降到 2013 年的 35% 和 37.7%

（见表1-2）。虽然城镇和农村居民家庭恩格尔系数都有大幅度下降，生活水平都有明显好转，但城镇和农村居民家庭生活水平仍然存在一定差距。另外，人均国内旅游花费也是反映我国居民生活质量的一个标准，2014年我国农村居民国内旅游花费仅为540元，而城镇居民人均国内花费为975元，将近是农村居民的2倍，城乡居民的生活质量也存在着较大差距。

表1-1　　　　　　　2001～2014年城乡居民家庭人均收入情况统计

年份	城镇居民家庭人均可支配收入（元）	农村居民家庭人均纯收入（元）	城镇居民人均可支配收入/农村居民人均纯收入
2001	6859.6	2366.4	2.90
2002	7702.8	2475.6	3.11
2003	8472.2	2622.2	3.23
2004	9421.6	2936.4	3.21
2005	10493	3254.9	3.22
2006	11759.5	3587	3.28
2007	13785.8	4140.4	3.33
2008	15780.8	4760.6	3.31
2009	17174.7	5153.2	3.33
2010	19109.4	5919	3.23
2011	21809.8	6977.3	3.13
2012	24564.7	7916.6	3.10
2013	26955.1	8895.9	3.03
2014	29381.0	9892.0	2.97

资料来源：中华人民共和国国家统计局．城乡居民人均收入．http：//www.stats.gov.cn/tjsj/ndsj/2015/indexch.htm.

表1-2　　　　　　　　　我国城乡居民生活质量统计

年　份	居民家族恩格尔系数（%）		人均国内旅游花费（元）	
	城镇	农村	城镇	农村
1978	57.5	67.7		
1990	54.2	58.8		
2000	39	49	679	227
2009	36.5	41	801	295

续表

年 份	居民家族恩格尔系数（%）		人均国内旅游花费（元）	
	城镇	农村	城镇	农村
2010	35.7	41.1	883	306
2011	36.3	40.4	878	471
2012	36.2	39.3	915	491
2013	35	37.7	947	519
2014			975	540

资料来源：国家统计局．中国统计年鉴［J］．北京：中国统计出版社，2014：158，526．
中华人民共和国国家统计局．国内旅游情况．http：//www.stats.gov.cn/tjsj/ndsj/2015/indexch.htm.

教育是一个国家持续发展的关键，当今时代的竞争实质上是人才的竞争。各级政府高度重视城市和农村教育，实施了九年义务教育的政策，取得了一定的成就，但是由于教育、卫生等公共服务城乡分配不均，差距逐渐拉大，直接导致城乡教育非均等化。农村教育与城市教育的差异主要表现在以下几个方面：农村的师资匮乏，教师结构不合理；教师培训不足；教师的福利待遇无法保障，教学设备无法落实；学校数量不足。以普通高中数量来看我国城乡教育，从表 1-3 可以看出，2012 年城镇普通高中及在校生分别有 12791 所和 2383.74 万人，而农村仅分别有 718 所和 83.43 万人。2013 年城镇普通高中降为 12644 所，农村则降为 708 所。2014 年农村普通高中数及在校生数下降幅度更大。

表 1-3　　　　　　　　2012~2014 年我国城乡普通高中数量差异

	学校数量（所）	在校学生数（人）
2012 年城镇普通高中	12791	23837430
2012 年农村普通高中	718	834282
2013 年城镇普通高中	12644	23543908
2013 年农村普通高中	708	814909
2014 年城镇普通高中	12586	23218652
2014 年农村普通高中	667	786071

资料来源：国家统计局．中国统计年鉴［J］．北京：中国统计出版社，2013：691，2014：662，2015：707．

2014 年，我国城镇每千人口拥有卫生技术人员 9.70 人，执业（助理）医师 3.54 人，注册护士 4.30 人，而农村每千人口分别拥有 3.77 人、1.51 人、1.31

人。由此可见，城镇每千人口对卫生技术人员、执业（助理）医师、注册护士的拥有量分别是农村的 2.57 倍、2.34 倍、3.26 倍。不仅 2014 年城乡卫生技术人员拥有量存在很大差距，而且在 1990～2014 年期间这一差距也很明显（见表 1-4）。

表 1-4   我国每千人口卫生技术人员分配情况统计

年 份 Year	卫生技术人员 Medical Technical Personnel			执业（助理）医师 Licensed（Assistant）Doctors			注册护士 Registered Nurses		
地区 Region	合计 Total	城镇 City	农村 County	合计 Total	城镇 City	农村 County	合计 Total	城镇 City	农村 County
1990	3.45	6.59	2.15	1.56	2.95	0.98	0.86	1.91	0.43
2000	3.63	5.17	2.41	1.68	2.31	1.17	1.02	1.64	0.54
2005	3.50	5.82	2.69	1.56	2.46	1.26	1.03	2.10	0.65
2006	3.60	6.09	2.70	1.60	2.56	1.26	1.09	2.22	0.66
2007	3.72	6.44	2.69	1.61	2.61	1.23	1.18	2.42	0.70
2008	3.90	6.68	2.8	1.66	2.68	1.26	1.27	2.54	0.76
2009	4.15	7.15	2.94	1.75	2.83	1.31	1.39	2.82	0.81
2010	4.39	7.62	3.04	1.80	2.97	1.32	1.53	3.09	0.89
2011	4.61	6.68	2.66	1.83	2.62	1.10	1.67	2.62	0.79
2012	4.94	8.55	3.41	1.94	3.19	1.40	1.85	3.65	1.09
2013	5.27	9.18	3.64	2.04	3.39	1.48	2.04	4.00	1.22
2014	5.56	9.70	3.77	2.12	3.54	1.51	2.20	4.30	1.31

资料来源：中华人民共和国国家统计局．每千人口卫生技术人员．http://www.stats.gov.cn/tjsj/ndsj/2015/indexch.htm.

著名经济学家胡鞍钢认为，中国目前面临着三大"数字鸿沟"。即中国与世界、中国各地区之间以及城乡之间的"数字鸿沟"。从中国与世界的比较来说，中国已经成为"数字贫困"国家；从国内各地区的比较来看，东部地区有一定的发展，而中西部地区基本上成为"数字赤贫"地区；从城乡的比较来看，农村地区完全成为"数字边缘化"地区，城乡数字鸿沟已经成为一种新的城乡贫富差距。具体表现如下：

（1）城乡信息设备和信息基础设施存在较大差距

2010～2014 年城乡电话用户总量都存在着巨大差距，均呈下降趋势，但农村下降尤为明显，主要近年受到移动手机冲击和农村人口进城影响。2014年城市电话用户有17627.9万户，农村电话用户只有7315.9户，农村电话用户不到城市电话用户的一半（见表1-5）。

表1-5　　　　　　2010~2014年我国城乡居民电话拥有量

年份	2010	2011	2012	2013	2014
城市电话用户（万户）	19658.1	19121.7	18893.4	18456.8	17627.9
农村电话用户（万户）	9776.1	9388.1	8921.9	8241.7	7315.1

资料来源：国家统计局.中国统计年鉴［J］.北京：中国统计出版社，2014：570.

农村家庭每百户固定电话拥有量也明显低于城镇，但移动电话差距在缩小。在计算机设备方面，城乡家庭居民存在着巨大差异，2012年我国城镇居民百户家庭的计算机拥有量已达到87.03台，农村仅为21.36台（见表1-6）。

表1-6　　　城乡居民家庭平均每百户计算机、移动电话和固定电话拥有量

年份	2010年		2011年		2012年	
	城镇	农村	城镇	农村	城镇	农村
计算机（台）	71.16	10.37	81.88	17.96	87.03	21.36
移动电话（部）	188.9	136.54	205.25	179.7	212.64	197.8
固定电话（部）	80.94	60.76	69.58	43.11	68.41	42.24

资料来源：国家统计局.中国统计年鉴［J］.北京：中国统计出版社，2013：350，373.

近年来，城乡之间网民数量及互联网普及率增长迅猛，但仍存在巨大差异。截至2015年6月，我国农村网民规模达1.86亿，与2014年底相比增加800万。目前，城镇地区与农村地区的互联网普及率分别为64.2%和30.1%，相差34.1个百分点。农村地区10~40岁人群的互联网普及率比城镇地区低15~27个百分点，这部分人群互联网普及的难度相对较低，将来可转化的空间也较大。农村地区新增网民中，使用手机上网的达69.2%。未来几年内，手机上网依然是带动农村地区网民增长的主要动力[①]。

---

①　第36次中国互联网络发展状况统计报告中国互联网络信息中心 http://www.cnnic.cn/hlwfzyj/hlwxzbg/hlwtjbg/201507/P020150723549500667087.pdf.

（2）城乡居民存在着较大知能差距

所谓知能差距，是指社会成员间在知识和能力方面所具有的实际水平的差距。知能水平主要是由个人的教育水平决定的，对社会成员信息获取能力和处理能力的高低存在决定性影响。随着教育事业的发展，我国人口受教育水平进一步提高。2012 年我国农村劳动力中，大专及以上文化程度占 2.93%，为 2011 年的 1.1 倍，是 1990 年的 29.3 倍，不识字或识字很少的占 5.30%，为 2011 年的 0.97 倍，为 1990 年的 0.26 倍①。22 年来，我国农村劳动力的文化程度虽然有了很大程度上的提升，但是整体文化程度还是较低，我国城乡人口的受教育程度还存在明显差异。2011 年我国非农人口中，大专及以上文化程度占 21.8%，远远高于农业人口中的 2.65%②。农村居民缺少使用互联网的需求，受教育程度不高等制约网络应用升级，是城乡数字鸿沟存在的现实因素。

（3）城乡居民的信息消费能力存在较大差距

信息消费是指直接或间接地以信息产品和信息服务为消费对象，通过对信息的获取、占有、加工、分享和使用，来满足人们日益丰富的物质和精神需求的活动。我国城镇居民人均可支配收入为农村居民人均纯收入的 2.98 倍（见表 1 - 1），根据直观分析，居民有了收入才能进行信息消费，信息消费量的大小、信息消费的内容结构选择，直接受制于建立在货币收入基础上的国民货币支付能力，城乡收入差距在根本上制约了农村居民的信息消费能力。

近年来，随着农村信息化进程的不断推进，农村信息化建设的重点已经由提升信息化基础设施建设向提升农村信息化应用水平转变。随着经济和社会的不断发展，我国农民的信息需求正处于快速增长的阶段，他们不仅需要及时准确、易于理解和应用的信息内容，还需要方便快捷的信息获取渠道，来帮助解决生活和生产遇到的各种问题。深入了解农民的信息需求和信息行为特征，可以更好地解决农村信息化进程中的信息化应用问题，为我国的农业信息化有效服务社会主义新农村建设提供重要支持。

---

① 国家统计局农村社会经济调查司. 中国农村统计年鉴 [J]. 北京：中国统计出版社，2015：31.
② 张车伟. 中国人口年鉴 [M]. 北京：中国人口年鉴杂志社，2012：357 - 359.

1.2

研究的目的与意义

1.2.1 研究的目的

农民问题是"三农"中最根本的问题。农民的信息需求问题，则是农民问题解决的重要问题之一。在农村实际工作中，农民的信息需求内容比较单一，信息需求量一直不高。农民信息需求具有什么样特征，到底是哪些因素影响了农民的信息需求？以上课题的解决不仅是研究农民信息需求问题的切入点，也是"三农"问题解决的重要突破口。

信息服务必须立足于用户的实际需要。农民是农业信息服务的重要客体，也是农业信息服务的终端受益群体。本研究通过实地问卷调查，分析农民农业信息的需求特征，重点研究影响农民信息需求的影响因素，为有关信息服务部门提供有针对性的信息服务做出重要的理论支撑和现实指导，为改善农民生活、加快农民增收、实现农业增效目标做出应有的贡献。

1.2.2 研究的意义

在经济全球化的今天，信息化已成为世界各国推动经济、社会发展的重要手段，信息化水平也成为国与国之间竞争的软实力。当前，我国城乡差距不仅体现在经济上，更存在信息差距和数字鸿沟上。建设新农村，发展现代农业，农业信息化建设应该先行，农业信息化已经成为农业现代化的重要内涵。而农民的信息需求是发展农业信息化的前提。只有了解农民信息需求，才能更合理地进行农业信息化建设，提供符合农民需求的信息服务。调查分析我国农民信息需求的现状及其影响因素，更好地实现和满足农民信息需求，直接关系到我国农业信息化的发展成效，也直接影响到我国农民能否较快地致富和提高生活水平，以及我国社会主义和谐社会建设和新农村建设能否取得丰硕成果。

Wilson（1999）认为"需求"是用户信息行为的逻辑起点，只有以需求为导向，并聚焦在需求上，真正把握农民的信息需求，才能提供有针对性的服务，推动我国农业信息化进程。

近年来，我国政府对"三农"信息化方面也给予了越来越多的关注，在中央一号文件中都有提及。《全国农业和农村信息化建设总体框架（2007～2015）》中明确提出："以解放和发展农村生产力为核心，以优化配置信息资源为基础，以开发应用信息技术为支撑，以提升信息服务能力为重点，不断提高我国农业和农村信息化水平，充分发挥信息化在发展现代农业和建设社会主义新农村中的重要作用，推动形成城乡经济社会发展一体化新格局"。从2004～2016年期间，"三农"问题是持续12年来中央一号文件的首要关注问题。在2005年的文件中首次提到了"加强农业信息化建设"，2007年又进一步强调"加快农业信息化建设。用信息技术装备农业，对于加速改造传统农业具有重要意义。健全农业信息收集和发布制度，整合涉农信息资源，推动农业信息数据收集整理规范化、标准化。加强信息服务平台建设，深入实施'金农'工程，建立国家、省、市、县四级农业信息网络互联中心。加快建设一批标准统一、实用性强的公用农业数据库。加强农村一体化的信息基础设施建设，创新服务模式，启动农村信息化示范工程。积极发挥气象为农业生产和农民生活服务的作用。鼓励有条件的地方在农业生产中积极采用全球卫星定位系统、地理信息系统、遥感和管理信息系统等技术。"2008年又提出"积极推进农村信息化。按照求实效、重服务、广覆盖、多模式的要求，整合资源，共建平台，健全农村信息服务体系。推进'金农''三电合一'、农村信息化示范和农村商务信息服务等工程建设，积极探索信息服务进村入户的途径和办法。在全国推广资费优惠的农业公益性服务电话。健全农业信息收集和发布制度，为农民和企业提供及时有效的信息服务。"2010年明确提出要进一步推进农村信息化，积极支持农村电信和互联网基础设施建设，健全农村综合信息服务体系。2012年又再次指出，"全面推进农业农村信息化，着力提高农业生产经营、质量安全控制、市场流通的信息服务水平。整合利用农村党员干部现代远程教育等网络资源，搭建三网融合的信息服务快速通道。加快国家农村信息化示范省建设，重点加强面向基层的涉农信息服务站点和信息示范村建设"。2013年又进一步聚焦"三农"，在对农业农村工作的总体要求中提出加快用信息化手段推进现代农业建设，启动金农工程二期，推动国家农村信息化试点省建设。提出"始终把解决好农业农村农民问题作为全党工作重中之重"，同时还要求落实"四化同步"战略，农村信息化被赋予了新要求、新思路和新内容（丰永红，2013）。2015年中央"一号文件"再次强调，"三农"问题始终在我国政府工作中占据重要地位，靠改革添动力，以法治作保障，加快推进中国特色农业现代化。这些政策的出台说明了我国政府对农业信息建设的重视，也从另一个侧面反映了对于农民信息需求问题的研究是迫在眉睫的。随着我国城镇化进程推进和国家对三农扶持的深化,农村信息化问题已经由单一的基础设施铺设向更深层次涉农信息服务提升上转变。

因此,研究我国农民信息需求特征及其影响因素,对制约我国农村信息服务的问题进行理论探讨和实证分析,理论意义在于探索农民信息需求规律和农业科技成果进村入户的有效机制,为我国农业信息服务工作提供理论支撑;实践意义在于为提升农民信息素质,创新农业推广模式,解决农业信息服务"最后一公里"问题,最大限度地为满足农民多样化信息需求和推进农业信息化发展提供建设性政策建议。

1.3
国内外研究现状

1.3.1 国内研究现状

在 CNKI 数据库中,以"关键词 = ('农民' + '农村' + '农业' + '农户' + '农村居民' + '农村女性居民')×'信息需求'"为检索式,截至 2015 年 12 月 31 日,能检索到关于我国农民信息需求的文献共 217 篇,经过去重和整理,得到数据如表 1 - 7 所示。

表 1 - 7　　　　　　　我国农民信息需求文献年份数量及来源分析

	2015	2014	2013	2012	2011	2010	2009	2008	2007	2006	2005 及之前
期刊	18	17	22	32	22	16	13	12	13	7	27
学位论文		4	2	1	3	0	2	1	1	0	1
总数	18	21	24	33	25	16	15	13	14	7	28

相关研究主要聚焦于以下四个方面:

(1) 农民信息需求类型

赵立祯(1999)等将农民信息需求类型分为宏观决策、农村科教、良种开发、新成果、经营技术、政策法规、市场信息等 7 类;耿劲松(2001)认为农民有政策、市场、农资供应、农副产品加工、实用技术、良种及技术、气象、病虫害防治等方面的信息需求；高春新等（2001）将农民需求的信息总结为以农业科技信息和农业政策信息为主，同时，对农产品市场供求信息、气象与灾害预报防治信息也有较大需求；彭超（2006）根据调查指出农民最关注对自己收入有直接影响的市场信息、科技信息和政策信息，李习文等（2008）对宁夏农民的调研分析也印证了这一结论。简小鹰（2007）将农民信息需求类型分为与生产经营活动相关，家庭生活或自身发展相关，与农村发展相关的三大类；雷娜等（2007）研究表明农业科学技术相关信息是河北省农户需要的主要信息，农业政策法规信息和市场供应需求信息也有很大的需求，在可获取到的各类农业信息中，对直接关系到最终的产量或收益的优良品种信息、农作物病虫害防治技术，农户的需求更大。叶元龄（2008）通过构造农民信息需求的指标，农民信息需求模型，认为农民信息需求主要由生产信息投入和生活信息消费构成。有学者通过研究对农民信息需求程度进行优先序排列。杜憬等（2008）通过问卷调查，将基层农户信息需求依次排列为农产品市场信息、气象环境、农业新闻、政策法规等，农村金融和文化娱乐排在最后；黄睿等（2011）将广州农户的农业科技信息需求依次排列为科技信息、气象灾害信息、家庭生活信息、政策信息，新闻和金融信息排在最后，并都把生活信息服务作为最主要的信息需求。吴漂生（2011）通过发放1500份问卷对江西省农民信息需求类型进行调研，发现超出半数的农民对娱乐休闲类信息关注，发财致富技术信息、农村医保信息、保险投资信息、子女教育等也按需要的程度不同纳入需求范围。茆意宏（2012）的研究表明江苏省苏南、苏中和苏北三地农民信息需求的排序是方便日常生活、了解新闻时事和娱乐的信息，并都把生活信息服务作为最主要的信息需求。当然，也有学者研究工作表明，当前我国农民信息需求大多集中在农事生产相关的科技、政策和市场信息上，而对生活娱乐类的信息关注相对较少。

（2）农民信息获取渠道研究

耿劲松（2001）、谭英等（2004）、雷娜等（2007）、原小玲（2009）、陆雪梅（2010）讨论了农民对现有获取途径的偏向性，偏向于电视广播、邻里朋友、报纸，农民网络信息平台虽取得了一些建设成就，但大范围推广仍有不便之处，而较少使用网络。李习文等（2008）在宁夏地区调研发现，电视作为传统媒介仍是大部分农民获取信息的首选渠道，计算机网络也在慢慢进入农民的视野中。王建（2010）指出西部地区农民更多的是依靠传统的宣传资料、报纸和图书等来获取信息，主要依赖于实物型的文献，听专家意见的少，利用现代技术途径的情况也很差。王慧英等（2011）在甘肃的调研发现农民主要通过电视、人际传播和政府公告获取信息。郑欢等（2012）发现报纸、电视、网络是农民主要的信息获取渠道，在考虑信任度后的获取渠道排序为政府、报纸、电视和亲友。杨沉媛等（2013）对中部地区农民调研发现农民在选择信息来源渠道时看中方便快捷、易使用、可信赖等特点，主要偏向电视、手机电话、报刊书籍和亲友传递，较少使用企业咨询等。徐险峰（2014）实地抽样调查了湘鄂渝黔边区等地的700余户农民，结果表明：不同地区相同层面农户获取信息的渠道不同，但基本上集中于电视网络、报纸书籍、熟人朋友等渠道。研究还从相同省份不同地区不同职业农户、相同省份不同地区不同收入农户、不同省份不同地区不同职业农户、不同省份不同地区不同收入农户四个角度分析农户获取信息渠道。得出广播电视、报纸、网络在农户信息来源中占重要的比例的结论，并且越来越少的农户选择通过政府和领导等信息渠道获取信息。

（3）农民信息需求特征研究

从检索到的文献来看，针对农民信息需求特征的研究主要以实地调查为主，通过对农民开展问卷调查或者访谈，获得一手的数据或者信息，并概括分析出农民信息需求的特点及其影响因素，这种研究方法直观、可靠、有说服力。

从目前的研究成果来看，农民信息需求的调查研究主要集中在两个方面，一方面是针对某一特定地区农民信息需求展开全面的调查研究；另一方面是针对农民的某一专门信息需求展开调查研究。针对某一特定地区农民信息需求展开全面的调查研究，是当前我国农民信息需求现状调查研究的主体。

梳理已有文献，我国农民信息需求具有以下特征：

① 多样性。黄友兰（2009）、陈红奎和吴永常（2009）、张博（2010）、杨春（2011）、蔡东宏等（2012）、熊倩（2013）都认为我国农民的信息需求呈现出明显的多样性的特点，并且原小玲等（2009）、覃子珍等（2012）都认为农民信息需求的类型和获取渠道都具有多样化的特点。魏学宏等（2015）认为农民获取信息的途径具有多样性，以传统媒体为主；农民关注的信息内容呈现多元化，偏重于国家农村经济政策。

② 综合性。赵岩红（2004）、简小鹰（2007）、雷娜（2007）、叶元龄（2008）、黄友兰（2009）、陈红奎和吴永常（2009）、张博（2010）、吴漂生（2011）、蔡东宏（2012）、茆意宏（2012）等都认为我国农民信息需求的内容具有很强的综合性。

③ 季节性（时效性）和地域性。赵丽霞（2007）、胡晋源（2007）、赵岩红（2004）、王小宁（2011）、张博（2010）、蔡东宏（2012）通过实地调查发现时

效性和地域性也是我国农民信息需求比较显著的特征。徐险峰（2012）对湘鄂渝黔欠发达地区的少数民族农村信息需求进行研究，结论认为新技术、市场信息及销路信息是农民最为关心和需要的信息，其直接影响着农民的收入和生活质量，农民对信息质量和易用性存在明显的地域差异。

④ 重点突出和满足率不高。熊倩（2013）、原小玲等（2009）、杨春（2011）、蔡东宏等（2012）、覃子珍等（2012）都认为我国农民信息需求的重点突出，但满足率不高。郭鲁钢等（2011）、杨素红（2008）、李华红等（2011）也对农民信息需求进行了类似的调研，认为农作物病虫害防治和优良品种信息是农户最关注的信息。

⑤ 专一性强、目的性与盲目性并存。华永刚（2006）的研究主要针对杭州地区农业大户这一群体，专门调查了其对农业信息需求的基本情况，研究发现，杭州地区农业大户的信息需求强烈、专一性强、目的性与盲目性并存。

⑥ 多层次性。胡晋源（2007）指出，我国幅员辽阔，数量众多的农业信息用户广泛地分布在不同的地理空间，各地区经济发展的水平与途径亦不相同，决定了农民对信息需求表现出地域差异性和多层次性。赵岩红（2004）、李瑾等（2009）、张博（2010）认为农民信息需求还具有多层次性，主张提供个性化、本地化和实用化的信息服务。陈瑛（2009）认为农民有文化信息需求。邓卫华等（2011）研究表明外出打工农民对创业信息有需求。王晖等（2010）研究表明，湖南长株潭地区小康农民对旅游消费信息有一定需求。

⑦ 求新性。赵岩红（2004）、雷娜（2007）发现河北省农民信息需求还具有求新性的特点。

⑧ 差异性。覃子珍等（2012）、邓益成（2013）、熊倩（2013）、岳奎（2014）还认为不同性别、年龄、文化程度、收入来源的农民对信息的需求有一定的差异。向平等（2003）、沈洁洁（2010）从区域经济的角度研究了农民信息需求的差异性，提出农民信息需求与经济增长基本呈正相关。

⑨ 其他。朱姝姗（2013）发现，农民对科技信息还有适用性、可靠性、方便性和低成本的要求。

（4）农民信息需求影响因素的研究

已有研究成果一般将农民信息需求的影响因素分为客观因素以及认识与表达因素两大类：

第一，影响农民信息需求的客观因素

① 农民自身因素。华永刚（2006）认为，年龄较大的农民对农业信息的需

求有很大的盲目性，宋军等（1998）、张绍晨（2010）、金宏（2012）、阳毅（2013）认为，在其他条件不变的情况下，农民的性别和年龄会对农民的信息需求产生影响。赵岩红（2005）、陶丽（2008）、原小玲等（2009）、马振（2010）、杨春（2011）普遍认为经济状况，如生产规模、收入类型等都是影响农民信息需求的重要因素。徐雪高（2007）、马九杰（2008）、洪秋兰（2010）、李霞和余国新（2013）认为农户的性别、民族、年龄、文化程度、学习能力、小农思想、信息偏好与价值取向、风险偏好对其信息需求都有显著的影响。周丹（2010）研究发现农户背景特征中年龄、务农年限是影响农户信息需求的显著性因素。朱姝姗（2013）认为，外出务工年限和子女受教育程度也是对农民的信息需求有一定的影响。

② 社会因素。赵岩红（2005）、张绍晨（2010）认为科学技术水平也是影响农民信息需求的一个因素。陈枚香（2008）、綦群高等（2009）认为公共物品投入不足，家庭收入不高和语言障碍是不利因素；原小玲等（2009）认为基础文化设施是否健全影响农民的信息需求；陈瑛等（2011）认为城乡"数字鸿沟"对农民信息需求有影响；李霞（2013）认为农户家庭特征（农户家庭劳动力人数、农户家庭年收入、农户种植作物种类数量）、信息接收条件特征（手机、有线电视、农村农业信息协会、农户参加农业专业合作社）、地区变量对不同的信息类型有不同程度的影响。

③ 自然因素。从目前的研究成果来看，相关文献对自然因素的研究较少。李霞和余国新（2013）认为农户家庭土地面积对农民的农业信息需求有显著影响，同时周丹（2010）、施静等（2013）研究发现地域差异性、区域分布对农民不同的信息需求偏好直接相关。

第二，影响农民信息需求的认识与表达因素

① 认知能力。杨博（2006）、徐雪高（2007）认为农民的信息理解能力、学习能力对农民信息需求有影响。张绍晨（2010）认为林农主体意愿和感受是影响林农信息需求的因素之一。张永忠（2012）认为信息质量和易用性影响农民对信息的需求。

② 信息意识。王洪俊等（2007）、徐雪高（2007）、陶丽（2008）、原小玲等（2009）在对农民信息需求特点分析的基础上，提出农民的信息意识及素质能够影响其信息需求。金宏（2012）还认为信息支付意愿也对农民的信息需求产生影响。

③ 文化程度。赵岩红（2005）、徐雪高（2007）、陶丽（2008）、杨春（2011）

根据当地的实际情况提出了文化素养影响农民的信息需求；黄睿（2010）基于对广东省农民对农业科技信息需求的调查，通过建立 Logistic 回归模型，结果表明，农民的科技信息需求受文化水平的制约；张绍晨（2010）建立了林农信息需求模型，对林农的信息需求进行全面的分析研究，认为林农自身特征是影响林农信息需求的影响因素之一。

④ 表达能力。徐娇扬（2009）认为用户的表达能力是影响其信息需求的因素之一。

⑤ 信息服务部门的服务能力。赵岩红（2005）、陈枚香（2008）、阳毅（2013）认为信息服务部门的服务能力是影响农民信息需求的因素之一。雷娜等（2007）研究发现，村中建有信息服务站的农民具有较高的信息支付意愿。周丹（2010）认为信息服务主体的政策、价格、服务是影响农户信息需求最重要的三个因素。李霞和余国新（2013）认为村里有农业信息协会的农户，对信息的需求意愿相对较强。

⑥ 信息市场的发育程度。张永升（2004）、赵岩红（2005）、周爱军（2006）、张清（2007）、杨春（2011）认为农村信息资源分配不均匀，信息市场缺乏监管、获取信息花费高、信息不够新颖及时、信息质量等因素影响了农民的信息需求。

从现有的研究成果来看，我国学者越来越重视研究农民个体特征，关注农民对涉农信息服务的认知、满意度的评价，将农民的信息需求与信息获取作为一个综合性、整体性的问题，合并起来研究，探讨农民信息需求主观行为特征，构建农民信息获取行为模型。研究成果也有突破省市行政区划边界，关注跨区域的差异比较，如郭美荣（2012）、杨沉媛等（2013）、徐险峰（2014）、米松华（2014）、韩秋明（2015）等在多省市之间对农民信息需求与信息行为进行了差异比较研究。总体来看，目前有关我国农民信息需求特征及其影响因素的调查研究覆盖范围主要集中在东部或中部地区，如河北、杭州、广东等地，而针对广阔的西部涉及较少，对海南省农民信息需求特征及其影响因素的调查研究成果更少，并且相关调查研究的成果缺乏连续性和系统性，没有形成常态，不能及时反映我国农民最新的需求状况，问题和对策的形成也多以顶层设计的形式出现。以上研究成果为本研究提供了较好的研究基础，也预留了一定的研究空间。

1.3.2 国外研究现状

国外对农民信息需求的研究起步比我国早。从 20 世纪 30 年代起，学者就开始研究如何将农业技术信息传递给农民，陆续关注农业方面的分类信息，70～80年代，学者们的研究开始关注农民信息需求的特征，并根据农民信息需求的特点来考虑涉农信息服务问题，90 年代以后，研究成果更加丰富，具体表现在以下几个方面：

(1) 农民信息需求类型及获取途径

Adomi（2003）研究表明，尼日利亚种植业农民最需要的信息是"种植技术改良"和"获取贷款"方面的信息；Renee Dutta 对几个亚非发展中国家的研究也得到类似的结论。Aina（1986）的研究表明，农民的需要有助于提升他们经济地位、有助于改善他们行业（如农业、商业）效益、有助于提高他们就业机会、有助于解决住房、供水、用电等问题方面的信息。另外，对马拉维、尼日利亚、印度以及博茨瓦纳等发展中国家农民的信息需求调查也说明了这一点。Mark tucker（1997，1999）等也指出，农民为了减少有害化肥、农药的污染，会多方打听信息，以便在实践中做出更好的预防。此外，国外有关农民信息需求的文献中，比较多的还有基于现代信息技术的发展，帮助农民实现对农业生产等日常信息管理的需求。Neo Patricia Mooko（2005）对博茨瓦纳 3 个村落妇女信息需求展开了调查，结果显示，妇女们除了需要健康、农业、就业、家庭暴力以及维持生活基本需求的信息外，还需要与政府帮助、福利补贴、政策以及培训等有关的信息。

Blum（1989）研究发现以色列农民主要依赖家庭成员和农业技术顾问这个渠道来获取信息；Ford 和 Babb（1989）对美国农民的研究中发现他们倾向于在家庭成员和朋友获取信息，其次是通过和其他农民的交流、向私人信息公司咨询和农技人员的推广服务；Kaniki（1995）使用问卷和访谈相结合的方式，发现南非两个样本农村的农民信息需求渠道依次为亲朋好友、录音机、老师、同事等。Otsyina 和 Rosenberg（1999）对坦桑尼亚进行调研发现，最常见的信息获取方式是通过村级会议的方式在传递水土和造林信息甚至超过了幻灯片放映，讲座培训、广播通知和农业技术示范等渠道。Adomi（2003）通过研究发现，个人经验是 Nigeria 地区农民获取信息的主要方式，其次是朋友或邻居。Jiyane（2004）考察了南非 Melmoth 镇，对 109 位妇女农民和少数领导的信息需求内容及获取途径开展研究，结果表明其最常用的媒介是视频和声频。

（2）农民信息需求特征的研究

由于经济发展水平的差异，国外农民对信息的需求特征也有所不同，经济发达地区的农民信息需求渠道具有广泛性、多样化的特点，信息需求的内容具有现代化和市场化的特点；经济落后地区的农民信息需求则呈现出实用性、就近性、传统性等特征，在内容上多是与农业生产紧密相关的信息。

① 对农民信息需求特点的研究。Okwu 和 Umoru（2009）、Adeola 等（2008）和 Sabo（2007）分别通过对尼日利亚 Apa 地区 70 户女农民、伊巴丹奥约地区 90 户农户和 mubi 地区 300 家农户的调查分析，指出农民的信息需求具有实用性和传统性的特征，而 da Silva（2005）则发现巴西农民的信息需求趋现代化；Walisadeera 等（2013）认为，斯里兰卡地区农民的信息需求有明显的区域性。

② 对信息需求内容的研究。Okwu 和 Umoru（2009）、Adeola 等（2008）和 Sabo（2007）都认为农民信息需求基本都是与农业生产直接相关，集中在农药、化肥、育种和农具等方面；Babu 等（2011）认为印度泰米尔纳德邦生产水稻的农民需要的信息主要是病虫害防控信息、农药化肥的使用信息、种子的品种和储存信息，调查发现这些农民对于语音短信信息的付费意愿很低；Elly 和 Silayo（2013）在对坦桑尼亚农民进行调查时发现，当地 70% 农民的信息需求是关于农作物、畜牧、市场供求、贷款投资等信息；Salau 等（2013）通过对纳萨拉瓦州中部农业区农民进行调查时发现，这些农民的信息需求纷繁多样，包括病虫害控制信息、农资来源信息、农场信贷来源和销售信息等。

③ 对获取信息渠道的研究。Adomi（2003）通过研究发现，个人经验是 Nigeria 地区农民获取信息的主要方式，其次是朋友或邻居。Jiyane（2004）在考察了南非 Melmoth 镇，研究了 109 位妇女农民和少量领导的信息需求内容及获取途径，结果显示被调查者中最常用的媒介是视频和声频。Okwu 和 Umoru（2009）、Baah（2007）和 Sharma（2007）分别对尼日利亚、加纳和印度农民进行研究，发现他们获取信息的渠道还比较传统，主要是通过亲戚朋友和大众媒体和传统的通信工具；而 da Silva（2005）则发现巴西农民主要是通过互联网来获取信息，对收音机和报纸之类的依赖明显减少；Irivwieri（2007）调查发现，德尔塔州东部的女文盲农民，获取农业信息的主要来源是意见领袖和儿童；Lwoga 等（2010）认为农民主要依靠人际关系和面对面的沟通来获取信息；Elly 和 Silayo（2013）认为坦桑尼亚农民大多通过传统的传播渠道获取农业信息，使用现代化的通信手段获取的往往是非农信息；Salau 等（2013）还认为纳萨拉瓦州中部农

民的信息来源主要是农产品经销商和推广人员。Patrick（2013）的研究发现，使用 ICTs（信息和通信技术）获取农业信息在印度农村还很少见，仅仅是广播和手机作为信息传播的主要来源和渠道，因特网及其相关技术使用率低。Ashraf 等（2015）认为，多元化信息传播方式和推广渗透可帮助广大农村生产者解决技术知识和意识缺乏，高生产成本和文盲等问题，建议农业推广人员最大化利用各种信息源在全国传播最新的农业适用做法信息，利用 ICT 工具和社交媒体来弥补传统信息源的不足。

④ 对信息利用情况的研究。Nigel Curry（1997）对英国农民进行调研发现，农民的信息利用水平与个人文化水平之间存在正相关。Dey（2008）认为农业技术会影响孟加拉农民的信息需求。William Mokotjo（2010）评估了非洲马塞卢农民利用农村信息服务机构的效果，结果显示不少地区的农民无法成功与服务机构进行沟通，相关服务机构也缺乏足够的宣传和培训。Akanda 和 Roknuzzaman（2012）通过对孟加拉国北部地区 160 名农民的问卷调查发现，这些农民虽然出于农业生产的目的使用一些信息，但他们对农业现代技术并没有深入的了解，在大多数情况下，他们对所获得信息的满意度较低。

（3）农民信息需求影响因素的研究

通过不同学者对不同国家的研究，影响农民信息需求的因素相当复杂，要根据不同的国情来进行具体分析。Lwoga 等（2010）认为影响农民信息需求的因素包括内部（个人）因素和外部（农技推广人员、政府、村领导、信息共享等）因素。

① 自身因素。Kaliba 等（1997）、Doss 和 Morris（2000）、Okwu 和 Umoru（2009）、Gunawardana 和 Sharma（2007），分别指出收入影响着坦桑尼亚、加纳、尼日利亚和印度农民的信息需求，Lesaoana-Tshabalala（2001）指出由于经济条件的限制，莱索托农民主要通过廉价的书籍报纸获得信息；Lwoga 等（2010）认为农民的信息需求和性别有关。Irivwieri（2007）认为，文盲女性农民需要农业信息，包括改良品种和农产品价格，这些信息主要通过社区领袖或意见领袖和文盲女性农民子女传播。除了广播和有关农业的电视节目，城镇沿街呼唤传报信息者也是文盲女性农民获取农业信息的重要来源。Patrick（2013）的研究发现，女性农民信息主要来源于邻居、朋友和家庭，其次是公共推广服务机构。

② 社会因素。Tamba 和 Sarma（2007）认为，菜农的经济和社会地位影响其对信息的需求；Gunawardana 和 Sharma（2007）认为，接触范围影响农民的信息搜寻行为；Hollifield 和 Donneermeyer（2003）认为人口密度低、宽带建设昂贵、

农村发展水平低会影响农民信息需求；Chisenga 等（2007）指出影响加纳养殖户信息需求的因素包括贸易全球化、经营成本的提高、进口家禽的竞争和禽流感；Dey（2008）认为政策也影响孟加拉农民的信息需求；Jones（2006）指出非农业就业机会影响着美国俄亥俄州农民信息需求；Nyareza 和 Dick（2012）的调查结果表明，津巴布韦地区的农技推广不能满足农民信息需求的原因主要是农技推广人员不足，缺乏和农民的沟通和互动，以及交通工具的缺乏等；Salau 等（2013）认为落后的信息基础设施也影响着农民的信息需求。Akanda 和 Roknuzzaman（2012）认为，缺乏金融支持、农村电力支持，交通便利性差，政府责任缺失，高文盲率和现代农业技术使用效果不佳，导致农户不能够适当获得农业信息，需要推广机构重视采取可持续举措和传播信息给这些农户，有针对性地满足农户信息需求。Patrick（2013）建议协调 ICTs 利益相关者和健康、教育、科学、技术和农业相关部门共同努力推进信息和通信技术的使用来消除非洲贫困。Meitei 和 Devi（2009）的研究发现，信息支持对农户开展各种农业活动至关重要，但是由于缺乏信息素质技能和支持性基础设施，农户不能够获取必需的农业信息。

③ 自然因素。Dey（2008）认为气候变化会影响孟加拉农民的信息需求，而 Jones（2006）指出农场的规模、类型、规划和所有权影响着美国俄亥俄州农民信息需求；Walisadeera（2013）认为，斯里兰卡农民的信息需求与当地的气候、文化、历史、语言以及植物品种有着密切的关系。Gunawardana 和 Sharma（2007）认为，土地经营的规模性影响农民的信息搜寻行为。

④ 认识与表达的因素。Okwu 和 Umoru（2009），Gunawardana 和 Sharma（2007），分别指出教育影响着尼日利亚和印度农民的信息需求，Lwoga 等（2010）认为由于在搜集信息意识上的欠缺影响着坦赞尼亚农民的信息需求，Thammi 等（2004）指出农民对信息重要性的认识和自身的主动性创新性影响着他们的信息需求；Tamba 和 Sarma（2007）认为，菜农对信息重要性的认知、信息获取难度、获取动机、创新性也决定着菜农对信息的需求；Adeola 等（2008）和 Gunawardana 和 Sharma（2007）指出信息的使用经验也是一种影响因素；Salau 等（2013）认为信息部门的信用缺失是限制农民信息需求的一个因素。Malhan 和 Singh（2010）的研究发现，试验农场和农户的现实操作之间存在巨大的知识差，普遍性文盲导致农业信息素质缺乏，妨碍了印度农户获取和使用信息的能力。

⑤ 心理因素。Tucker（2002）指出农民的性格特点也会对信息需求产生影响。

以上研究现状表明：国外学者对农民信息需求内容、特征及影响因素成果颇丰，在理论和实践上已经初步形成一套可供国内学者借鉴的研究框架，但是由于我国农村与国外农村特别是发达地区农村有较大的差异，信息化发展水平和发展路径也存在较大不同，地域、文化等影响因素的不同，国外的研究成果不能完全套用于我国农民的信息服务，必须在借鉴的基础上针对国内农民所处的具体环境开展有针对性的研究。尽管不能生搬硬套，但仍有许多相通之处，能为本书的研究提供宝贵借鉴资源。

1.3.3　国内外研究现状评述

我国在农民信息需求的内容研究上与国外研究相比，得出最显著共同特点就是农民信息需求基本都是与农业生产直接相关，都凸显农村居民对生产经营相关信息（如品种信息、气象灾害信息、技术信息、市场信息等）的需求。另外，在国内的研究中除了部分研究提到政策信息需求外，较少学者关注农民对医疗卫生信息、社区生活信息、助学或教育信息、法律产权信息、休闲娱乐信息、宗教信息的需求，而国外在这方面的研究成果颇丰，尤其是针对农民宗教信息需求的研究，充分体现了中西方文化的差异。在国内研究中，围绕城市女性农民工群体信息需求现状的研究成果不少，但针对农村女性农民信息需求开展研究的成果很少，几乎是一个空白，与国外研究成果相比有较大差距，这与我国女性在社会经济发展中所起到的重大作用相比极不相称。在农民信息需求的渠道研究上，国内外研究得出共同的最显著特点就是国内外农民在信息接受过程中一致认为口语媒介比文字媒介重要、人际传播比组织传播重要，国内外研究均认为农民最偏好也最常用的信息获取方式是通过朋友或邻居，其次广播和电视视等音频、视频类的信息传播方式的利用率要远超图书报刊等纸质版。在信息需求的影响因素方面，国内外研究得出的结论有较大差异，这与研究人员所选择的样本地区，样本人物和研究设计有较大关系。当然，已有研究成果为本书的研究提供了较好的经验总结、理论基础和视角指导。

1.4

主要研究内容与方法

1.4.1　主要研究内容

（1）以"三农"问题现状和城乡数字鸿沟为背景阐述研究我国农民信息需

求特征及其影响因素的必要性，从农村信息服务对于解决"三农"问题的重要作用和我国政策指向的角度，分析我国农民信息需求特征及其影响因素研究的现实意义和理论意义。

（2）通过分析农民信息需求的含义、状态层次、评价指标、重要内容等对农民信息需求进行内涵的界定，并系统阐述信息需求理论、传播学理论、信息经济学理论等相关理论基础。

（3）从神经反射活动、条件反射与无条件反射、第一信号系统与第二信号系统等视角深入探讨农民对农业信息接受的生理机制，从心理过程在农民农业信息接受中的作用、个性心理与接受等视角深入探讨农民对农业信息接受的心理机制，从宏观社会环境和农村环境等视角深入探讨农民对农业信息接受的社会机制，从信息传播视角深入探讨农民对农业信息接受的媒体传播机制。

（4）探讨我国东中西部农民信息需求现状，农民信息需求类型、农民信息需求特点与趋势、农民信息获取渠道与特点。

（5）通过计算相关信息的需求率、有效需求率和获取难度来分析海南省农民的农业信息需求现状、民生信息需求现状和行政管理信息需求现状，从不同文化程度、区域、性别、年龄、经济状况视角定性解析海南省农民获取信息的渠道偏好，并阐明大众传播渠道、人际传播渠道和组织传播渠道对海南省农民获取与利用信息的深刻影响。

（6）从客观因素和影响农民需求认识与表达的因素对影响海南省农民信息需求的因素进行分析。其中，客观因素主要有农民自身因素、自然因素和社会因素；影响信息需求认识与表达的因素主要有认知能力、信息意识、文化程度、信息实践、信息部门服务能力等。同时对影响农民信息需求的心理因素也进行一定程度的探讨。

（7）根据问卷调查和实地访谈获得的微观数据，采用描述性统计、相关分析、方差分析和回归分析等分析方法对海南省农民信息需求影响因素进行实证分析。

（8）归纳和总结美国、欧盟、日本、韩国等发达国家和地区在推进农业信息化发展满足农民信息需求政策措施方面的成功经验和做法，并结合我国实际情况，探讨发达国家在满足农民信息需求方面给我国带来的启示。

（9）基于上述研究结论和研究成果，结合我国农民信息需求的特点、信息服务体系的现状，提出加速农业信息化满足我国农民信息需求的思路与对策。

1.4.2　研究方法

（1）文献研究法

通过学术期刊网、学校图书馆搜集大量的以农民信息需求特征及影响因素、农业信息化为主题的文献和资料，并进行全面梳理总结，为本研究提供基础和条件。

（2）实地调查法

主要采用问卷调查法和实地访谈法：

① 问卷调查法。2011 年 10 月，根据海南省各市县经济发展情况，针对海南省农民信息需求及其影响因素，对海南省琼中县黎母山镇、定安县新竹镇、文昌县会文镇和文教镇进行了抽样问卷调查，共发放问卷 690 份，回收问卷 686 份，回收率为 99.4%；有效问卷 680 份，有效率为 98.6%。

② 实地访谈法。在进行问卷调查的同时，针对部分地区农村信息基础设施的建设情况、农村图书馆的利用情况、农民收入状况和农村的文化生活状况，与有代表性的农民、村干部和农村信息服务的相关部门，进行了实地访谈。

问卷调查法和实地访谈法的结合，能确保搜集到的数据和信息更加真实可靠、更全面的代表海南省农民的信息需求和利用情况。

（3）相关分析法

相关分析法是研究不同变量间密切程度的一种十分常用的统计方法，可用来描述两个变量间的线性关系程度和方向的统计量。本文运用相关分析法对各影响因素与海南农民信息需求的相关性进行分析。

（4）回归分析

回归分析是研究一个因变量与一个或多个自变量之间的线性或非线性关系的一种统计分析方法。回归分析通过规定因变量和自变量来确定变量之间的因果关系，建立回归模型，并根据实测数据来估计模型的各个参数，然后评价回归模型是否能够很好地拟合实测数据，并进行相应的预测，反映统计变量之间的数据变化规律，为研究者准确把握自变量对因变量的影响程度提供有效的方法。

根据数据的特点，本文采用 Logistic 回归分析。Logistic 回归为概率型非线性回归模型，是研究分类变量结果与一些影响因素之间关系的一种多变量分析方法。

（5）比较研究

以全球化的视角，对比国内外和我国不同区域农民信息需求现状以及为满足农民信息需求的政策措施，探索满足我国农民信息需求的对策。

1.5

研究的重点、难点、创新点

1.5.1　研究的重点

（1）如何客观、科学、准确地设置一套能够较全面反映海南农民信息需求的因素和特点的调查方案和调查问卷是本研究得以开展的重点问题之一；

（2）根据调查问卷获得的微观数据，如何有效合理地构建海南农民信息需求影响因素的计量模型是本研究得以开展的重点问题之二。

1.5.2　研究的难点

第4章我国农民信息需求现状与特点分析和第7章农民信息需求影响因素计量模型的建立与分析是本研究的两大难点。

1.5.3　研究的创新点

（1）研究方法的创新

本研究除了对海南省经济条件位于好、中、差三个不同层次的地区农民进行问卷调查外，还对具有代表性的村干部和农民代表进行实地走访，同时对调查问卷进行有效的编码，以确保其可追溯性和准确性。建立农民信息需求影响因素计量模型，在统计分析方法上不仅使用传统的描述性统计，以有效地总结农民信息需求特征，同时也采用相关分析、方差分析和回归分析，整理相关数据，兼顾定性分析和定量研究。

（2）研究视角的创新

从神经反射活动、条件反射与无条件反射、第一信号系统与第二信号系统等视角深入探讨农民对农业信息接受的生理机制，从心理过程以及个性心理与接受等视角深入探讨农民对农业信息接受的心理机制，从宏观社会环境和农村环境等视角深入探讨农民对农业信息接受的社会机制，从信息传播视角探讨农民对农业信息接受的媒体传播机制。这为我国农民信息需求特征及其影响因素研究提供了新的心理学、社会学和信息传播学研究视角，也有助于从理论上指导如何推进农业信息化进程，提升农业信息服务水平，更有效地满足农民多样化信息需求。

（3）研究内容的创新

根据问卷调查和实地访谈获得的微观数据，采用描述性统计、相关分析、方差分析和回归分析等分析方法对海南省农民信息需求影响因素进行实证分析，得出年龄、性别、收入、耕地面积等客观因素对海南省农民信息需求的影响结论，以及付费意愿、对信息经济效益的认知、受教育程度、对所获得信息的满意度、网上交易、乡镇图书馆等影响信息需求认识与表达的因素对海南省农民信息需求的影响结论。

（4）多学科交叉综合研究的创新

团队中有农业经济管理和企业管理方面的教授博士，计量经济学和统计学方面的教授博士，社会心理学方面的教授专家，信息经济学和信息资源管理方面的博士，农业经济管理和信息系统管理方面的研究生。研究团队从人力资源管理、信息资源管理、传播学、创新管理等视角系统梳理信息需求相关理论基础，从心理学、社会学和信息传播学等视角探析农民对农业信息接受的机理，建立农民信息需求影响因素计量模型，通过实证分析得出研究结论，结合美国、欧盟、日本、韩国等发达国家和地区在满足农民信息需求政策措施方面的成功经验和做法，勾勒推进农业信息化发展满足农民信息需求的思路，提出满足农民多样化信息需求的对策建议。

1.6

数据来源

1.6.1 调查样本区域的选择

基于对已有文献的总结发现，对海南省农民信息需求及其影响因素的研究稀少，笔者对海南省部分地区农村进行问卷调查，获得一手数据进行研究分析，力求弥补研究空白。

自 2000 年以来，文昌市的农村居民家庭纯收入基本与省会海口市持平，一直位于全省的前三位，而琼中县 14 年以来，一直是海南省农民居民家庭纯收入水平最低的市县，定安县则一直处于中等水平（见表 1 - 8）。

为确保被调查样本区特性与样本总体（海南省）特征一致，又考虑到本书的研究主体是农民，分别选取农村居民家庭纯收入处于海南省较高水平的文昌市、最低水平的琼中县以及处于中等水平的定安县作为样本区域。

表1-8		2000～2014年海南各县市农村居民纯收入/可支配收入				单位：元	
年份	海口	文昌	琼中	安定	儋州	澄迈	琼海
2000	3424	3418	1652	2132	3228	3150	3753
2005	3829	3799	1739	2617	3381	3368	3205
2010	6173	6124	3341	4748	5481	5920	5924
2011	7191	7248	4383	5954	6781	7212	7220
2012	8134	8196	5546	6989	7763	8165	8176
2013	9155	9203	6478	8023	8741	9186	9256
2014	10630	10509	7883	9339	10256	10688	10910

资料来源：各市县农村居民家庭人均纯收. http：//www. stats. hainan. gov. cn/2014nj/indexch. htm.
各市县城乡居民可支配收入（2014）. http：//www. stats. hainan. gov. cn/2015nj/index - cn. htm.

1.6.2 调查问卷设计与数据搜集

(1) 问卷的设计

本项目定量研究的问卷设计分为两个阶段：

① 文献阅读和小组访谈形成因素指标体系，设计测量项。

对信息需求相关文献进行大量收集，总结信息需求影响因素，确定本研究的主要变量，以及问题设置的方式，设计出调查问卷的一个大体框架。小组访谈主要目的是将文献阅读所总结出的变量、测量项目进行增删、修改和合并，并从访谈中发现新的变量，使模型的各个变量及其测量项更加科学合理，更加符合实际情况。小组访谈对象主要是在农村信息服务方面有着丰富经验的农村信息服务机构的负责人、信息员、村干部和一些意见领袖。征询多方专家学者意见，对问卷的措辞、内容、编排进行了反复的讨论和修改，形成了初步的问卷。

② 调查，修正指标、改进措辞和问题排列方式。

预调查阶段以问卷的方式进行，通过小规模的问卷发放，用于检测问题的易理解、易回答、无歧义性等方面，主要目的是改进问卷的提问方式，进一步调整指标和项目。

在问卷设计过程中，我们力求回避过多的询问受访者的主观判断，而是通过设置客观的可量化的指标，通过相关和回归分析来检验模型中的假设，从而提高问题的信度。课题组综合了以往有关农民信息需求特点及其影响因素研究的问卷设计，对于相关因素的设置问题进行了归纳和整理，选取已经被以往学者检验过且具有较好信度和效度的数据变量，并征询多名专家学者意见，修改完善并形成最终的调查问卷。

通过预调查阶段的工作最终形成的调查问卷主体分为三个部分：第一部分为被调查者的基本情况，包括年龄、性别、教育程度、收入等信息；第二部分集中调研农民的信息需求内容、获取信息困难等；第三部分主要调查农民的信息意识、信息实践等因素。

（2）问卷的发放与回收

本次问卷调查在海南省共发放问卷 720 份，回收 689 份，回收率 95.69%，回收问卷后检查收集到的资料是否有效、齐全，有无重复填写和遗漏填写，去除无效问卷后，剩余有效问卷 680 份，有效问卷率达 94.4%。为确保调查样本与样本总体尽可能的一致，本次调查区域主要选择了农村家庭人均收入分别处于海南省好、中、差水平的文昌市、定安县和琼中县。其中，琼中县黎母山镇回收有效问卷 178 份、文昌市文教镇 204 份、文昌市会文乡 98 份、定安县新竹镇 200 份。

图 1-1　调查样本区域

1.6.3　调查对象基本信息

在被调查的 680 名农民中（见表 1-9），男性占 68.97%，女性占 31.03%；

20～29 岁的人数占 22.06%，30～39 岁的占 26.91%，40～49 岁的占 29.41%，40～49 岁的占 13.82%，30～50 岁代表了农村的主要劳动力，16～30 岁的多数在外读书或打工。在调查区域中，外出务工的现象十分普遍，大多数家庭都有人在外打工，笔者在访谈中发现，青壮年打工的主要目的地是在本省，如海口、三亚等地，也有部分选择临近的广州、深圳等地。

表 1－9　　　　　　　　　被调查农民的基本情况

项目	调查对象	人数（人）	百分比（%）
性别	女	211	31.03
	男	469	68.97
年龄	19 岁以下	19	2.79
	20～29 岁	150	22.06
	30～39 岁	183	26.91
	40～49 岁	200	29.41
	50～59 岁	94	13.82
	60 岁以上	34	5
区域	琼中	178	31
	定安	200	35.1
	文昌	302	53.37
文化程度	文盲	18	2.65
	小学	131	19.26
	初中	367	53.97
	高中	129	18.97
	大专及以上	35	5.15
主要收入来源	种植业	460	67.65
	养殖业	123	18.09
	加工业	14	2.06
	外出务工	90	13.24
	经商	28	3.68
	其他	26	3.82

项目	调查对象	人数	百分比
总收入	1 万元以下	108	15.88
	1 万~3 万元	330	48.53
	3 万~5 万元	184	27.06
	5 万~10 万元	45	6.62
	10 万元以上	13	1.91

被调查者家中主要收入来源是种植业和养殖业的占被调查者总数90%，可代表纯农业人口的信息需求。被调查农民的年家庭总收入在 1 万~5 万元的为最多，占被调查农民的75.59%，年家庭总收入在 10 万元以上的高收入农民较少，仅占被调查农民的1.91%。

从被调查农民的文化程度来看，初中毕业的农民居多，占被调查农民的53.97%，大专及以上的高学历农民占了少数，这说明海南省农民的文化程度普遍不高。

如表 1－10 所示，在被调查的三个市县中，农民家庭耕地面积存在很大差异，有少部分农民家里没有耕地，经调查这部分农民主要是将耕地承包出去。同时也存在部分农民家庭耕地面积超过 30 亩，这些农民通过租赁土地，进行大规模的农业生产，属于农业大户。在被调查的农民中，平均家庭耕地面积为5.8843 亩。

表 1－10　　　　　被调查农民耕地面积描述性统计

	户数	全距	最小值	最大值	均值	标准差	方差
耕地面积	680	34.00	0.00	34.00	5.8843	4.39622	19.327

第2章

农民信息需求内涵及相关理论基础

农民信息需求所涉及内容相当广泛，为了更好地限定本项目研究范围，本章将界定农民信息需求的内涵。农民信息需求与农民信息素质息息相关，本章将对农民信息素质的含义进行介绍。此外，农民信息需求及其影响因素的研究必然要以信息需求相关理论、信息经济学相关理论、传播学相关理论等作为理论支撑，本章也将对以上相关理论做一一介绍。

2.1

农民信息需求内涵

2.1.1 农民信息需求的含义

农民信息需求即农民对信息的需求，包含农民、信息、需求三个要素。

（1）农民

目前，在已有的研究中，对农民的概念还没有一个规范的界定。我国《辞海》对农民的概念是这样解释的，"农民是直接从事农业生产的劳动者"。《现代汉语词典》中的农民是指"在农村从事农业生产的劳动者"。张义（1994）认为，农民应具有三个特点：从事农业生产、居住在农村、具有农业户口。高建民（2008）认为，对农民概念的界定应该考虑到户籍、地域、土地使用权和职业这四个要素。为了界定本项目的研究范围，本研究所指的农民是生活在农村并靠农业生产经营来取得主要收入的群体。

（2）信息

信息作为一种客观存在，是物质形态及其运动形式的体现，普遍存在于自然、社会和人类思维活动之中。由于物质形态和运动形式的多样性，信息也具有多样性。信息一词虽然应用广泛，但对其定义一直存在多种观点。1948 年香农（Shannon）提出信息论，将信息定义为消除不确定性的东西，并提出了信息量计算的表达式，称为信息熵。但是香农所发展的信息论还只是一种狭义的理论。控制论奠基人维纳（Winener）将信息定义为人和外界相互作用过程中相互交换的东西。在钟义信（1996）教授的《信息科学原理》一书中，他列出了 30 多种不同学者对于信息的定义，如信息是一种关系；信息是事物联系的普遍形式；信息就是消息、信号、数据、情报、知识等。大英百科全书 1999 年新版对信息的定义作出了多种解释。包括信息是知识或情报的交流或获得；信息是从调查研究或学习中获得的知识，包括认识、新闻、事实、数据；信息是某种事物中因不同顺序或排列而产生特定效果所表达的内部属性；信息是通信系统或计算机中表达数据资料的信号或字符；信息是评价生理或心理经验或其他结构变化的一些东西等。

本书中的信息是指对农业生产经营者有用的与农业和农村发展有关的科学技术知识、技能及有关政策。本研究的问卷设计中调查的信息需求内容比较广泛，包括农技培训、病虫害防治、施肥灌溉、政策问卷、农业新闻、市场供求、农产品品种、气象灾害、家庭生活类、农业新技术、贷款投资、就业、医疗卫生、社会保障和养老、权益维护、子女教育、政治参与、别人的致富经验信息等内容。

（3）信息需求

在心理学中，需求是指人体内部的一种不平衡状态，是对维持发展生命所必需的客观条件的反应。在经济学中，需求是在一定的时期，在既定的价格水平下，消费者愿意并且能够购买的商品数量。

信息需求是人类的生理需求、情感需求、认知需求在得不到满足的前提下，由于信息的不完全性，人类通过信息搜索行为来获取相关信息以得到自身需求的满足，这种对信息的渴求行为称为信息需求。

（4）农民信息需求

农民信息需求是指农民这一特定群体基于农业生产和生活的需要而对各类相关信息产生的需求，这些信息主要包括农业政策信息、市场信息、农业技术信息、农资供应信息、农业气象信息、防治病虫害信息，以及生活医疗信息、健康娱乐信息、教育培训信息、法律咨询信息等。

2.1.2 农民信息需求状态层次

农民的信息需求是发展变化的，并且受时间和空间的限制表现出不同的状态。科亨（Kochen）将用户信息需求状态划分为信息需求客观状态、信息需求认识状态和信息需求表达状态三个基本层次。客观信息需求是完全由用户的生产、职业活动和发展的客观需要引发的，存在于一定社会环境下的信息需求，由于用户认识和表达上的差异，这种需求又形成信息需求的认识状态和表达状态。

农民在生产经营过程中有着一定的客观信息需求，这是一种完全由农民生产、生活和发展的客观条件决定的需求状态。农民对客观信息需求并不一定能全面准确的认识，农民所正确认识到的信息需求只是客观信息需求的一部分，农民正确认识并表达出的信息需求只是其客观需求的更小一部分，大量的信息需求因未被正确认识和表达处于潜在状态。处于潜在状态的信息需求会随着农民自身条件和外界环境的改善逐渐向现实状态转化，这个转化过程也是信息服务部门发挥作用的过程。

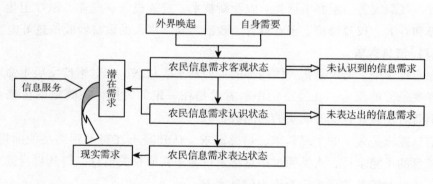

图 2-1 农民信息需求状态

2.1.3 农民信息需求的内容

由于农民角色的特殊性，农民所需要的信息需求内容和种类繁多。从事农业生产的农民，作为我国物质基础的创造者，为了提高农业生产效率，提高农业生产经营过程中的不确定性，需要了解农业技术信息、市场价格信息、气象信息等；作为社会中的一员，农闲时出外打工进入城市劳动力市场，需要了解招聘信息；为人父母，需要了解子女教育信息；作为公民，需要了解我国的政策信息、国家大事。

具体而言，农民信息需求的内容可以分为以下三大类：

（1）农业信息

农业信息是指和农民的生产经营活动息息相关的信息。根据不同的研究目的，研究者从不同角度对农业信息进行了定义。如王慧军认为"农业信息是农业系统内部、农村社会等各个领域、各个层次产生并发挥作用的信息内容，是直接或间接与农业推广活动相关的信息资源"，信息具体包括农业资源信息即自然资源、社会资源、农业区划等；农业政策信息即国家法律法规和各级政府对农业的优惠扶持政策等；农业生产信息；农业教育信息；农产品市场信息；农业经济信息；农业人才信息；农业推广管理信息等诸多方面。王慧军的定义内容十分广泛，包括了与农业活动有关的各方面、各层次的所有信息。王人潮认为农业信息是以农业科学和地球科学的基本理论为基础，以农业生产活动信息为对象，以信息技术为支撑，进行信息采集、处理分析、存储传输等具有明确的时空尺度和定位含义的农业信息的输出与决策。王人潮的定义强调了农业自然资源禀赋条件的信息，有利于对"精准农业"和"信息农业"的研究。本研究从经济学角度重点研究农业信息从静态转化为动态，从潜在的资源形式转化为经济效益的过程。因此，这里的农业信息包括以下几种类型：

一是农业科学技术信息，它是指农业生产技术信息以及为获得生产技术而必须具备的其他各类信息知识。如农技培训、病虫害防治、施肥浇灌、农业新技术等信息。农业科学技术信息在农业生产中起着关键作用，它决定着农业生产的效率和农产品的质量，决定了农民在多变的外界环境影响下的应对能力。

二是农业市场信息，如市场供求、农产品品种、农产品及农业生产资料价格等方面的信息。市场信息直接关系到农民的收入和农村地区经济的发展。在市场经济的驱动下，农业的生产经营活动正在逐步走进市场，作为市场经济中的一员，农民受经济利益的驱使，发展农业生产的目标就是收益最大化。农民从事生产经营活动，不仅需要产中的科技信息，而且需要种什么、种多少等产前的市场信息咨询服务，还需要优良品种、化肥、农药等农业生产资料的市场供应信息，更需要产后的储存、加工和销售信息。目前，农业市场的风险在很大程度上是由农民掌握的农业市场信息不充分所引起的农业生产和经营的盲目性所导致的。农民若是能掌握及时、准确的市场信息，将大大减小农业生产经营过程中的不确定性，准确地进行投资和生产决策，降低农业市场的风险（赵岩红，2004）。

三是农业生产相关信息，如气象灾害、病害、疫情等方面的信息。这些信息直接关系到农业生产的外部环境，及时有效地掌握这些信息，能帮助农民正确地进行决策，在面对这些自然灾害时，尽可能地减少农民的损失。

（2）民生信息

民生信息是关系到农民基本生存和生活状态、基本发展机会、基本发展能力和基本权益保护的信息。如家庭生活类、就业、医疗卫生、社会保障和养老、权益维护、子女教育等方面的信息。农民是我国基本物质财富的创造者，同时也是社会中重要的一员，但是由于文化程度、经济条件的限制，也成为社会中的弱势群体。农民在进行农业生产的同时，也需要实现自身的生存、生活权利，需要维护自身的基本权益。全面及时地掌握民生信息对于真正提高农民的生活质量、改善生活条件、充分享受社会基本公共服务、增强农民维护自身权益的意识具有重要意义。

（3）行政管理信息

行政管理信息主要是指国家的一些政策文件、法律法规、政治参与等方面的信息。这些行政管理信息对于农民的生产品种选择、生产结构调整都有着重要的导航作用。如果农民对新时期党和国家的路线、方针、政策及法律法规缺乏了解，就会在自主的农业生产经营过程中，背离国家的有关政策，甚至可能会违反相应的法律法规。而有的农民由于对国家相关鼓励政策和法规的不了解，不敢放开胆子、迈开大步地进行生产经营，从而错失了良机。这样不但会影响农民的收入，也会在一定程度上阻碍农村经济的发展。信息服务部门通过开展各种富民政策优惠政策的宣传，可引导农民走上更宽阔的致富道路，同时帮助农民开阔视野，更新观念，克服粗放经营。同时可以使农民发展自身优势，根据本地的实际情况来发展多种经营，从而实现农民增收和农村经济的发展。

2.1.4 评价农民信息需求的指标

为了使农民信息需求的评价过程更加系统化，基于信息对受众群体的影响确定了4个综合评价信息需求水平的指标，分别是信息需求率、平均信息需求率、信息有效需求率、平均信息有效需求率。利用这样的指标，可以使对农民信息需求的评价结果更具系统性、客观性和可操作性。

（1）农民信息需求率

受社会经历、文化传统、年龄等的影响，每个农民对信息的偏好各有不同。如果把所调查区域中这些无序的个人偏好综合起来，那么就表现为该区域农民的信息偏好。例如，对某一地区农民群体开展需求调查，往往需要在收集单一农民对某类信息需求选择的基础上统计某类农民群体的信息需求偏好。用来测量群体对于某种信息的偏好程度最简单、最有效方法就是计算该群体对于该信息的选择百分比。这个百分比被称为信息需求率。简单来说，农民信息需求率是用来衡量某地区农民群体对于某种类型信息需求强度的一个指标，常用某种信息在某地区农民群体中的选择百分比来表示。农民信息需求率的计算公式为：

$$R = S/N \qquad\qquad (2-1)$$

式中，R 表示农民信息需求率，S 表示所调查的信息需求种类中选择某一项信息的人口样本数，N 表示所调查的农民样本总量。

某个群体对某种信息类型需求率越高，说明该群体这种信息类型越缺乏。反之，如果某地区农民群体对某种信息类型需求率越低，则说明该群体来说这种信息类型越不缺乏。以此来衡量或评价某地区农民群体对某种信息的需求强度。

（2）平均信息需求率

信息需求率可以用来表示某个群体对一种信息的需求强度或需求水平，但不能表示某个群体对所调查所有种类信息需求强度或需求水平。如果要表示某个群体对所调查的所有种类信息的需求强度或需求水平，那么就需要用到平均信息需求率。平均信息需求率指群体对于不同信息类型的平均需求水平，用来比较不同群体间对同组信息类型的需求强度差异，一般用各种信息需求率的平均数来表示。平均信息需求率的计算公式为：

$$MR = \sum Ri/M \qquad\qquad (2-2)$$

式中，MR 是指平均信息需求率；Ri 是指所调查信息种类中某一项信息需求率；M 是所调查的信息种类的项数。

（3）信息有效需求率和平均信息有效需求率

凯恩斯认为，有效需求是商品的总供给价格和总需求价格达到均衡时的社会总需求。而这里我们提到的信息有效需求率就是在对某种信息有需求的农民中，得到这种信息的农民所占的比率。即农民信息有效需求率的计算公式为：

$$P = T/S$$
$$MP = \sum Pi/M \qquad\qquad (2-3)$$

式中，P 表示信息有效需求率，T 表示所调查的信息获得种类中选择某一信息的人口样本数，S 表示所调查的信息需求种类中选择这种信息的人口样本数，MP 为平均信息有效需求率，Pi 是所调查信息种类中某一项的信息有效需求率。

信息有效需求率是反映信息服务部门服务水平的综合性指标，也是该地区信息化程度的重要考量指标，这一指标能够让信息服务部门客观了解到信息服务的现状和发展方向，以便提供更好的信息服务。如果信息有效需求率大于 1，则说明该信息当前处于良好的信息服务状态，也就是说需要该信息的农民百分之百都能获得这种信息，短期内没有加强这种信息服务的必要；而如果信息有效需求率小于 1，则说明该信息处于信息供给缺乏状态，需要加强信息服务，并且数值越趋近于 0，说明信息服务存在的缺口就越大，越需要加强服务的力度。

2.2
信息需求相关理论

2.2.1 需求层次理论

马斯洛需求层次理论第一次系统阐述人类的需求与行为之间的关系，认为人的需求是多层次的、动态的、由低级向高级发展的。马斯洛的需求层次理论在一定程度上反映了人类行为和心理活动的共同规律。

人们通过各种活动来满足自身不同层次的需求，而人类实践活动过程实际上是一个包含人、事物、信息三个要素的系统。人的活动作用在对象上的过程中，从信息的角度可以看作是对信息的需求、获取及利用的过程。因此，人类各种需求的满足过程，可以说也是对信息不断需求的过程，而且需求的层次越高，对信息的质与量的要求就越高。人类需求和信息需求总是密不可分，相互激发的，如图 2-2 所示。

2.2.2 信息需求层次理论

信息需求是指个人的内在认知与外在环境接触后所感觉到的差异、不足和不确定，试图找寻消除差异和不足，判断此不确定事物的一种要求（黄清芬，2004）。由于受到个体因素及外部信息环境因素的共同制约及影响，人们的信息需求具有一定的层次结构。不同时期，不同主体对信息的需求强度和内容都是不同的。

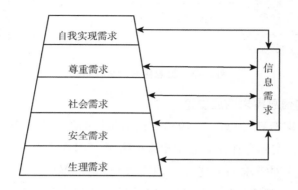

图 2 - 2　马斯洛的需求层次与信息需求①

（1）科亨的用户信息需求三层次论

著名情报学家科亨（Kochen）提出经典的用户信息需求三个层次：客观状态层次的信息需求、认识层次的信息需求、表达层次的信息需求②。客观状态层次的信息需求是一种不以用户主观意志为转移的客观需求状态，这一层次的需求是由用户所处的社会背景、工作环境、职业性质等客观条件所决定的。认识层次的信息需求是由客观状态层次的信息需求转换而来，主要受用户自身知识结构、心理倾向、信息素养、信息服务主动程度等因素影响。用户在实际工作和社会压力的刺激下，认识到了自己的信息需求，但由于受到个人信息能力和信息环境等制约因素的影响，用户尚未能表达出信息需求。表达层次的信息需求是在前两种层次的基础上，用户经过一些启示和咨询将自己的信息需求表达出来，主要受用户认知能力、表达能力、逻辑组织能力以及信息服务工作交互程度等因素影响。

科亨将信息需求分成潜在需求和显性需求，认为潜在信息需求是指那些未能表达或没有满足的一种心理需求；显性信息需求与之相反。用户信息需求层次理论如图 2 - 3 所示。

---

①　引自颜端武，王曰芬. 信息获取与用户服务［M］. 北京：科学出版社，2010.

②　转引自胡昌平. 信息服务与用户［M］. 武汉：武汉大学出版社，2008.

图 2 - 3　信息需求的层次结构

（2）泰勒的信息需求四层次论

英国信息学家泰勒（Taylor，1968）认为用户的信息需求可以分为四个层次：第一层次（Q1）：实际存在而未表示出来的需求（内在需求）；第二层次（Q2）：有意识的，大脑中对需求的描述（意识需求）；第三层次（Q3）：正式的需求表达（形式化需求）；第四层次（Q4）：向信息系统提交的问题（折中需求）。用户信息需求有些是潜在的（Q1、Q2、Q3），有些是显性的，用户向一个信息系统表达的问题（Q4）只是其需求的一部分，或是一种已经折中的（即他认为系统可以理解的）需求。或者说，泰勒认为用户的信息需求表达需要经历四个阶段：内在阶段、意识阶段、形式化阶段、折中阶段（韩丽风，2005）。

从泰勒的信息需求模型中可以看出，对用户信息需求的研究比较复杂，用户由于受到诸多因素的影响，如知识水平、表达能力等，对信息的需求量和层次存在着很大的变化。

（3）韦尔的信息需求等级结构论

韦尔（Weir）在马斯洛的需求层次理论基础上，用需求等级结构来分析人们的信息需求。韦尔认为，一个人在等级中的位置决定着他的信息寻求行为，而且只有在一个层次的信息需求得到满足之后，人们才会致力于获取更高层次的信息，只有当低层次的需求暂时得到满足，个人才会短期内寻求更高层次的需求。在他提出的信息寻求行为等级图（见图 2 - 4）中可以看到，受众的信息寻求层级从低到高可以分为存活与安全、维持和营养、知识追求、充实与发展等，体现着受众不同层级与阶段的具体需求，不过与这些处于不同的金字塔层级中的需求不同，娱乐的需求会贯穿各个层次与发展阶段。

处于不同社会经济地位的受众，信息需求层次各不相同，对于弱势受众群体中的农村受众而言，他们主要的需求信息包括政府有关农业、农村、农民等方面的政策变化，农产品、农副产品的市场需求信息与价格变化以及其他文化、教育

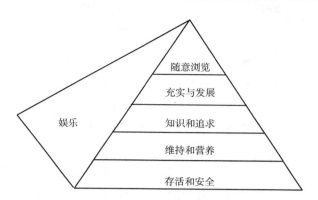

图 2 - 4 韦尔的信息需求等级结构

资料来源：转引自袁玲萍. 布尔迪厄社会学视域下中国新闻媒体与社会公正互动机制探析〔D〕. 暨南大学，2014.

信息。这些信息满足于他们生产、生活的需求。但随着农业生产方式的转变和生产力的不断提高，农民生产和生活条件不断改善，农民对于农业信息需求意愿和农业信息需求量在日益增加，对农业信息的接收方式和种类在逐步多样化，越来越希望获得更深层次的农业信息知识。由于受经济状况、文化程度、人际关系等各方面的影响，不同的人所处的需求层次存在差异，因此，对于信息的需求也就会有所不同。了解分析农民所处的信息需求层次及满足其信息需求的各项影响因素，才能更有针对性地提供信息服务。

2.3 信息经济学相关理论

2.3.1 信息不对称理论

在市场经济活动中，不同人员对相关知识和信息的掌握和了解程度是有区别的，拥有充足信息的人往往在市场交易中处于有利地位；相反，信息缺乏的人在市场交易中处于劣势地位，这就是信息不对称理论。

信息不对称一般包括两种情形：一种情形是在市场交易过程中，交易双方所拥有的有关交易对象、交易方式和内容的信息不相同或不相等，也就是说交易双方拥有的信息数量不等；另一种情况是交易双方或一方做出交易决策时，不拥有决策所需要的所有信息，或者说市场主体掌握的信息质量不足以使其做出最优决策。

目前，信息不对称现象在我国农村广泛存在，已经成为阻碍农村市场健康发展的重要因素之一。存在于农村经济中的信息不对称现象有很多种，如种植技术信息的不对称；农产品销售信息的不对称；养殖信息不对称；农产品运输信息不对称；农业政策信息不对称等。由此，我们不难发现，信息不对称现象存在于农业农村经济的每个环节。

信息不对称现象给农民的生产经营以及生活都造成了很多困难。例如，大部分农民不能充分掌握市场信息，对当前市场的供求情况不了解，只能凭借以往的经验和习惯来进行生产经营决策，结果很容易导致盲目地跟风种植，生产出来的农产品数量远远高于市场的需求，影响农民的收入。再比如，严重的信息不对称，使得一些农业新技术等有价值的信息出现信用危机，农民对新产品、新技术不信任，不敢尝试，这也严重损害了农村经济的健康发展。

信息不对称现象严重影响了农民的信息需求，一方面，农民迫切需要准确、有效、及时的信息来指导生产经营决策；另一方面，农民又担心信息中存在的不真实、不完全等因素给农业生产经营带来风险，从而不敢轻易相信信息。

2.3.2　信息的商品性理论

商品是用来交换的劳动产品，凡是商品都是为别人生产的，而获取它都是通过交换的方式来实现的。在社会经济活动中，信息生产者生产的信息产品基本上都是为别人生产的，信息产品消费者只有通过交换才能获取它。这就是说，信息生产者生产信息是为了获取信息的价值，不是为了获取信息的使用价值，而信息消费者获取信息是为了实现信息的使用价值，并通过信息使用价值的实现而达到自己预期的目的。从信息产品交换的全过程可以看出，信息具有鲜明的商品特征，其价值和使用价值都是通过市场实现的。

信息商品同其他商品比较，既具有一般商品的共性特征，又有信息商品的个性特征。信息商品在商品的共性特征方面主要表现为：

（1）信息商品同其他物质商品一样都具有使用价值和价值。

（2）信息商品和其他物质商品一样，其使用价值和价值都通过市场交换得到实现。

（3）信息商品同其他商品一样，其交换活动必须遵循价值规律。

信息商品的个性特征有：

（1）在商品形式上，信息商品多是通过一定的物质载体表现出来，但其转移价值大大高于物质商品中的转移价值。

（2）在使用价值上，信息商品具有间接性、参与性与多元性。

（3）在价值上，信息商品具有积累性、再生性和排他性，在流通过程中，信息商品具有很强的时效性。

（4）在所有权上，信息商品具有共享性。

在市场经济条件下，许多信息成为商品，进入整个商品的生产、分配、流通和消费等各个环节或过程，信息商品化的规模在扩大，信息商品的数量在增加，信息商品在社会、经济生活中所起的作用比以往任何时期更为巨大。

2. 4

传播学相关理论

2.4.1　施拉姆的大众传播过程模式

传播（communication）指人类交换信息的一种过程。信息（information）是传播的内容。传播的根本目的是传递信息，是人与人之间、人与社会之间，通过有意义的符号进行信息传递、信息接受或信息反馈活动的总称（周爱军，2006）。

如图 2 - 5 是施拉姆的大众传播过程模式。

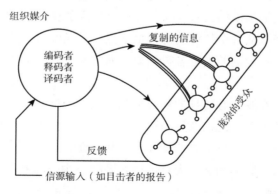

图 2 - 5　施拉姆的大众传播模式

这一模式的中心是媒介组织（信息传播主体），它执行着编码、释码和译码的功能。媒介组织每天收集大量新闻信息，经记者、编辑等加工整理成媒介产品，发送给受众，尽管信息接受者是由个体组成的，但绝大部分个体却分别属于不同的初级群体和次级群体，他们会受到群体的影响，在群体内对信息进行再解释（许静，2007）。

基于施拉姆的大众传播模式，本书将对媒介组织（信息传播主体）、信息传播渠道、信息受众（信息接收者即农民）进行研究，重点研究作为信息需求方的信息受众（农民）的信息需求状况，获取信息的渠道，不同类型农户的信息需求特点及利用状况，以及作为信息供给方的信息传播主体的信息服务方式，最后，根据研究成果提出合理化建议。

2.4.2 两级传播理论

两级传播理论认为，媒介信息不是直接传向所有个人，人与人之间也不是相互隔绝，而是相互影响的。信息和观念常常是从广播与报刊流向意见领袖，然后经由意见领袖流向人群中不太活跃的其他部分，这一过程被称为两级传播。

两级传播理论使人们认识到，大众传播媒介渠道和人际传播渠道在人们信息获取和决策中的不同角色和作用。即大众传播在人们的认知阶段具有重要作用，而在说服和决策阶段，人际传播的影响力则凸显（陶丽，2008）。意见领袖不是一般意义上的领袖，往往是普通人，只是在传播活动中扮演了领袖角色。意见领袖首先要有较高的威望和良好品质，有一定的影响力；其次，意见领袖是个见多识广的人，较多接触和使用大众媒介，参与高层次的交往活动，在群体之外富有社会关系。他们经常从各个信源获得大量信息，因而经常扮演信源和指导者的角色；再次，意见领袖和他的追随者很相似，通常属于同一群体，处于同一水平层次上。

意见领袖只是在其富有特长的领域里充当领袖，指导他人，在他不熟悉的领域内只好充当追随者，因此，意见领袖是相对的、可变的。当然，人群中地位相当的人平等交换意见、分享信息的情况也经常存在。

卡兹等人认为，影响和制约大众传播效果的"中介因素"主要有四种。

① 选择性机制，包括选择性注意、选择性理解和选择性记忆三个层次。这个机制的存在，说明受众对某些媒介或媒介内容具有回避倾向，有些被回避的媒介和内容显然很难产生效果。

② 媒介本身的特性。信息的媒介渠道不同，其效果也就不同。由此产生了大量关于媒介特性的研究。

③ 信息内容。各种语言的和非语言的符号表达，其传递方法和技巧不同，产生的心理反应也不同。

④ 受众本身的特点。受众的既有观点和立场，他们的人际关系，特别是其中意见领袖的作用，会对大众传播效果的产生发挥重要的制约作用。

该理论在农村，特别是在基础设施落后的欠发达地区的信息和创新扩散中具有重要的意义。

2.4.3　创新的扩散理论

所谓创新的扩散，是指一项新的事物或观念，经过一段时间，通过特定渠道，为社会系统中的成员所接受或采纳的过程。

创新扩散需要具备四种要素，即创新要素、渠道要素、时间要素和流通发生的社会系统要素。

（1）创新要素

罗杰斯对创新要素的特征做了以下总结：

① 相对的优越性，即一项创新相对于它所取代的旧物的优越程度。比如电脑比电视的优越之处在于内容更加丰富，功能更加强大。

② 兼容性。电脑基本上涵盖了电视所具有的所有功能。

③ 复杂性。创新的复杂性越低，其被采纳的可能性就越高。电脑操作虽然比电视要复杂，但总体来说还是比较容易被大多数人所接受。

④ 可靠性。随着电脑的普及，保护个人隐私和防止盗用的系统也越来越完善。

⑤ 可感知性。主流媒体关于电脑的报道，有助于关注这一发明，但是是否采用则取决于很多其他因素。大多数人都是看到别人使用电脑的方便和高效之后，才决定使用的。

（2）时间要素

时间要素是创新扩散过程的重要变量。创新的扩散不仅涉及知识性的了解，还包括态度转变，采用的决策和创新的最终施行等，因此，存在一个以时间为坐标的创新扩散曲线（见图 2-6）。人们在了解新事物后，只有少数人率先采用新事物，当少数人采用新事物成功后，其成功的范例通过人际传播渠道传开后，多数人才开始纷纷采用。采用新技术的人数随着时间的推移累积起来，就形成了 S 曲线。

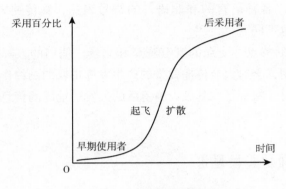

图 2-6　创新—扩散曲线

（3）渠道要素

渠道要素包括信源和信息的载体。信源可以是来自社会系统外部的外在信源，也可以是社会系统内部的内在信源。信息的载体可以是人际的，也可以是大众媒介的。罗杰斯把大众传播过程分为两个方面，一是"信息流"，即信息传递过程；二是"影响流"，即效果或影响产生和波及的过程。信息流是一级的，即信息可以由传播媒介直接流向一般受众；而影响流则是多级的，要经过人际传播中许多环节的过滤。大众传播媒介可以迅速抵达广大受众，传播消息。人际传播可以实现信息的双向交流，补充信息，澄清要点，在解决对信息抵制或冷漠的问题上比大众媒介更为奏效。两级传播在考察"意见领袖"的作用是，主要强调意见领袖与其他相互交往的人在某些特征，如信仰、价值观、教育水平和社会地位方面的相似程度。但是，创新扩散研究中则发现，信源和接受者之间往往存在高度的异质性，他们之间的差异性大于相似性，新观念通常来自迥异于接受者的人物，因此，达成他们之间的良好传播就要解决一些特殊的问题。罗杰斯将创新的采纳者分为五类，分别有以下特点：

① 创新者——大胆，喜欢标新立异，比其他人有更多的社会关系，见多识广。

② 早期使用者——地位受人尊敬，通常是社会系统内部最高层次的意见领袖。

③ 早期众多跟进者——深思熟虑，经常与同事沟通，但很少居于意见领袖的地位。

④ 后期众多跟进者——疑虑较多，之所以采用创新通常是出于经济必要或者社会关系不断增加的压力。

⑤ 滞后者——因循守旧，信息闭塞，局限于以往经验和传统观念。

对于早期使用者来说，大众传播渠道和外在信源发挥着主要作用，而在创新扩散的过程中，大众传播渠道和外界信源的作用在获知阶段相对重要，人际渠道和内在信源的作用在劝服阶段显得较为突出。

（4）社会系统特征

除个人的年龄、收入水平及技术恐惧症等因素外，最主要的社会系统特征是社会系统结构、群体规范以及社会政治、经济和文化因素等（许静，2007）。

在信息的传播过程中，创新扩散的研究对于农民接受信息的程度和利用信息的效能有较大的指导意义。

2.4.4　使用与满足理论

使用与满足理论把信息受众作为能动的媒介消费者，转变了以往传播效果研究的角度，推动了效果研究的发展。从 20 世纪 40 年代开始，就有人研究受众对不同媒介的使用，但早期的研究相对简单，主要是描述和测定受众对媒介的使用及目的，没有理论性突破，研究方法主要是访谈式记录，缺乏一套严密的调查分析程序。直到 60 年代，英国学者布卢默和麦奎尔，美国学者卡兹展开了一系列"使用与满足"的研究。美国学者卡兹在 1974 年发表《个人对大众传播的使用》一文，将媒介接触行为概括为一个"社会因素 + 心理因素→媒介期待→媒介接触→需求满足"的因果连锁反应过程。1977 年，日本学者竹内郁郎对这一过程做了修改补充，并提出图 2 - 7 所示的基本模式。

从图 2 - 7 中可以看出：第一，人们接触媒介的目的是为了满足特定的需求，这些需求有一定的社会和个人心理缘由；第二，实际接触行为的发生需要两个条件，一是媒介接触的可能性，即身边应有电视或报纸之类的媒介，否则人们只好选择其他满足方式，比如朋友等；再比如只有一份报纸，读者可能订阅，但是未必满足，一旦出现另一家报纸，他就会很快停止订阅第一份报纸；二是媒介印象，即对媒介能否满足需求的判断，这是建立在以往媒介接触经验的基础之上的；第三，根据媒介印象，人们选择特定的媒介或内容开始具体的接触行为；第四，媒介接触可能使需求得到满足或者没有得到满足；第五，媒介接触还会产生一些其他后果，其中大多数是无意得到的。无论满足与否，媒介接触的后果将影

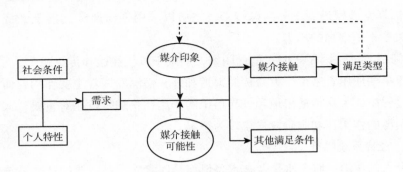

图 2 – 7 "使用与满足"过程的基本模式

响到以后的媒介接触行为,人们会根据结果来修正既有的媒介印象,在不同程度上改变对媒介的期待。由此可以看出,这一媒介接触模式是用期待理论解释人们进行媒介消费和避免媒介消费的原因。

使用与满足研究开创了从受众角度考察大众传播过程的先河。它把受众的媒介接触看作是一种自主选择,有助于纠正"受众绝对被动"的观点。它揭示了受众媒介使用形态的多样性,强调了受众需求对传播效果的制约。这一理论对于彰显本书研究农民信息需求的理论意义和分析其影响因素具有重要作用。

第 *3* 章

农民对农业信息接受的机理分析

接受是人类社会生活中最常见、最普遍的现象之一。接受一词，在汉语字典中通常被解释为接纳、承受。英文中接受一词是 reception，表示认可、吸纳、验收的意思。从字面上看，接受含有主动积极、自觉自愿的意思。从一个名词来说，接受表示一种状态和结果；从一个动词来说，接受被理解为一种关系运动的途径。在胡木贵和郑雪辉（1989）所著的《接受学导论》一书中，从研究层次认为"接受，是关于思想文化客体及其体认者相互关系的范畴。它标志的是人们对以语言象征符号表征出来的思想文化客体信息的择取、解释、理解和整合，以及运用的认识论关系和实践关系。"这一定义明确地指出了接受是由接受主体、接受客体、接受过程三部分组成。从系统、动态的角度看，接受作为人类的一种活动过程，它是由多重结构要素构成的复杂的开放系统。

接受系统由接受主体、接受客体、接受中介、接受环境、接受过程五大要素构成。接受过程既是一个内化整合的过程，又是一个外化践行的过程。因此，接受是指接受主体出于某种需要对接受客体的反映、择取、理解、解释、整合、内化以及外化实践的过程。从接受学的角度来看，接受主体对精神客体的接受活动可分为两种：一种是对科学认识成果的接受，如对科学知识、科学理论、科学命题等的接受；另一种是对价值认识成果的接受，如对善恶、美丑等价值观念、价值准则、价值导向的接受。农民对农业信息的接受属于前者。

过去农业科技与信息的传授过于强调农业科技工作者的主导作用，而把农民置于农业科技与信息的消极被动接受地位，没有足够重视其主体地位。研究农民对农业信息的接受机理就是要把处于客体地位的农民视为主体，充分尊重其主体地位。

从实践上看，研究农民对农业信息的接受心理，有利于增强农业信息科学技术等传播的有效性和针对性。尊重农民的主体能动性，调动农民自身的积极性，是农业科技与信息传播的出发点和归宿。把农业信息的研究视角投向农民的接受，是力图在农业科技与信息等传播观念和思维方式方面有所创新和突破。

3. 1

农民对农业信息接受的生理机制分析

"机制"一词源于希腊文，意指机器的构造和工作原理，后来指有机体的构造、功能和相互作用，现在已经广泛用于各学科的研究。在社会科学领域，机制用以表示一个复杂的社会系统的复杂因素之间相互作用方式。

人的一切心理活动依赖于人体的物质器官，尤其是神经系统中大脑的功能。心理活动能引起人体生理状态的变化，同时变化了的生理状态也能使人的心理发生某些活动，影响到人的状态，使人易于或者难于接受某些观念。下面介绍一些与接受有关的生理活动。

3.1.1 神经反射活动

从生理角度而言，接受是神经系统的反射活动的过程。其大体上经历的通路是：感受器接受特定的刺激→传入神经接受上述刺激，并转化为神经冲动向中枢传导→经低级中枢上传到高级中枢大脑，对信息进行分析整合→传出神经将行动信息以神经冲动的方式下传→效应器官作出特定的行为反应。在这个过程中，大脑居于接收、处理信息，并指挥接受主体行动的中枢地位。离开了人脑，任何接受都不复存在。

3.1.2 条件反射与无条件反射

苏联学者巴甫洛夫在高级神经活动生理学中所提出的条件反射学说和两个信号系统的概念对探索接受活动的生理机制十分重要意义。巴甫洛夫认为，大脑的一切活动都是由无条件反射和条件反射组成。其中，无条件反射是动物和人类生来就有的本能性反射，这种反射的神经结构之间先天就有固定联系，只要相应的刺激一出现就会发生反应，不需要附加任何条件，也不需要任何学习与训练。条件反射是指动物和人类后天形成的反射。是在无条件反射的基础上，经过后天的学习和训练建立起来的反射活动。例如，农民在经过培训后，掌握了一定的网络操作知识或某项农业信息技术。引起这种反射的神经结构之间没有固定的联系，只有暂时性联系。这种暂时性的联系是通过不断学习和训练建立起来的，如果不适时地给予强化，就会减弱或消退。农民对农业信息的接受也是一种复杂的条件反射活动。例如，农民对某项农业信息技术通过一段时间学习之后掌握了，如果在以后的劳动生产中没有机会使用，就有可能遗忘。

3.1.3　第一信号系统与第二信号系统

巴甫洛夫提出人脑存在第一信号系统和第二信号系统。引起条件反射的条件刺激起着一种信号作用，又称信号刺激。信号分第一信号和第二信号两种。第一信号是现实的、具体的感觉信号，它是直接作用于感觉器官的具体刺激；第二信号是抽象的语词信号，是语言的词语所构成的刺激，是信号的信号，是人类特有的。

大脑对第一信号产生反应的皮层机能系统被称为第一信号系统，这种高级神经活动能把直接刺激转化为引起机体各种活动的信号，是动物与人类所共有的。大脑对第二信号产生反应的皮层机能系统叫作第二信号系统，这种高级神经活动能把第一信号转化为具有抽象意义的词语信号，为人类所特有。第二信号系统的一切活动，都是人类生活中借助人脑的分析活动形成言语条件反射而建立起来。

因此，人的心理比动物的心理更为复杂，人不仅可以感知、记忆各种事物，有情绪、情感，还能运用一定的词与言语来表达自己的愿望、抽象地思考问题和巩固自己的认识，并通过学习和交往接受人类所积累的知识经验，形成包括信念在内丰富多彩的主观世界，即主体意识。人有了意识就会对外界事物产生越来越多的理解、情感与态度，并且可以察觉和调节、控制自己的心理与行为，出现意志与性格，表现出个人的能力，使自己成为现实中个性的能动的主体。以上这些心理活动也充分地表现农民对农业信息的接受活动中，例如，农民在认识到农业信息是提高农业生产经营效益的有效措施这一观念后，就会对农业信息技术、农业新品种信息、农业新技术信息、农业人才信息等有较多的关注，渴望用信息科学知识指导自己科学种田，并在日常的生活中加强自己对农业信息知识的学习，力争使自己成为一名农业信息领域内的行家里手。

当然，生理心理学告诉我们，人的神经系统基本是相同的，一个成熟之后的人，其神经系统具有很大的稳定性，因此，造成人们在同一事物存在不同接受上差别的原因不能归结为生理机制，而是由于心理机制和社会环境使人产生的观念造成的影响，农民对农业信息的接受心理差别也一样，如图 3 - 1 所示。

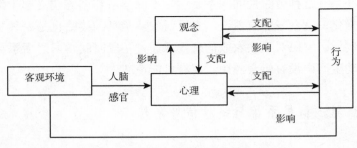

图 3 – 1   心理机制、社会环境对观念影响结构关系

3. 2

农民对农业信息接受的心理机制分析

人的心理纷繁复杂，它包括心理过程、个性心理两方面。心理过程是认识过程、情感过程和意志过程的总称。个性心理是个人带有倾向性的本质的比较稳定的心理特征的总和，包含个性心理特征和个性心理倾向性两方面。前者包括能力、气质、性格；后者是指以人的需要为基础的动机系统，包括需要、动机、兴趣、理想、信念、世界观。下面将分别讨论心理过程和个性心理在农民农业信息接受中的作用。

3.2.1   心理过程在农业信息接受中的作用

在心理过程中认识过程、情感过程、意志过程相互联系、相互影响、相互制约、相互促进。其中认知是先导，情感是动力，意志是保证。其相互关系如图3 – 2所示，农民对农业信息的接受也符合这一心理机制。

（1）认识过程在农业信息接受中的作用

人的认识活动主要由感觉、知觉、注意、记忆、想象和思维等方面组成，缺少其中某个因素都不能成为完整的认识过程。

① 感觉与接受。

人对客观世界的认识过程是从感觉开始的。感觉是人脑对直接作用于感官的客观事物个别属性的反映。任何一个物体都有许多个别属性，如它的颜色、声音

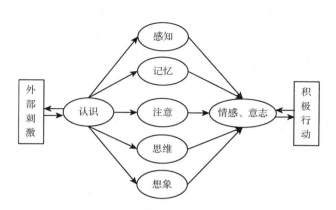

图 3 - 2　心理过程对人的行为影响结构

等。当这些个别属性直接作用于人的眼、耳、鼻、舌、身等感受器官时，就在大脑中引起相应的视觉、听觉等，感觉的产生是人接受事物的开端，正如列宁所说："感觉是运动着的物质映象，不通过感觉，我们就不能知道事物的任何形式，也不能知道运动的任何形式。"①

② 知觉与接受。

知觉是对直接作用于感觉器官的事物整体属性在头脑中的反映，其中观察是一种有目的、有计划、有思维参加的比较持久的知觉。在接受活动中，人可以通过观察弄清某种事物是什么，有些什么特点，有什么用处，可以获得比较系统的感性认识。虽然知觉和感觉一样在接受过程中同属于认识过程的感性阶段，但却是人的高级心理活动的基础，是认识世界的重要途径。

③ 注意与接受。

注意是指人接受活动时对一定接受客体的指向和集中。"指向"是指每一瞬间性活动总是有选择地朝向一定事物而离开其余事物；"集中"是指离开一切无关因素而深入指向其所选择的接受对象。在接受活动中，注意有选择、保持、调节和控制功能，在这些功能的控制下，人的接受活动能有选择地指向那些有意义的符合需要的、与当前活动有关的对象，抑制和排除那些与接受无关的对象，保证在接受活动中以最少的精力、最灵敏的状态，完成最重要的任务，达到对其他事物"视而不见，听而不闻"的效果；还能在接受的过程中使注意的对象在意识中得到保持，直到顺利完成接受活动为止，必要时对错误的接受行为进行纠

---

① 《列宁全集》人民出版社 1985 年第 2 版，第 18 卷，第 316 页。

正。例如，电视中农业科技栏目一些好的节目，之所以能吸引农民的注意，在很大程度上是因为它传播的信息详尽、突出"农味"和"乡村气息"，口语化的风格鲜明，通俗易懂，避免使用农民难以听懂的词汇，重视音乐和音响这两大因素，注重节目的现场感，吸引农民的注意，让农民喜闻乐见，听得进，看得懂。

④ 记忆与接受。

记忆是人脑在接受过程中对经历过的事物的反映。记忆可以使接受者积累接受经验，并且通过认知和再现，把以往的接受经验用于当前的接受活动。没有记忆，经验无法积累，知识无法传授，学习无法进行。有了记忆，人们的接受活动才有了可能，人的心理活动也就成为一个连续的、发展的统一过程，记忆巩固了人的接受成果，并使人的思维、情感、意志得以更好地发展。例如，海南省儋州王五镇一农民的芒果发生病虫害，负责镇里网络的信息员把专家在田头讲授如何防治芒果病虫害的现场录像在电视上播放，由于录像形象生动，容易记忆，农业技术掌握起来容易。农民在掌握技术之后，很快就扑灭了病害。另外，农业科技人员为了让广大农民更好、更快地掌握某些信息技术方面的知识，将科学内容和歌词相结合，具有简明易懂、押韵、易读、易记等特点，使之在农村广泛传唱，既丰富活跃业余生活，又普及了现代农业实用信息知识。例如，《春光一刻值千金》就是农业专家遵从二十四节气来指导农民科学地安排农业生产便于记忆的农事歌谣。歌谣内容如下：自然规律须遵照，农事季节要记牢；生产跟着季节走，五谷丰登产量高。春雨惊春清谷天，不误农时闹田园；玉米花生须除草，早稻抢种莫迟延。夏满芒夏暑相连，田间管理要周全；防涝防虫抓双抢，插完晚稻在秋前。秋处露秋寒霜降，追肥管好晚稻田；红薯杂粮应多种，秋植糖蔗为来年。冬雪雪冬小大寒，森林火灾要提防，冬种蔬菜效益好，要为明年翻两番。①

⑤ 思维、想象与接受。

思维是人脑对客观事物的间接的概括的认识。它具有概括性和间接性的特点，思维的概括性是人们间接接受事物的一个必备条件；思维的间接性又能使接受者通过某种媒介来理解和把握那些未曾经历的对象，推知事物过去与预见事物未来。想象是根据头脑中已有表象，经过思维加工建立新表象的过程。借助想象，人们在接受活动中可以超越时空界限，不仅能够认知到感知过的事物，而且能够认知到从未感知过的事物。例如，农民尽管没有机会去一些发达国家亲眼看见农业信息化为当地农民带来的巨大变化，但借助互联网、电视、报纸、杂志等

---

① 潘琦. 农村歌谣百事歌谣 [M]. 广西：广西人民出版社，2001.

信息媒体的介绍，通过本身头脑的思维、想象加工，完全可以间接地感知国外农业信息化给农业、农民带来的好处。一些农业信息媒体借用外脑，采访专家，让他们对某些农业信息进行剖析、解释，运用事实说话，帮助农民加深信息的理解。

（2）情感过程在农业信息接受中的作用

在农民对农业信息的接受活动中，情感也常常存在无处不在，它以一种弥散的方式对是否接受及接受的程度发生影响。例如，农民对自己信任的科技工作者或村里有威望的能人传播的农业信息容易接受。因此，农业信息来源于农业的管理部门，信息源具有较高的权威性，能赢得农民的信任。信息来源于有关业务机构或专家学者就有更大的信誉。

情感以认识为基础，存在于接受活动诸环节之中，是对每一环节都发生影响的导向机制。不同状态的情感，对接受的影响在程度上和作用方式上是不同的。

① 情绪与接受。

依据情绪发生的强度、持续性和紧张度可以把情绪状态划分为心境、激情和应激三种。

第一，心境是一种微弱的、平静而持续时间较长的情绪状态。例如，心情愉快、心情烦闷等在一个相当长时间内持续下来。这种情绪状态倾向于扩散和蔓延，在心境发生的全部时间以内，影响着人的整个接受活动，使接受者对周围的一切都染上当时的情绪色彩。例如，在农忙时节，农业科技推广站硬性要求农民放下手中的农活参加科技培训，参加培训的农民往往人在培训班上，而心却在紧张劳动的农田中，农民对培训知识的接受效果就可想而知了。

第二，激情是一种爆发式的、猛烈而时间短暂的情绪状态。在激情状态，接受主体自控能力较弱，往往受激情所左右，接受的易变性表现十分明显。尤其是当接受者个人的动机性活动受到环境的阻碍而又无法克服时，接受者所遭受的挫折是很大的。如果接受者经常处于愤怒或欢乐的激情状态，久而久之就会成为一种个性特征，影响接受者对事的接受态度。例如，农民有过受网络虚假信息坑害的深刻经历，将会对其今后对网络信息产生否定的情感，在以后的信息接受中采取否定的态度。

第三，应激是指接受主体在出乎意料的紧迫情况下所引起的急速而高度紧张的情绪状态。应激状态使接受者的生理和心理发生急剧变化，例如，心跳加快，血压升高，意识的自觉性降低，思维混乱，判断力减弱，知觉、记忆错误，注意力的转移发生困难。在过度应激状态下，接受者无法正常地对接受客体作出接受。在中等强度应激状态下，能使人思维清晰、精确灵敏，反应能力增强，有利于接受活动的进行。例如，一些缺少病虫害防治知识和信息的农民，在其养殖的鱼虾、种植的果树或蔬菜遭受突如其来的病害、虫害侵袭时，有的农民有较好的应激状态，表现出镇定自如，能及时地向农业专家咨询，获得他们的指导和帮助，避免了因病害虫害带来的损失。而还有一些农民则会表现出要么缺少冷静，不知所措，听天由命，任由病害虫害的侵袭；要么思维混乱，偏听偏信，病急乱投医，在这两种应激状况下的农民都会遭受巨大的经济损失。

② 情感与接受。

人的社会情感组成了人类所特有的高级情感，它反映着个体与社会的一定关系，体现出人的精神面貌。高级的社会情感大体上可分为道德感、理智感、美感。

第一，道德感是指人们在社会生活中对善恶、是非、荣辱关系的情感体验，这种体验是由评价态度引起的，对符合道德原则的行为发生赞佩、羡敬的情感，对不道德的行为发生厌恶和憎恨（章志光，2002）。因此，接受行为如果符合社会道德准则，就能使接受者产生满意、肯定的情感体验，不符合道德准则，就会使接受者产生消极、否定的情感体验，并因此而影响接受行为。例如，农民对信息媒体宣传的勤劳致富、科学致富典型产生的敬佩、崇尚情感，可以激发农民以这些典型为榜样，进一步加深对科学知识和社会道德的追求。因此，一些媒体以《农村天地》栏目为依托，每周向农民介绍一个本市的致富典型，用身边事、身边人传播致富经，引导农民奔小康。这些典型宣传，每篇篇幅不长，不过三四百字，但信息容量却不少，农民听得进、用得上，许多听众来信索要致富能手、专业大户的地址，希望学习他们的致富经验，走上共同富裕的道路。

第二，理智感是在智力活动过程是否满足人的认识或探求真理的需要而产生的情感体验（章志光，2002）。人在接受活动中始终渗透着理智感。人在接受事物时，对于还未认识的事物，表现出求知欲、好奇心；对于不能解决的问题，表现出惊奇和疑虑；对于正在论证或评价的问题，表现出维护自己观点的热情或浓厚的兴趣；对于经过钻研与思考得到解决的问题，又表现出无比的喜悦。理智感随着人的接受活动的深入而得到发展。例如，农民在生产劳动中表现出的对现代信息知识的渴求，以及在获得这些知识之后心中所产生的满足感和更大的求知欲。

第三，美感是由审美的需要与观念是否满足，实现而产生的体验（章志光，2002）。它能使接受者根据美的需要，并按照个人所掌握的美的标准，来评价社会行为的美与丑，并对接受产生一定的情感体验。例如，海南黎族人认为牛是财富和吉祥的象征，对牛有浓厚的感情，黎族农民在农业信息化来临的今天仍保持着牛耕田、牛踩田劳作方式。

③ 情感、情绪的两极性对接受的作用。

情感、情绪的两极性表现在积极和与消极的体验上。如果外界事物能够满足接受者的需要，符合接受者的愿望，就会使接受者对它产生肯定的态度和引起满意、愉快、喜爱等积极的内心体验；否则，就会使接受者产生否定的态度和引起不满意、厌恶、轻蔑等消极的内心体验。具体表现在：

第一，对信息及观念的接收、选择发挥着过滤作用。

传播心理学研究表明，专业权威度和值得信赖度对大众传播效果产生重要的影响。传播学者霍夫兰等人提出可信性效果的概念，即信源的可信度越高，其说服效果越大；可信度越低，说服效果越小。当接受对象确定后，接受者会不由自主地对接受客体产生一定的情感、情绪倾向，这种倾向的产生，有时来源于以往的经验，有时是来源于对接受客体的第一印象等，这将对接受客体的信息择取、信息的理解产生重要的过滤作用。对喜爱的、能满足接受者情感、情绪需求，符合接受者的愿望的接受对象，接受者会保持持久的注意力，并产生肯定的态度，容易对接受客体加以接受；而对厌恶的接受对象，接受者往往注意的时间较短或不加以注意，不太容易对它进行接受。例如，农民对深入田间地头的农业科技工作者或农业信息节目主持人有良好的第一印象，就能很好地接受他们传授的科技信息和农业信息，反之，则产生抵触情绪，表现出不接受的态度。因此，农业信息媒体要推出受农民欢迎的专家、主持人、编辑，这些人员要尽量走出课堂、演播室、编辑部，亲临田间地头，亲身感受农民的生产 、生活环境，才能使授课内容、节目、栏目的有效性增强。

第二，对接受过程中感知、思维、记忆等有增力或减力作用。

人们的任何接受活动，都是在一定的情感、情绪的推动下完成的。积极的情感、情绪可以引起大脑高度的兴奋，使接受者不由自主地将内在情感、情绪转移至接受对象，焕发出惊人的力量去接受新生事物；消极的情感、情绪则会使人的大脑感受力减弱，神经反应活动迟钝，感知、思维、记忆等下降，大大妨碍接受的进行，影响接受效果。例如，某项信息农业新技术、新科技的使用确实为农民带来了实实在在的经济效益，农民就容易对这项新技术、新科技和其他的科学技术产生积极的情感，有进一步探究的接受心理需要，产生增力作用。俗话说"人误地一时，地误人一年"如果某项农业信息是虚假的，农民受假信息坑害，对全年的收入造成损害，则会对农民对农业信息的接受产生减力作用。

（3）意志过程在农业信息接受中的作用

意志是意识的能动作用，是人为了一定的目的，自觉地组织自己的行为，并与克服困难相联系的心理过程（章志光，2002）。意志在人的接受活动中发挥着调节和控制作用，保证接受心理活动的各个环节、各种因素都指向接受活动的目的，完成接受活动。具体表现在：

① 调节接受行为。

意志对接受行动的调节作用表现在激励和克制两方面，前者表现为推动人们为达到预定目标而实施接受行动，后者表现为制止与预定目标相矛盾的行动。只有当接受者对于自己的接受行动具有明确的目标时，他才会以"不达目的不罢休"的劲头去实现预定的目标，并以坚强的毅力去克制与预定的目标相违背的行动。例如，农民在认识到信息农业能为增产、增收带来好处后，就能克服重重困难去学习信息知识、接受信息技术。

② 调控接受情感。

良好的意志品质有利于农民对农业信息认知与情感的深化和形成。意志坚强者在接受过程中可以克服消极情绪的干扰，把意志行动贯彻到底；意志薄弱者则可能被这些消极情绪所压倒，使行动半途而废。例如，在农业科学知识及技术的学习中没有平坦的大道，而有的农民却用顽强的意志力，克服学习中的重重困难，勇于实践，敢闯敢拼，成为农村里的致富能人，脱贫致富的典型；而有的农民却意志薄弱，见困难就低头，容易受消极情绪干扰，终将一事无成，一辈子都在贫困线上挣扎。

3.2.2　个性心理与接受

个性心理是个人带有倾向性的本质的和比较稳定的心理特征总和。在个性心理中包括个性倾向性和个性心理特征两方面。其中，个性倾向性是指个体在兴趣、需要、动机、理想、信仰、世界观等方面表现出来的较为稳定的差异性；个性心理特征是指个体所表现出来的比较稳定的能力、气质、性格等方面的个性差异。以上种种差异使得农民群体在对农业信息的接受过程中呈现出不同的特点。

（1）个性心理特征与接受

① 能力与接受。

能力是顺利地完成某种活动的必要条件的心理特征的总和（章志光，2002）。

接受能力可分为一般能力与特殊能力两种。接受能力对接受的影响如下：

第一，接受能力影响接受内容。接受能力强的农民认知能力强，能够顺利接受新生事物，也能很快地接受与农业信息有关内容。

第二，接受能力影响接受积极性。接受能力强的农民能够充分发挥主观能动性，对农业生产过程中农业技术信息、农业市场信息、农业信息政策等多方面内容都能够积极、主动、自觉地接受。

第三，接受能力影响接受量。接受能力强的农民对与农业信息相关知识与技术接受量大、接受速度快。

第四，接受能力影响接受方式。接受能力强的农民能够对接受到的农业信息技术及知识能举一反三，触类旁通地运用，对接受方式的适应性较广，既能接受互联网传递的信息，也能接受电视、报纸、杂志等媒体传播的信息。

第五，接受能力影响接受效果。接受能力强的农民内化能力强，操作能力强，能主动地将社会发展所需求的农业信息知识与信息技术在日常的生产与生活中运用出来，并有良好的追求科学知识，关注农业信息的行为习惯，能习惯性地上网、看电视、阅读报纸杂志，不断地增强自身的农业知识。

② 气质与接受。

气质是个人心理活动的动力特征。这种动力特征主要表现在心理活动的强度、速度、稳定性、灵活性、倾向性上（章志光，2002）。气质的动力特征包括感受性、反应性、反应的速率、主动性、可塑性和刻板性、外向性和内向性、情绪的兴奋性、可交际性等八个因素。这些心理成分及特征的不同组合，构成多种多样的气质类型。气质贯穿于人的一切活动之中，也贯穿在农民对农业信息的接受活动之中。

第一，气质影响接受活动的方式和风格。不同气质的人接受活动的方式和风格不同。例如，多血质和胆质汁的人在接受方式上喜欢直接地、迅速，在接受风格上则表现为情绪和情感外显、起伏；黏液质和抑郁质的人在接受方式上更喜欢间接、缓慢，在接受风格上则表现为情感和情绪的平稳、内隐。例如，与多血质的农民谈论农业信息，要直奔主题；与黏液质和抑郁质的农民传授某项农业信息技术要举一反三。

第二，气质影响接受能力的形成和发展。气质不同的人在相同的条件下接受能力的形成和发展不同。例如，抑郁质的人容易迅速形成稳定的注意力和高度的情绪易感性，而多血质的人则注意力分散，情感体验不深刻。在一定的单位时间内，胆汁质、多血质的人信息接受量比黏液质、抑郁质的人更大，抑郁质的人接受量最小。胆汁质及抑郁质的人情绪波动大，容易使接受活动受到影响。

③ 性格与接受。

性格是个性中具有核心意义的，表现在人对现实的稳定态度和相应行为方式中的心理特性的结合（章志光，2002）。性格是由许多个别特征所组成的复杂的心理结构。性格四大特征是：性格的态度特征、性格的意志特征、性格的情绪特征，从不同方面影响农民对农业信息观念的接受活动。

第一，性格的态度特征对接受的影响。性格的态度特征主要反映个体在处理各种社会关系方面所表现出来的性格特征，主要有对社会、集体、他人的态度性格特征；对待劳动工作学习的态度；对待自己的态度等，都会影响到接受内容的选择和接受结果。

第二，性格的意志特征对接受的影响。性格的意志特征是指个体性格中表现在对自己的行为如何调节方面的特征。具体体现在：是否具有明确的行动目标及其行为是否受社会规范的制约，例如，接受过程中的行为是受自己的观点和信仰的制约还是容易受别人所左右；对行为的自觉控制能力，例如，对接受行为是虎头蛇尾，还是持之以恒；在紧急或困难条件下处理问题的特点，是勇敢、顽强，还是怯懦、脆弱等。

第三，性格的情绪特征对接受的影响。性格的情绪特征是指情绪影响人的活动或受人控制时经常表现出来的稳定的特点，主要表现在：情绪反应的强度、情绪的稳定性、情绪的持久性、主导心境等方面。情绪的感染程度和支配程度以及情绪受意志控制的程度都会影响人的接受活动，尤其是性格的情绪性特征对接受效果的影响更为直接，情绪好，容易接受信息；情绪差，则相反。

第四，性格的理智特征对接受的影响。性格的理智特征是指在感知、记忆、想象、思维等认识过程中表现出来的个别差异，表现在感知方面有主动观察型和被动观察型、详细分析型和概括型、严谨型和草率型；表现在记忆方面有主动记忆型和被动记忆型、信心记忆型和无信心记忆型；表现在想象方面有主动想象型和被动想象型、大胆想象型和想象阻抑型、广阔想象型和狭窄想象型；表现在思维方面有独创型和守旧型、深思型和粗浅型、灵活型和呆板型等，这些差别都会影响接受者对接受材料的理解、消化及接受的效率。

（2）个性倾向性与接受

① 需求与接受。

需求是个体在生活中感到有某种缺乏而力求满足的一种内心体验、内心状态。需求的产生取决于两个条件：一是个体感到缺乏某种东西，有不足感；二是个体期望得到某种东西，有满足感。其中需求的不满足感是激起人们接受行动的原动力，接受者的需求是接受活动产生的力量源泉。需求对接受的作用主要表现在四个方面：

第一，精神需求决定接受的积极性。按照需求对象的性质分为物质需求和精神需求两种。其中精神需求是个人对社会意识依赖性的心理状态。当一个人感到精神缺乏时，就会产生精神需求。在强烈的精神需求驱使下人会积极、主动地接受精神教育来充实自己的精神生活。

第二，需求的差异性决定接受的选择性。需求在每个人身上有明显的差异性，表现在：有人需求文化知识，有人需求宗教信仰，有人需求信息技术，有人需求政策信息；有人追求物质，有人追求精神，有人生理需求强烈，有人社会需求突出。即使是在同一种需求上不同的人也有不同的追求，例如，同样是对农业技术的需求，有的农民看重的是一般技术的操作，有的农民却喜欢更高层次的懂、透、化。同样是精神需求，有农民喜欢通过看电视节目来得到满足，有农民喜欢通过阅读报纸来得到满足。农民对众多的信息传播媒介并非一视同仁，他们总是把自身的需求作为一尺度对众多媒体进行扫描，一旦发现某一类媒体或某一个媒体能较多满足自身需求时，就把这类媒体或这个媒体确定为满足自身需求的对象。正是需求的这种差异性，使农民在农业信息接受过程中表现出众多的选择性。

第三，需求的层次性决定接受的层次性。马斯洛的需求层次论把人的基本需求划分为五个层次，从低到高依次为生理需求、安全需求、归属和爱的需求、尊重需求、自我实现的需求。需求的层次不同，使得人们接受活动呈现出不同的层次。农民也是根据自己的需求，对农业信息相关内容进行选择性接受。例如，一些希望通过使用农业信息技术获得温饱，满足最基本的生理需求的农民在对农业信息接受上容易出现浅尝辄止的行为；而一些希望通过农业信息技术的使用来达到致富，服务社会，自我实现需求的农民，在对农业信息化接受上会有一种不竭的动力。

第四，需求的满足强化接受行为，反之则弱化接受行为。需求如果长期得不到满足，人们就会放弃这种需求，需求的动力就失去，人们的接受行为会受到弱化；如果需求能够得到及时满足，就容易产生新的需求和原动力，便能强化接受行为。

农民对农业信息的需求也是一样，也符合需求满足的强化作用和需求得不到满足的弱化作用，即当应用某项科技的预期收入增加量等于甚至小于应用科技增加的成本时，农民的需求就会减弱；相反，则会增强。例如，五指山市某黎乡一农民根据某农业信息网提供的地址将购置特优种子款寄出去，没想到10余天后收到的全是霉烂变质的种子，这位农民发现自己上了网络虚假信息的当，从此之后对网络信息产生不信任心理，这一事件弱化了他对网络信息的需求。与此相反，广东省不少地区的农民尝到了信息化的甜头，每月愿意花上几千元的电话费、计算机上网费查询信息。有些地区农村还出现了"信息大户"，即信息经纪人和"信息大集"，集市上交易的不是农产品而是农业信息。

因此，加强农业信息知识的宣传教育不断满足农民求知的精神需求，强化农民对农业信息的接受是很有必要的。农业信息媒体的记者、编辑要深入农村，多了解农村，多熟悉农民，多与他们沟通，了解他们在想什么，需求什么，做到政策选题和反映农民实际的选题有效结合，农业科技工作者在进行专家智能系统开发和研究时，要考虑到系统的易学、易用、好用等特点。此外，由于历史和现实的原因，海南农民的知识结构和水平都比较低，他们对农业信息需求比较盲目和随从。这一特点要注意使用浅显、朴质的语言传输他们所需的农业信息，直奔主题，多讲功效，多举实例，一定不能通过欺骗的手段蒙蔽他们，一次上当，往往会使反感，减少他们的需求。

需求强化接受行为关系如图3-3所示。

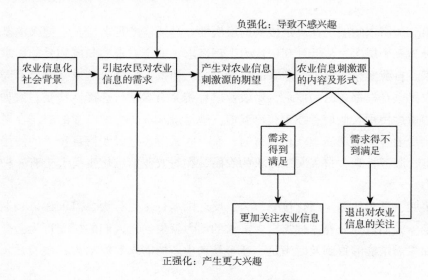

图3-3 需求强化接受行为关系

② 动机与接受。

动机是直接推动人进行活动的内部动因或动力。动机具有三种功能：对行动有启动和维持功能；对行动有导向某一目标的指向功能；对行动有一定的调整功能。因此，动机的性质与水平能直接影响到接受活动的水平与效能。

第一，接受动机引起和推动接受行为。人的接受行为是由其接受动机引起的，也是在接受动机的推动下发展的。接受动机有内在动机，也有外在动机。凡是自身对农业信息化有迫切需求的农民，就能感觉到接受这方面知识带来满足和愉快，而产生的接受动机是内在动机。如果一个农民接受农业信息是为了追潮流，赶时髦，其产生的接受动机是外在动机。以上两种动机，对农业信息接受行为都具有始发和推动作用。

第二，接受动机指引接受行为的方向。在简单的接受活动中，动机和目标常常是一致的。在复杂的接受活动中，相同的动机，可能有不相同的目标；而相同的目的，可能有不同的动机。同样是接受农业信息知识，有的农民可能是为了充实自我，有的农民人可能是为了自身的温饱，有的农民可能是为了解决中国的农村、农业、农民问题。此外，接受动机可以转化为接受目的，而接受目的又可转化为接受动机。例如，接受教育的农民如果是为了解决"三农"问题，他在接受新知识、新技术时就会有一种取之不尽，用之不竭的动力。接受动机指引接受行为的方向，使接受行为指向一定的目标。

第三，接受动机强化接受行为。当接受活动产生以后，动机对人的接受行为具有正强化作用。当离接受目标越近时，接受动机就越强烈，越能强化现有的接受行为，直至目标的实现，继之产生新的、更高的接受动机，进入下一个接受过程。同样，当接受行为背离接受动机时，动机对人的接受行为会产生负强化作用，从而减弱或终止接受行为。

③ 兴趣与接受。

兴趣是人们力求认识某种事物和从事某项活动的意识倾向。它表现为人们对某种事物、某项活动的选择性态度和积极的情绪反应①。这种倾向总是使人对某种事物给予优先注意，并在发生兴趣的同时伴随对该事物的满意、愉快、振奋等肯定性情绪。接受兴趣对接受的作用表现在三个方面：

第一，接受兴趣对接受具有指向性。接受兴趣是人对事物特殊的认识倾向，它可以推动人满腔热情地从事各种实践活动。接受兴趣的指向性在一定程度上反

---

① 韩永昌. 心理学［M］. 上海：华东师范大学出版社，2009.

映出一个人的需求、知识水平、信念和世界观，因此接受兴趣的指向性直接关系到接受的性质。例如，电视信息媒体中农村节目针对农民文化层次普遍偏低的情况，尝试改"播"为"说"，实现节目话语的个性化，努力做到节目故事化，故事情节化，情节细节化，细节人物化，通过自己风格的塑造，使节目的亲和力增强农民的接受兴趣。

第二，接受兴趣的效能性能产生不同的接受效果。接受兴趣的效能性是指个体接受兴趣对接受活动产生的效果的大小。接受兴趣由于稳定性、持久性、有效性等方面不同，则会对接受活动产生不同的实际效果。例如，同样是对农业科技与信息这一新生事物进行宣传有不同的方式。第一种是抛开农民的切身利益和兴趣，海阔天空大谈一通世界农业技术与信息发展形势对我国农业及海南农业形成的挑战等大道理，农民往往不知道这一项农业技术与信息能为自己带来什么好处，与自己的利益又有什么关系，结果是激不起农民对农业技术与信息的兴趣，是"空对空"；第二种是结合农民的切身利益及农业发展前景及社会发展规律来谈农业技术与信息，直奔主题，多讲功效，为农民摆事实、讲道理，用农民喜闻乐见的方式，如使用浅显、朴质的语言，举出一些典型例子来提高农民对农业技术与信息认识的效果，第二种方法能使农民做到"听进耳朵，记在心里"。

第三，接受兴趣对接受活动起着动力性作用。人对他所感兴趣的接受对象总是心往神驰，并积极地把注意指向并集中在该活动。接受兴趣使接受主体对感兴趣的接受活动起支持、推动和促进作用，对不感兴趣的接受活动起阻碍作用。例如，农业信息媒体在编辑选材时注意搭配农业政策信息和农民生活状况的新闻比例。通过电话连线、现场报道、人物交流等形式，报道当日涉农新闻，传递政策动态。通过设置点击农村经济或社会新闻，反映农民生活中的新事、趣事或烦心事等生活栏目，目的也是为了丰富农村传播形态，增强农民对各种农业信息长期接受的效果。

3.3

农民对农业信息接受的社会机制分析

任何接受都是在社会复杂背景下的运作过程。人是与社会密切联系在一起的，马克思认为"人不仅是一种合群的动物，而且是只有在社会中才能独立的动物"，"人的本质是人的真正的社会联系"①，又说"人的本质……是一切社会关系的总和"②。社会性是整个人类活动的一般性质；"活动和享受，无论就其内容或就其存在方式来说，都是社会的，是社会的活动和社会的享受。"因此，接受不是纯粹属于个人的，而是属于接受主体所存在的那个社会、那个群体、那种文化的。海南农民对农业信息的接受活动也是一样，不能离开社会机制来分析。

从影响农民对农业技术接受的因素模型图（见图 3 - 4）来看，农业技术接受过程是一个完整的系统，它包括两个基本的子系统，即农业技术推广服务系统和目标团体系统（亦称目标群体系统）。前者由农业技术推广人员、技术推广机构及其所处的生存空间所组成，后者由农民、农民家庭及其所处生存空间所组成，沟通与互动是这两个子系统的联系方式，使他们相互作用，相互渗透，缺一不可，并与外部的政治法律环境、经济环境、社会文化环境以及农村区域环境等，共同形成农民对农业技术接受外在社会环境，直接或间接影响农民对农业技术的接受。

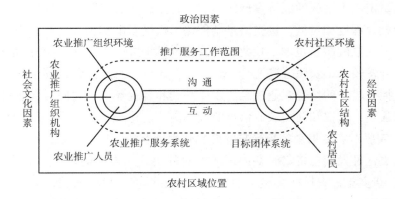

图 3 - 4　影响农民对农业技术接受的因素模型

对农业信息技术、知识的接受是对农业信息接受的一个重要组成部分，依据以上接受框架模型，可将影响农民对农业信息接受的因素分析如下：

---

① 《马克思恩格斯全集》，人民出版社 1995 年第 2 版，第 42 卷，第 24 页。
② 《马克思恩格斯全集》，人民出版社 1995 年第 2 版，第 3 卷，第 5 页。

3.3.1 宏观社会环境

（1）农民对农业信息的接受与一定的政治法律环境有关

我国实现国民经济信息化，必须首先实现农业信息化。我国的农业、农村和农民问题，是一个既关系经济繁荣也关系国家稳定的大问题，党和政府一直对此高度重视。提高农业和农村信息化水平，是农业和农村经济可持续发展难得的历史机遇，也是国民经济健康发展的重要前提。国家对农业信息化重视的程度越高，农业信息化建设的外部环境就越好，就能更好地维护农业信息化主体农民的权益，积极促进农业科技推广和信息资源的共享，农民对农业科技与信息的接受效果越好。政府对农业信息化的重视对农民接受农业科技与信息产生的作用和影响是直接的、强有力的，因为农民从内心认同这种权威性。

（2）农民对农业信息的接受与经济因素有关

不同地区的农民对信息的关心和需要是有区别的，农民对农业科技与信息的需求强度决定一个地区的经济发展的程度。越是经济贫穷落后的地区，农民文化素质和受教育程度相对低，接受信息条件差，接受新事物慢，信息意识薄弱，对农业科技与信息的需求也弱。反之，越是经济发达的地区，社会文化相对发达，人的智力开发较早，农民普遍视野开阔，见多识广、思想活跃、善于接受新生事物，而且拥有较好的接受农业信息的物质基础和客观环境，农民对农业科学与技术的需求强烈，获取和使用农业信息的效率高。

（3）农民对农业信息的接受与社会文化因素有关

社会文化是人们在特定时期内形成的对社会、对人生的态度、信仰和情感。改革开放30多年，农村社会经济的发展取得了举世瞩目的成就，同时，农村社会文化建设正以自己特定的方式发生着变革，并对农村经济的发展产生了重要的影响。社会文化生活健康丰富，崇尚科学的地区，农民从封闭走向开放，个性化和自信心强，对农业信息科学技术欲望越强烈。反之，农村社会文化生活单调、贫乏，一些畸形、落后的文化便会乘虚而入，导致农民婚嫁消费攀比、人情消费、封建迷信活动、奢办丧事等不良消费需求漫延，严重影响农民正常的生产和生活消费需求，挤占了农民改善生活条件、生产致富、子女教育等正常的消费资金，给农村农业信息化的推进带来了许多负面影响。

（4）农民对农业信息的接受与农村的区域位置有关

农业信息化建设需要大量的资金投入，农业信息化的发展与所在地区的经济水平血肉相关。例如，农业信息系统的多项硬件建设和系统运行需要充足的经费。发达地区能为农业信息化发展的需要在政策上给予保证，能够围绕农业科研体制、投资结构、经费投入和实用技术研究进行政策调整，明确投资信息化主体并保证基本投入。在我国北京、上海、广东、江苏、浙江等省市的农村农业信息化发展程度要比西部老少边穷省份的农村农业信息化发展程度高，农民对农业信息的接受能力比西部老少边穷省份的农民要强。

3.3.2　农村环境

农民对农业信息的接受活动是在一定的农村社会环境下进行的。农村的社会环境是农民农业信息接受的基础条件，是基层农技推广组织、农村文化及周围亲朋好友的影响等多方面因素的总和。这种总和在价值导向和价值选择等方面能形成一种强大的作用场，不仅影响农民对农业信息的接受方式，而且影响农民农业信息技术的接受能力的形成，如图 3 - 5 所示。

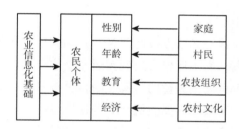

图 3 - 5　影响农民信息接受行为的农村环境结构

（1）村民的影响

费孝通（2004）认为，相对于西方社会的"团体格局"，中国传统的乡土社会的格局是"差序格局"，即农村社会的交往体系是按照与自己亲缘关系的亲疏来安排的，亲缘，亲疏关系也成为农民人际交往的纽带。"差序格局"的社会犹如"一块石头丢在水面上所发生的一圈圈推出去的波纹，每个人都是他的社会所推出去的圈子中心"，"在差序格局中，社会关系是逐渐从一个一个人推出去的，是私人联系的增加，社会范围是一根根私人联系所构成的网络"。这个网络是富有伸缩性的，关系范围是有限度的。在一个由血缘、亲缘和乡规民约等深层社会网络联结的乡土社会中，农民的人际交往是以亲缘关系为纽带的，农民对农业信息接受往往与其人际交往有关。王艳霞（2013）等认为，农民信息交流活动一般是在人际交往中伴随实现的，农村人际交往中有地缘、亲缘关系的活动特点。农业信息传播如果能搭上人际交往的便车，在农村人际交往的活动半径之内做好信息传播工作，人际传播就会延续互联网信息向农户的延伸，如图3-6所示。

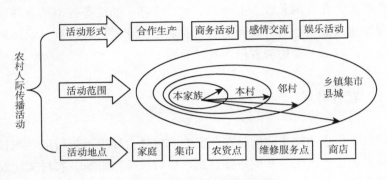

图3-6　农村信息人际传播

另外，根据农村人际交往中他人与接受者之间的关系，可以将村民的影响划分为以下三个层次：

① 关系疏远的村民。

关系疏远的村民与接受者双方彼此间只有一些简单的接触，或者只是交往的一方单方面了解另一方，尚未形成有效的沟通和交往，但他们对接受主体的影响依然存在，这种影响有可能是短暂的、偶然的，也有可能因为偶然的影响而改变接受者的终生。例如，某农民因偶然机会受到村里自己并不熟悉的某一致富能人学科学、用科学先进事迹的鼓舞，走上学农业信息科学与信息技术的道路，最终摆脱了贫穷，成为村里远近闻名的科技能人。

② 熟悉的村民。

熟悉的村民是指与接受者经常交往，但关系并不密切的村民。由于他们生活在接受者的周围，是接受者生活环境的一部分，与接受者有一定的共性，接受者为了能找到归属感，往往会愿意和他们保持行为上的相似性与接近性。因此，他们对事物的行为、理解、态度对接受者有一定的影响。例如，在一个乡村中，如果致富能手、科技能人多，那么，这个村庄的农民对农业信息的接受会有认同态度，农业信息科学与信息技术在这个村就容易推广和普及。

③ 亲人或密友。

亲人或密友与接受者关系最为密切，接受者对他们有着情感上和理性上的双重认同，因此，他们对接受者的影响最大，他们的观点、态度是接受者进行接受活动的一个重要的参照系，是接受者最先受到影响的地方，是接受活动的基础环境。例如，家里的亲人或密友中有依靠农业科技与信息而发家致富的，那么，他对农业信息化就容易被接受。反之，家里的亲人整日沉迷于烧香拜佛，连种庄稼之类的事都要先请示神灵后再去做，那么，农业科技与信息在这个接受者身上较难发生作用。

（2）基础条件与人文环境的影响

① 农业信息化基础条件。

农民对农业信息的接受受一定的物质基础制约。例如，农村的电网架设是否到位，电话线路是否通达，广播、电视是否普及，农业信息网站是否建立等都是重要的制约因素。如果地（市）、县、乡、村四级农业信息网络体系已经建成，有较好的农业信息化应用交流平台，农业信息能快捷顺畅地进村入户，就能为农民接受农业信息营造良好的外部环境；反之，如果农民长期生活在一个没有网络，不通、电话，也没有电视广播、报纸、杂志的偏远农村，必然会观念保守，对农业信息接受能力较弱。

② 农村主流文化。

农村主流文化对农民的影响是直接的，它以人多势众和对接受者生存环境的强烈影响而影响接受者的行为。对农民个体而言，多数人愿意接受的文化是合理文化。在合理文化的影响下，人们为了避免因为偏离周围环境面产生的心理压力，出于被周围环境接受的考虑，总是在思想上、行动上作出遵从环境的选择，产生从众行为和标准化倾向。对合理文化的接受易增强信心，而违背合理文化则找不到归属感，接受主流文化可能产生正效应，也可能产生负效应。如果农村的主流文化是崇尚科学，追求富裕，那么，对科学的追求就能成为一种合理文化，农业科技与信息就容易被村民接受；如果农村主流文化中充满着轻创新奋斗、重祭祀供奉的思想，村民"等、靠、要"的懒汉思想泛滥，那么农民对科学的追求就与现存的文化格格不入，农业科技信息就不容易被农民所接受。

③ 大众传播媒体宣传报道。

人的社会化是通过人与人的交往来实现的。人的交往有两种基本形式：一是直接交往，即面对面的自然心理接触；二是间接交往，即借助于书面语言、大众媒体、技术设备所进行的心理接触。

农民生活在偏远农村，大众媒体是他们联系社会、了解社会重要的渠道，是农业科技与信息传播的重要途径，也是农民接受农业信息化的重要渠道。人们只要翻开报纸、打开收音机、电视机，就可以看到、听到外面世界的消息以及涉及多门学科的知识和技能。在日本，农业信息化发展程度低于美国等其他经济发达国家，农业中计算机利用水平远落后于其他产业。但广大农村居民非常注意利用广播、报纸、电视、电话、录像、网络等6种传播媒介了解和掌握农业信息，取得较好效果。

（3）农业推广组织的影响

农业推广组织内的信息交流与传播是维系组织存在与发展的重要方式。农业推广组织对农民的信息传播可以是口头的，也可以通过电话、广播等手段，还可以包括通过书面的文件、内部刊物、报纸等载体向农民传递农业信息。这种信息传递方式效率高，力度大，有组织机构的控制和监督，便于农民对信息内容的反复阅读与理解，也有利于农民对信息的消化吸收、经济适应。农业推广组织在农业信息传播中的优势告诉我们，农业信息的传播就充分利用现有的各种农业组织，在组织内部传播农业信息，还要协同相关部门建立和发展有利于农业信息传播的各种组织，把农业信息传播与促进农业现代化和新农村建设紧密相结合。同时，还要加强农业推广组织规范性建设，努力提高组织成员的综合素质。

① 组织机构建设的规范性。

虽然广播电视、报纸、期刊等媒体在农业科技与信息成果的传播中能发挥一定的作用，但其中传播的知识与技术针对性不强，且缺少面对面的交流，最主要、最有效的传播方式仍然是农业推广机构技术人员与农民面对面的沟通。尤其是"村村通"公路开通之后，广大农民活动范围扩大了，活动频率提高了，找农业专家咨询相关信息更加方便了，县级农业信息服务中心必然成为农民农业信息服务的重要组织。农业推广组织机构建设的规范性与否，决定着其中农业技术人员的素质、工作态度和整个推广机构的运行机制等。因此，农业推广组织机构建设的规范性对农民接受农业信息有重大的影响。

② 基层推广人员综合素质。

农业科技与信息的推广从某种意义上来说，是知识的传播过程，也是一种特殊的教育。从传播心理学和社会心理学的角度看，农业技术推广人员外在形象与内在素质结合形成的总体特征，将对农业科技与信息的传播有一定的影响，农民对农业科技与信息的接受效果将因传播者的素质态度、传播方式不同而不同。

第一，专业性。专业性又称专家身份，是指农业技术推广人员的身份具有使农民信服和权威性。使农业技术推广人员具有权威性的因素很多，例如，技术人员的职业道德、受教育程度、专业训练、实践经验、文化水平以及年龄和社会地位等。如果农业技术推广人员文化素质低，科技意识不强，接受新鲜事物的能力差,实践经验少,不能根据当地经济发展的需要,提供农民在农业生产中急需的信息与技术,就会失去了农民的信任。

第二,可靠性。所谓可靠性是指使农业科学技术推广者推广的知识和技术让农民相信的程度。农民对农业技术推广人员的信任总是以推广者的道德信誉为条件。一个不符合传播道德的推广者,要赢得农民的信任是不可能的。道德信誉是农业技术与信息推广者巨大的精神财富。在现实生活中,那种不讲诚信、坑农、害农、没有职业道德的农技推广,将大大损伤农民对农业科技与信息接受的积极性。

第三,吸引力。所谓吸引力主要是指农业科技推广者具有一些令人喜欢的内在的和外在的特征。例如,亲和力、体态魅力、语言感染力、面部表情等。农业科技推广者所具有的吸引力,也会明显影响到农业科技的传授效果。通常农业科技推广者在为农民传播科学技术时,应精神焕发,说话铿锵有力,与农民交流时使用礼貌的语言,表现热情友好的态度,做农民的知心朋友,多询问农民的需求,让农民感受到温暖和信任感,此时,农民对其传播的知识和技术等信息就越容易接受。

3.4

农民对农业信息接受的媒体传播机制分析

3.4.1 媒体信息传播类型和特征分析

媒体泛指承载、传递信息的物理形式,主要包括广播、报纸、电视、书刊、电影、互联网等。在现代社会中,媒体通过声、像、音等多种刺激物的有效组合,充分调动受众视觉系统、听觉系统的能动性。常用的媒体类型有:

第一,大众媒体。利用电视、广播、报纸、杂志、网站等进行信息传播。

第二,声像宣传媒体。利用电影、录像带、幻灯等进行沟通。

第三,语言媒体。即通过口头语言和书面语言进行信息传播,前者指讲话、谈话、培训讲课、小组讨论等;后者指科技图书、科普通讯、培训教材等。

以上各种媒体是农民接受农业信息不可缺少的重要渠道。媒体信息传播的特征表现为:

第一,信息传递的广泛性。媒体已被广大的接受者接受,并广泛使用。

第二，信息传递的超时空性。媒体传递信息快速，信息量大，覆盖面广。

第三，信息传递的即时性。媒体具有即时效应，能迅速发生社会影响。

第四，信息传递的组织性。媒体依靠组织化的媒介运行，这些组织化的媒介拥有专门的传播机构，拥有职业传播者并受其他社会组织的作用与影响。

3.4.2 媒体信息传播的功效分析

（1）媒体信息传播的作用功效

① 放大了农民接受器官。媒体能够充分调动农民的视觉、听觉，发挥农民想象力、思维力的作用，延长和放大了农民的接受器官，增强农民对农业科技和信息的接受能力。

② 扩展了农民的接受领域。媒体突破了时间与空间的界限，使一些不能为农民所知的与农业信息相关内容，通过直观形象的画面及生动有趣的解说，成为农民乐于接受和容易接受的对象，扩展了农民的接受领域。

③ 影响了农民的主体认识。媒体对于农民的帮助是多方面的，有间接的，也有直接的。通过媒体对农业信息的多向传播，可以从不同角度、不同侧面启发农民的思想观念，加深农民对农业信息的理解，对农民产生潜移默化的影响。

④ 控制了农民所需信息源的主动权。各种媒体虽然不能直接决定农民接受什么，不接受什么，但可以根据农民的需要，通过控制媒体的传播时间和传播内容等方式，来影响农民的接受行为，也可以根据需要，有目的、有计划，定期或不定期宣传，激起农民对农业信息与科学的追求。

（2）不同媒体信息传播的优劣势分析

① 报纸在农业信息传播中的优劣势分析。

第一，报纸的传播优势：一是易于深度化，信息量大。报纸主要通过文字、符号等传播信息，由于文字符号本身具有抽象性，表达的清晰度和准确性高，具有重要的演绎功能，这能使得报纸可以对相关信息进行深度报道；二是造价低廉，制作简便。报纸印刷费用少，成本低，适合贫困地区推广使用；三是便于选择与携带。农民可根据自己的需要、兴趣、爱好、习惯和能力，自由选择报纸种类与内容、阅读顺序与方式，并对报纸阅读速度、时间、地点的享有充分自主权，并方便随身携带；四是便于保存，可反复使用。报纸能将各种数字等信息长期有效保存，能供反复阅读，累积阅读率高，方便知识的积累和信息的归类。

第二，报纸的传播劣势：一是时效性差。报纸出版工序较为复杂，包含采写、编辑、排版、印刷、发行、投递等多个环节，对信息的反应速度要慢于广播、电视；二是受文化水平限制大。报纸以文字符号传播信息。人们对文字符号的掌握，须经过学习，即使处于一定的语言环境中，不经过有意学习，也依然可能是文盲。此外，文字符号要表现一个事物，只能依靠描述来实现。农民要感受和理解这些描述，都需要唤起原有的经验，并通过想象才能获得。因此，报纸的信息传播对农民文化水平提出了一定的要求，如果农民文化程度不高则无法充分享用报纸所承载的多种思想信息；三是生动性和感染力弱。报纸中的文字符号是线条性的，它不像具象符号那样在瞬间和盘托出，农民只有一字一句地阅读，才能完整理解信息的含义。靠想象、思维等理性因素吸引农民读者，缺少感觉和情绪等感性成分，生动性和感染力比广播、电视弱。

② 广播在农业信息传播中的优劣势。

第一，广播的传播优势：一是传递迅速，时效性强。广播属单纯听觉媒体，以声音为唯一传播符号，而电波的传播每秒钟高达 30 万公里，广播在瞬间即可将信息传向四面八方，将信息送进千家万户，广播的传播与听众的收听几乎可以做到同步性；二是覆盖面广。广播通过无线电波传播信息，不受时间、时空的限制，只要电波能达到的地方都是广播能覆盖范围。广播所需要的收音设备价格低廉，收音机便于携带，收听广播不收费。农民在田间地头可以边干农活边听广播，且广播语言通俗易懂，受农民文化程度限制少，易被广大农民接受；三是声情并茂，感染力强。广播所运用的声音符号，通过一定的播音技巧，可以将信息或明或暗包含着的意义和情感，恰如其分地表现出来，使农民听众听到的东西大大超过读到的东西，具有丰富的信息内涵，可产生一种新的感受和理解，具有较强的贴近性和亲和力。

第二，广播的传播劣势：一是不易留存。广播以声音符号传播信息，声音是转瞬即逝、看不见、摸不着，不留痕迹的，如果不借助于一定的外在设备就不能保留，难于反复收听；二是选择性弱。广播按时间顺序安排节目内容，农民听众自主选择的程度不高，处于被动选择和接受状态；三是适播内容受限。广播要求农民听众信息处理能力与信息输入能力相匹配。即农民听众收听的过程与理解的过程同步。尤其是在播音速度较快的情况下，要求农民听众处理信息能力相应提高，这对于心理发展水平和文化水平较低的农民听众来说，可能达不到宣传效果。尤其是一些学科性特别强的知识和技术，广播信息传递效果没有电视效果理想。因此，一般信息多，专业信息少且深度不够，应用效果差。

③ 电视在农业信息传播中的优劣势。

电视是一种视听复合媒体，可以充分发挥第一、第二信号系统在农民观众接受中的作用。

第一，电视传播的优势：一是时效性强，信息容量大。电视中的画面呈现的是具体的图像，农民观众可以在瞬间把握图像。正是因为图像的一览性，提高了电视传播的信息量；二是可信度高，现场感强。电视声形并茂，视听兼备，综合了报纸、广播媒体的优点，充分发挥了人体的视听功能。通过运动的画面与配音，电视能将客观事物的生动形象直接展现在农民观众面前，提高了电视的真实感和可信度，增强了电视传播的现场感、感染力和表现力。当前，农村电视普及率已达到98%以上，地方电视台应根据当地农时、农业特点，多制作和播放适合当地农民需要的农业宣传片和科教片。

第二，电视的传播劣势：一是想象力弱。电视信息传播具有形象、直观、直接的特点，知识与思维之间缺少回旋余地，农民观众感知客观事物无须发挥多大想象力，无须调动多少生活体验和知识储备，削弱了农民观众参与形象再创造的积极性。二是易流于表面化和浅薄化。电视属告知型媒体，很难直接表现抽象的事物，不适于对农业信息进行分析、解释、说理，不适于表现深刻的事理和复杂的内容。三是受地点和经济条件限制。当前的电视节目正在朝高清互动发展，高清互动电视最大的亮点是更改了传统收看模式，利用"时移回看"功能，用户可随时回看近一周播放过的节目内容，就像操作DVD一样"用"电视，看什么节目，在什么时候看，完全由用户自己决定，收看电视不再受播出时间的限制。甚至是正在直播的节目，你也可以根据自己的意愿暂停，并重新"倒带"到刚才的精彩瞬间，这一切要求农村和农民必须拥有成本较高的信息接收设备。另外，虽然我国农村已经实现了一般信息传播方式的"村村通"，如广播电视、电话、收音机、手机等，还实现了"村村通"公路，农村经济活动中物流、人流、信息流的速度大大加快，但"村村通"并不代表"户户通"，尤其与城市相比，农村居民信息设备占有率明显不足，农村很多地方电视信号弱，农民很难收看像中央电视台的农业频道这些高清互动的节目，必须支付有线电视的初装费和月租费，因此农民从电视里得到农业信息是有限的。

④ 因特网在农业信息传播中的优劣势。

第一，因特网传播的优势：一是信息内容的海涵性。互联网不受版面、播出时段的限制，可同时覆盖遍及全球的用户，传播内容可涵盖人类所有认知领域，涉及人类活动的方方面面，信息数量庞大，可反复感知便于理解，在深度和广度上也都胜过电视、报纸、广播等传统媒体；二是传播方式的交互性与平等性。网络载体可采取"一对一""一对多"的传播模式，也可采取"多对一""多对多"的传播模式，还可以是四者的综合，自由空间。互联网的双向传播，交互沟通，及时反馈，使传受角色界限变得不再明显，充分体现出平等性；三是传播手段的兼容性。因特网是一种超媒体，大兼容了传统媒体的多种优势，如在信息符号上，因特网具备电视的声、像、字合一和报纸的易保存性特点，而且又比传统媒体更增加了人际交流成分，互动性强，易于发挥农民接受主体的主观能动性；四是网络存在的虚拟性。因特网是以知识、信息、声音、图像、文字、数据等作为存在形式的，是网络中的"虚拟现实"。每个农民用户都是这个虚拟时空的一员，从事着现实生活中不存在的或虚拟出来的各项活动；五是信息传播的时效性。因特网传播的信息不受时空限制，能有效地打破国家和地区之间的各种壁垒。任何用户只要在需要的时候，手指轻轻一点，所需要的信息就能海量地展现在眼前。因特网的以上优点，为农民农业信息的接受提供了更多的发展空间。

第二，因特网的传播劣势：一是真实性、权威性差。因特网的快捷报道和海量农业信息，决定了它不如报纸、电视、广播等媒体严谨。报纸、电视等媒体的农业信息一般要经过严格的筛选，才能正式出版、播出。而通过网络发布农业信息有很大的随意性和自由度，信息内容缺乏把关人控制，缺乏必要的质量控制和安全保卫措施，网络信息资源的组织管理尚处于探索研究中，还没有统一的标准和规范，导致农业信息内容繁杂，信息价值不一，质量差异大，使用风险大，需要农民群众去辨别真伪、去粗取精。目前，多数网络载体扮演了信息发布平台的角色，且网上信息良莠不齐，URL 地址、信息链接、信息内容处于经常变动中，真伪难辨，信息资源的更迭、消亡无法预测，在很大程度上消解了网络信息的权威性；二是受文化、经济条件限制。因特网中的文字传播符号和基本的操作技术需要学习，要有一定的知识文化给予支撑，电脑等设备科技含量较高、功能繁多。就目前而言，广大农村的农民还有不少是文盲，绝大部分农民仅有小学、初中、高中文化水平，难以解决信息的可信度问题，对信息甄别、信息筛选与过滤的能力较差，要求这样文化水平的农民掌握计算机技术是不现实的。此外，电脑等设备的配备、网络维护、上网查询信息等都需要一定的经济基础，接受和使用成本高，需要较高的维护技术，也是大部分农民无法承受的经济压力。

⑤ 手机短信在农业信息传播中的优劣势。

手机短信，又名"短消息"（Short Message Service，SMS），即短信服务，是一种在移动网络上传送简短信息的无线应用，是一种信息在移动网络上储存和转寄的过程，是一种新兴的现代信息传播手段。手机短信已成为继报纸、杂志、广播、电视之后又一重要的大众传播媒介，与传统的媒体一起共同控制社会信息的流向与流量，打破了传播学对大众媒体的传统界定。

第一，手机短信在农业传播中的优势：一是农业信息传递方便快捷。信息发送者可随时随地发送信息，短信息可以存储在短信平台的服务器上，一旦对方开机，短信息就会自动发送。二是获取农业信息的方便性。手机的随身携带便于农民利用坐车、吃饭等零碎的闲余时间获得信息。三是内容形式丰富。手机短信可以传递公众性的信息，也可以传递只限于特定个体之间的信息。可以文本、铃声、歌曲、图片、多媒体信息等不同形式传递。由于手机的存储、转发、修改等功能，短信息可以是原创性的，也可以是来自别处的。农民既可以接收来自不同个体的信息；也可作为传者及时方便地参与信息的反馈和再创造，发信息给不同的人。四是资费相对低廉，容易掌握。随着信息通信技术及信息服务业的日益发展，手机短信资费将会越来越低廉。此外，手机的操作难度要比计算机低得多，农民不需要做特殊的训练就可以掌握。

第二，手机短信在农业信息传播中的劣势：虽然手机短信传递农业信息十分快捷，但是容量有限，不能大量储存，不方便农民查找，无法检索，而且长度有限，信息内容难以深入。

⑥ 微信在农业信息传播中的优劣势。

第一，微信在农业信息传播中的优势：微信是短信、彩信、飞信的用户体验与产品功能的升级版本。在新媒体技术的支撑下，它以智能手机为基础，以手机客户端为依托，以增强用户体验为目标，融合了短信的文字，彩信的图片，同时扩充了语音和视频的功能。尤其是语音功能的出现，极大地改进了传统即时通信的功能和提升了用户体验。微信突破了传统短信只能发文字，彩信不能发语音的局限，把文字、图片、语音、视频各种沟通形式整合在一起，调动了人们的各种感官，全方位、立体式地把人们的交流方式从单纯用拇指敲击文字升级到了用嘴巴发送语音，不用打电话就能让对话听到自己的声音，这给用户提供了全新的体验快感。微信具有传播主体的私人化、通信过程的即时性、通信方式的交互性等优势，可以满足一个用户的多种需求、不同人的相同需求、不同人的不同需要。没有通讯费，只是少量的流量费。

第二，微信在农业信息传播中的劣势：微信自身其实是一个封闭的传播系统，这就导致了微信传播信息的能力大大减弱。在这个封闭的生态圈内，只能有内部的信息流动，而圈内的信息则不容易传播出去形成大规模的传播效果。微信在信息的转发、评论、回帖上面都有着先天的不足，用户与用户之间的信息传播机会少，能力弱，无法形成层级传播效果，因此，也就无法形成公众的舆论平台。正因为无法形成公众的舆论平台，除了媒体订阅号的热点、实时新闻以外，微信自身并不具备形成热点事件的能力，没有让热点事件发酵的场所和平台，微信朋友圈的信息内容也只是个人的碎碎念或者美文欣赏、自拍美图等和生活相关性更强的信息。

第 *4* 章

我国农民信息需求现状与特点分析

我国大陆区域整体上可划分为东部、中部和西部三大经济地区（地带）。东部地区包括北京、天津、河北、辽宁、上海、江苏、浙江、福建、山东、广东、海南等 11 个省、自治区、直辖市。中部地区包括山西、吉林、黑龙江、安徽、江西、河南、湖北、湖南等 8 个省（区）；西部地区包括的省级行政区共 12 个，分别是四川、重庆、贵州、云南、西藏、陕西、甘肃、青海、宁夏、新疆、广西、内蒙古。2014 年我国东、中、西部和东北地区农村居民人均可支配收入分别为 13144.6 元、10011.1 元、8295.0 元和 10802.1 元[①]，东部富裕程度最高，西部最贫困。在农业信息化方面，东部地区整体上优于中部和西部地区，但在东部地区内部各省市之间的发展又存在着不平衡。

农业信息化发展的区域不均衡，严重影响了我国农村经济发展，束缚了新农村建设步伐。农民是农业信息化应用的主体，把握好农民的信息需求及信息行为特征，可以更好地解决和推进农业信息化进程中的信息化问题。农民的信息需求，既是为农民提供信息服务的指南针，也是农民信息素质的重要内涵，满足农民的信息需求，对于提高农民生活、加快农民增收、农业增效目标的实现具有重要意义。由于农村社会环境具有居住分散、远离城市、交通与通信设施相对落后等特殊性，因此，分析把握农民信息需求、提高我国农村信息化建设是长期而艰巨的任务。

---

① 中华人民共和国国家统计局. 农村居民按东、中、西部及东北地区分组的人均可支配收入. http：//www. stats. gov. cn/tjsj/ndsj/2015/indexch. htm.

4.1

我国东中西部农民信息需求现状

从 CNKI 中文学术期刊全文数据库中检索到的有关国内农民信息需求的 206 篇文献，经过人工去除非相关文献、重复记录等之后，结合主题检索的结果，共获得 121 篇针对我国各地农民信息需求展开以实地调查分析的文献，调查方式主要以问卷为主，部分辅以访谈的方式。其中东部地区和西部地区的农民信息需求调查研究的文献数量相当，中部地区的略少，跨区域进行研究的有 15 篇，具体分布如表 4 - 1 所示。

表 4 - 1　　　　　　　　我国各区域农民信息需求调查研究文献数量分布

区域	文献数量	具体省（直辖市、自治区）及文献数量分布
东部	37	河北（10）、浙江（5）、广东（5）、海南（5）、江苏（4）、北京（3）、山东（2）、福建（2）、辽宁（1）
中部	22	黑龙江（7）、江西（4）、安徽（2）、湖南（3）、湖北省（2）、吉林（2）、河南（1）、山西（1）
西部	46	陕西（11）、甘肃（7）、四川（8）、广西（4）、贵州（3）、宁夏（2）、内蒙古（3）、重庆（2）、新疆（5）、云南（1）
跨区域	16	涉及全国多个省市自治区

大多数调查研究以问卷形式、少数辅以访谈，调查范围囊括我国大多数省市，但大多研究主要集中在某些省份范围内，并且分布亦不均匀，少数是进行跨区域调研。其中跨区域的调查研究主要以针对欠发达地区农民信息需求情况的调研为主，如针对湘鄂渝黔边区（李小丽等，2012；何艳群和徐险峰，2012）、中西部欠发达地区—云南思茅地区、陕西宝鸡地区，河北衡水地区、安徽芜湖地区、山西运城等地区（谭英等，2003；谭英，2004）等展开调研。李道亮（2007）、李道亮和杜璟等（2008）基于 26 省 60 县市 70 多个乡镇近 300 户农户的问卷调研数据对农民信息需求类型及优先顺序进行研究。熊倩（2013）基于桂学文教授的"我国农民信息需求与信息行为研究"课题对我国各省（包括直辖市）农民信息需求调研的 7666 份有效问卷数据的基础上，对我国农民信息需求现状、特点及其影响因素展开研究。邓卫华等（2011）通过对福建、江苏、湖

北、河南、贵州、四川、云南、北京、山西、陕西、广西等10多个省30多个县（镇、乡或村）382个创业者进行问卷调查和数据分析，对农民创业信息需求的特征进行研究。

根据联合国粮农组织的研究项目"中国农村信息服务案例研究"提供的资料显示，中国农业部信息中心于2003上半年成立调研小组，赴浙江省缙云县、兰溪市、安徽省舒城县、芜湖县，宁夏利通区、吉林省扶余县共四省区的六个县，对中国农村信息服务典型案例进行了调查研究。在调查中专门设计了"农民最需要的信息"的问卷，发放问卷300份，问卷中要求对包括18个项目选择排序（见表4-2）①。

表4-2　　　　　　　　农民最需要的信息排序

排序	项目	排序	项目
1	新品种	10	农药、兽药、肥料、农机质量
2	本县市场价格	11	外省市场价格
3	新技术	12	生产资料价格
4	天气预报	13	加工收购信息
5	本省市场价格	14	国际市场价格
6	病虫害、疫情预报	15	农产品供求信息
7	农村政策	16	农产品质量标准
8	农产品订单	17	农产品进出口信息
9	农产品市场走势	18	其他

4.1.1　东部地区农民信息需求现状

目前，国内学者对我国东部地区农民信息需求现状展开调查研究的范围主要集中在河北、广东、海南、江苏、北京、山东及福建等地。有针对农民进行农业生产及生活的各种需求展开调研，也有针对农民的某些特定需求如农机信息需求、疾病预防需求等进行调研，在一定程度上反映出东部地区的农民信息需求现状及特点。

---

① 王艳霞，张梦，李慧. 中国农业信息服务系统建设［M］. 北京：经济科学出版社，2013：65.

　　郭鲁钢和李娟（2011）等通过结构化访谈和发放调查问卷，研究了北京地区农民的科技信息需求。结果表明，北京地区农民信息需求包括生活、生产、销售等环节，大体可以归纳为生产、销售、综合开发、政策法规 4 部分。在生产环节中对化肥、农药等必需农资信息需求高；在销售环节中对果品、蔬菜种植信息需求尤其突出；在综合开发上农民对于脱贫致富的信息，如引进新技术、新品种，同时希望能够将绿色产品及品牌通过信息渠道推广出去较为感兴趣。在政策法规上，农民对农业补贴、农资补助等国家优惠政策及土地政策信息需求明显，并要求及时加以解读。

　　李小龙等（2014）通过问卷调查对北京市粮食种植农户展开调查，分析北京市粮食种植农户的信息化基础水平、信息获取渠道、信息需求内容等方面，得出农户对于农机服务相关信息需求强烈，尤其对农机服务组织相关信息和联系方式的需求最为强烈，在所有需求中位列首位；而对农机户相关信息和联系方式以及农机作业价格的需求也很强烈，得出目前农户的信息获取渠道和他们的信息需求不匹配等结论。

　　孙贵珍（2010）通过对河北省农民信息需求调研表明，农民已经认识到市场经济中，市场价格、农业科技及农产品供求等信息对增加收入、安排农业生产的重要性，农民信息需求内容与市场需求的关系日益密切。但由于农民的收入与消费水平和城市居民相比较还有较大差距，农业生产规模比较小，农产品的销售市场主要在国内，因此，不太关心农产品进出口与农产品质量标准信息。具体排序见表 4－3。

表 4－3　　　　　　　　　　　河北农民信息需求排序

排序	信息类型	排序	信息类型
1	市场价格信息	9	家庭生活（医疗保健、教育、娱乐）信息
2	农业科技信息	10	农业新闻信息
3	农产品供求信息	11	外出务工信息
4	灾害、疫情预报与防范技术信息	12	农村金融信息
5	农业气象信息	13	农产品质量标准信息
6	新品种信息	14	农产品进出口信息
7	职业技术培训信息	15	其他
8	农业政策法规信息		

蔡东宏等（2012）对海南省3个市9个村600户村民信息需求类型、获取信息的方式等进行调查，发现农民的信息需求不再单一，所涉及的内容相当广泛，包括农技培训、病虫害防治、施肥灌溉、政策文件、农业新闻、市场供求、就业、医疗卫生等18项，其中，还有25人认为除了以上18种信息之外还需求其他信息。具体排序情况见表4-4。

表4-4　　　　　　　　　　　　海南省农民信息需求排序　　　　　　　　　单位:%

排序	信息类型	百分比	排序	信息类型	百分比
1	农技培训	27.8	11	别人的致富经验	15.8
2	病虫害防治	27.8	12	家庭生活类	14.2
3	医疗卫生	26.5	13	农业新技术	13
4	市场供求	23.2	14	权益维护	11.1
5	气象灾害	20.4	15	贷款投资	8.5
6	施肥灌溉	20	16	政策文件	6.6
7	就业	20	17	农业新闻	5.3
8	社会保障和养老	18.3	18	政治参与	3.6
9	子女教育	18.3	19	其他	2.5
10	农产品品种	16.6			

黄睿和张朝华（2011）对广东省经济发展中3个不同经济水平的地区进行调研，分别为粤北地区粤东西地区和珠江三角洲地区3个区域，各区域随机挑选2个镇中的2个村的330户农户，对他们就农业信息需求问题进行了问卷调查，发现一般农户农业信息需求种类前4位的为农技信息，气象与灾害预报防治信息，家庭生活信息与农业政策信息。

王丽萍和张朝华（2012）等对广东省珠海市金湾区的平沙镇、红旗镇、三灶镇、南水镇及斗门区自蕉镇、乾务镇、莲洲镇的农业信息部门的信息供给与农户的信息需求状况进行了问卷调查和入户访谈，调查显示农户最为关心的四大信息排序见表4-5。

茆意宏等（2012）对江苏省苏南、苏中和苏北地区农民的信息需求与信息行为进行调查和比较分析，得出三地农民对信息内容需求的共同点在于都把生活服务信息作为最主要的信息需求。对科技信息、市场信息、政策信息，苏南、苏中、苏北的需求依次减弱，而对医疗卫生信息的需求则是苏南、苏中、苏北依次增强。苏中对生活服务信息、新闻时事、休闲娱乐信息的需求更强，苏北对就业信息的需求更强。

表 4 - 5　　　　　珠海市金湾区农户最为关心的四大信息排序　　　　　单位:%

排　序	信息类型	百分比
1	市场供求信息	31
2	气象与灾害预报信息	25
3	农业政策信息	12
4	农业科技、技术培训	7

4.1.2　中部地区农民信息需求现状

关于中部地区农民信息需求的调查研究文献数量较少，调查对象范围覆盖了东部地区的 8 个省份，但相对集中在黑龙江和江西省。

张永强等（2015）于 2014 年 7 月 16 ~ 18 日式采取访谈以及小组成员与村民随机"一对一"问卷《农户对于农业信息的需求》问答形式通过对黑龙江省佳木斯市西格木乡平安村 380 户农户的实地调查，获得平安村农户信息需求情况表如表 4 - 6 所示。其中关注度最高的信息需求种类为农业科技信息，其余依次是气象灾害信息、家庭生活信息、农产品市场价格信息、农业政策信息、农产品行情信息、农资信息、农产品加工、劳务用工信息等。

表 4 - 6　　佳木斯市西格木乡平安村农户对农业信息服务内容需求情况　　单位:%

排　序	信息类型	百分比
1	农业科技信息	87.5
2	气象灾害信息	68.4
3	家庭生活信息	67.1
4	农业市场价格信息	65.6
5	农业政策信息	65
6	农产品行情信息	52.3
7	农资信息	47.8
8	农产品加工信息	33.2
9	劳务用工信息	12.6

金宏（2012）通过对长春市永久县葛平村、合心镇等农村进行的实地调研，将长春市农民的信息需求归纳为以下几个方面：农业科技信息、农副产品市场信息、农副产品加工储存信息、农资市场信息、国家政策与法规信息、生活信息等，相关排序见表4-7。

表4-7 长春市农民信息需求排序 单位:%

排　　序	信息类型	百分比
1	农业科技信息	77.34
2	生活信息	75.39
3	农副产品市场信息	71.88
4	农资市场信息	49.8
5	国家政策与法规信息	37.5
6	农副产品加工储存信息	22.66

吴漂生（2011）对江西省近50个县、市农民信息需求问卷调研显示，江西省农民在温饱问题已解决的情况下，已经不再满足浅层次的物质需求，而是对精神文化生活提出了更高的要求，对娱乐休闲类信息尤为关注。随着社会的发展与进步和信息化时代的到来，农民更加关注生命安全、身体健康、社会福利、教育、国家与社会政策等方面的信息（见表4-8）。

表4-8 江西省农民信息需求排序

排序	信息类型	排序	信息类型
1	娱乐休闲	5	子女教育
2	致富技术	6	就业与产品供求信息
3	医疗保健	7	时事政策
4	社会保险	8	投资理财

刘敏等（2011）实地调查了长沙、常德、张家界等市县的农民信息需求状况，调查研究表明湖南农民信息需求具有较强的实用性和操作性，对农业科技致富类、职业技术培训、农作物病虫害防治技术、优良品种信息、田间管理技术、农产品供需价格信息、养殖技术有较高需求。此外，农民对子女教育信息也很重视（见表4-9）。

表4-9 湖南省农民信息需求排序 单位:%

排序	信息类型	百分比	排序	信息类型	百分比
1	科技致富类	61.9	12	农业惠民政策	36.8
2	农作物病虫害防治	54.9	13	气象与灾害预报防治	31.0
3	孩子教育	52.3	14	农业新闻	30.3
4	优良品种	49	15	创业	25.8
5	田间管理技术	47.1	16	家庭生活	23.2
6	农产品供需价格	46.5	17	优生优育知识	21.9
7	自我保健	45.9	18	外出打工	20.0
8	养殖技术	41.3	19	气象预报	17.4
9	衣食住行	41.3	20	市场供需	16.8
10	职业技术培训	40.6	21	财经金融	7.8
11	安全生产防护	37.4			

4.1.3 西部地区农民信息需求现状

目前关于西部地区农民信息需求的调查研究文献中没有针对西藏自治区和青海省进行调研的，主要集中在陕西、甘肃、四川、广西等省区。

李静（2012）以2011年9月期间对汉中、安康及商洛的24个村镇的207名村民的调研问卷为基础调查分析了陕西省陕南区域的农民信息需求情况及特点，得出陕南区域农民信息需求不以农技为主、种类更全面，呈现出多元化、时尚化的特点。李静（2014）基于2013年1~3月对陕西省10个地市百余个村庄以及82家涉农信息服务机构的问卷调查，以及8个地市21个村庄的实地访谈，结果表明陕西农村居民的非农信息需求超过了农技信息需求，需求最强烈的是生活信息（67.8%），其次才是农业信息（55.8%）、新闻及农村社会新鲜事信息（47.3%）、职业技术培训（34.1%）、娱乐消遣信息（22.3%）。

井水（2013）对陕西各地627户农民信息需求调查结果表明，陕西农民最关心民生、政策和就业致富信息统的农业信息服务仅排在第4位。从排序看，农村社会已经有从传统的种、养业等为主的第一产业逐渐向第三产业转变的趋势。

表 4 – 10 　　　　　　　　陕西农民信息需求的内容　　　　　　　单位:%

序号	信息需求内容	百分比
1	民生信息（包括社会保障、农民福利、新农合医保、子女教育、生存环境等）	62.8
2	政策信息（包括国内外时事政策，各种涉农政策信息的解读等）	56.7
3	就业致富信息（包括用工信息、技能培训、第三产业政策信息、创业信息等）	55.8
4	农业信息（包括农业新品种、新技术的推广利用，涉农优惠政策、补贴，农产品销路、市场信息，土地政策等）	52.3
5	生理卫生信息（包括性教育、生理卫生、性疾病防治、伦理健康信息、择偶观等）	49.7
6	文教娱乐信息（包括电视剧、视频等电子媒介，棋牌、地方剧目等传统娱乐方式，印刷型资源）	36.5
7	金融信息（家庭理财、金融服务、金融衍生物等）	7.6

　　魏学宏和朱立芸（2015）针对甘肃白银市景泰县 6 个乡镇所在 6 个村的不同类型农户科技信息需求及媒介接触行为进行了调查和研究。结果表明，在经济相对贫穷落后的地区，较贫困的农民接受科技信息需求意识越弱；而越是相对富裕的农民受体，科技信息需求意识更强，获取和使用信息的效率则较高。农民最为关注的信息依次有惠农政策、农业政策、致富类信息、子女教育、农业科技、健康信息等，关注度比较低的是金融信贷、市场预测等。

　　张晓兰等（2014）以甘肃庆阳为例研究西部地区农民信息需求现状，发现农民信息需求呈现多样化趋势。农民最需要的是农业技术类信息，其次关注的是国家政策法规和时事动态类信息，对经济类和社会生活类的信息也表现出较高的关注度。农民不仅需要与"农"相关的信息，还需要其他能让自己生活得更舒适、能满足更高需求层次的信息。具体见表 4 – 11。

表 4 – 11 　　　　　　　　甘肃庆阳农民需要的信息类型与排序　　　　　　　单位:%

排　序	信息类型	百分比
1	农业技术	65.75
2	新闻时事	46.58
3	社会生活	33.79
4	经济	29.27
5	学习参考	21.92

续表

排 序	信息类型	百分比
6	休闲娱乐	20.55
7	女性信息	14.61
8	其他	10.96

李红琴（2012）采用填写调查问卷与访谈相结合的方式实地对四川省凉山彝族自治州布拖县的3个镇、10个乡、20个村的农民信息需求情况进行了调查，研究表明农民对信息的需求注重实用性、操作性强的信息技信息，而对政府在农业政策、农产品市场走势等信息也很关注，需求排序如表4－12所示。

表4－12　　　　　　凉山彝族自治州农民信息需求排序　　　　单位:%

排序	信息类型	百分比	排序	信息类型	百分比
1	新技术、实用技术	81.3	8	农副产品加工信息	56.0
2	优良品种开发及高新技术信息	77.7	9	农兽药肥料农机质量	51.2
3	农村政策和优惠措施	71.1	10	气象变化信息	48.7
4	市场信息	69.3	11	社会方面信息	45.7
5	农产品市场走势信息	64.5	12	其他信息	16.67
6	防治病虫害信息	61.4	13	农业企业信息	12.35
7	农资供应信息	59.6			

杨旭（2013）采取随机抽样的方法调查了四川省眉山市仁寿县文宫、新店、宝马、大化、文林等5个乡镇的28个村名500农户的信息需求情况。调查统计结果显示，农户信息需求比例较高的是农产品市场供需及价格、农技培训、病虫害防治技术和外出务工类信息，其次是新技术新品种、农民致富、特色种养殖和农业政策及新闻类信息，而农产品加工、气象灾害和娱乐信息类信息需求率较低。此外，朱姝姗（2013）对四川省乐山市的农民科技信息需求展开了调查，陶丽（2008）对四川省雅安市雨城区农户的市场信息需求进行了调查研究，阳毅（2013）对南充市的仪晚县（马鞍镇，岐山乡），南部县（伏虎镇）以及西充县（太平镇）农村进行实地调研，将南充市农民信息需求主要归纳为农副产品市场信息、农资市场信息、种植业技术信息、养殖业技术信息、劳务用工信息、政策及民生信息六类。

李华红（2011）基于人口双向流动的背景将农民分成外出农民、留守农民、返乡农民三类群体，通过对贵阳、安顺、铜仁、六盘水等4个地（州、市）、12个行政村的100多个农户家庭的468人进行入户问卷调查，调查结果显示这三类不同的农民群体的信息需求及偏好存在一定的差异性，提出科技信息服务应该以满足三类农民群体对农村科技信息的不同需求为目标。

韦志扬等（2011）以广西壮族自治区南宁市江南区农民为研究对象，研究结果表明：农民最关注的农业信息为实用技术信息、优良新品种信息、市场信息、高产栽培技术信息、病虫害防治信息，其次对农资供应及价格信息、政策信息、养殖技术信息（见表4-13）。

表4-13　　　　　　　　　南宁市江南区农民信息需求排序　　　　　　　单位:%

排序	信息类型	百分比	排序	信息类型	百分比
1	实用技术信息	79.01	8	农资供应及价格信息	47.53
2	优良新品种信息	72.84	9	农业气象预报信息	41.36
3	市场信息	70.99	10	劳务信息	19.75
4	高产栽培技术信息	70.37	11	农副产品加工信息	16.67
5	病虫害防治信息	70.37	12	其他信息	16.67
6	政策信息	58.02	13	农业企业信息	12.35
7	养殖技术信息	55.56			

张晋平（2014）通过对西北地区农村的调查，发现农民的信息需求大体可划分为最关注的农村信息（22项）、最需要的市场信息（20项）和最关心的生活信息（11项）三个部分，信息需求内容广泛，涉及农业政策、病虫害防治、农技培训、施肥灌溉、市场供求、农业新闻、医疗卫生、就业等方方面面，几乎涉及了农村生活和农业生产的全部领域。具体见表4-14。

刘一民和余国新（2014）通过对新疆发达地区206个农户样本的农业信息需求状况进行问卷调查，需求最大的为农业实用科技信息，其次为农产品价格信息，同时也需要农业行情预测与农业政策信息

通过对我国农民信息需求的相关文献的梳理，可得出尽管我国东部、中部和西部的地区的经济发展水平不均衡，农业信息化程度参差不齐，但农民信息需求有一定的共性，即信息需求内容具有多样性，普遍都很关心农业生产、生活信息。

表 4-14　　　　　　　西北地区农民最关心的信息和最需要的信息排序

最关心的农村信息 （基本信息）	最需要的市场信息 （关键信息）	最关心的生活信息 （辅助信息）
（1）惠农政策信息；（2）农业政策；（3）农业新闻；（4）天气预报；（5）家庭生活信息；（6）种子种苗；（7）务工信息；（8）病虫防治；（9）农业科技；（10）技术推广；（11）法律法规；（12）农业商机；（13）特色养殖；（14）子女教育；（15）市场信息；（16）药材种植；（17）致富类信息；（18）医疗健康；（19）市场供求信息；（20）职业技术培训；（21）金融信贷；（22）市场预测	（1）气象与灾害预报；（2）新品种优良品种；（3）新技术；（4）实用技术；（5）农业政策；（6）生产资料价格信息；（7）全国市场供求信息；（8）病虫害疫情信息；（9）农兽药肥料信息；（10）农产品收购信息；（11）田间管理技术；（12）本地市场价格；（13）农产品加工信息；（14）农产品质量标准；（15）国际市场价格；（16）本省市场价格；（17）农村金融信息；（18）贮藏保鲜加工技术；（19）农机市场；（20）农产品进出口；（21）农产品订单	（1）社会新闻；（2）法制建设；（3）医疗保健；（4）社会生活时事；（5）教育培训；（6）电视剧；（7）科技信息；（8）文化生活；（9）休闲娱乐；（10）体育军事；（11）宗教文化

4.2

农民信息需求的类型

　　谭英等（2003）把贫困地区农户的信息需求归纳为4大类：宏观类信息—政策、法规等方面的信息；实际操作类信息—新技术（种、养殖技术）、新品种等；科学知识类信息—科学常识、文化、教育知识等；市场类信息—农产品价格、销路、供求等信息。杨玲玲（2006）认为，农民亟待解决的问题是减少农业生产的盲目性，农民最需要的信息是准确及时的农业种植养殖技术和市场信息。彭超（2006）根据调查提出农民最关注对自己收入有直接影响的市场信息、科技信息和政策信息，后来李习文（2008）等对宁夏农民信息需求调研分析也印证了这一结论。何其义等（2007）调研发现，农民迫切地想了解农产品结构调整信息、农副产品销代信息、外出务工信息、科学种田信息与政策信息。于良芝等（2007）研究表明，农民的信息需求类型主要集中在农业技术信息、市场信息、科学知识等教育信息、职业或技能培训机会信息、政策信息、时事、法律法规信息、子女教育助学信息、医疗卫生信息、气象自然灾害信息、娱乐信息、家谱地方史信息及日常生活信息等类别上。雷娜和赵邦宏（2007）将农民需求的信息归纳为以农业科技和农业政策信息为主，同时，对农产品市场供求信息、气象与灾害预报防治信息也有较大需求。唐锟（2008）认为农村需要的信息资源是关于农业农村的各种理论、方针、政策、新品种、新科技、农业生产资料与农产品的供求状况及其价格、农村劳动力及世界经济情况、气象变化信息、防治病虫害信息等多方面、多层次的信息。刘冬清和孙耀明（2008）将农民需要的农业农村信息、科技、市场和政策信息等归纳为与农业生产相关的信息，并指出，农民还需要与其自身发展相关的信息，如科学文化知识、保健知识、休闲娱乐信息等；以及与其生活相关的信息，包括农村日常生活中经常发生的新鲜事、法律纠纷等事件，以及日常用品、家具、家电的产品信息、价格信息、促销信息等。胡圣方（2010）通过对甘肃农民网络信息的需求调研发现，农民首要需求是能增加收益的系统全面的农业网络信息。对于网络涉农信息，农民的需求主要表现在种子和化肥的供应、价格等信息，国家的农业政策信息，当地的气候信息，相关农产品的价格、销售信息。王虹等（2010）对少数民族地区农民信息需求进行差异研究，认为少数民族的农民基于不同生活状态和生活预期，形成了七种不同类型的群体，且各自产生了不同的信息需求。

4.2.1 与农业生产相关的信息需求

① 农业科学技术信息的需求。现代农业生产越来越离不开科学技术，科学技术是第一生产力，农民也意识到只有采用科学的方法和新技术才能提高产量、增加收入，迫切需要了解与种植、养殖、农副产品加工等方面的技术。

② 农资产品的信息需求。种子、种苗、农药、肥料等农资产品是农业生产的基础，也是农业生产的必备物资，农民在农业生产中希望能便捷地了解到各种农资产品的特性、质量、品质、效果、价格等。

③ 农业新品种、新成果信息需求。我国正处在传统农业向现代农业转型升级的关键时期，农民在新技术、新品种、新模式等"新"技术方面的信息需求迫切。农业新成果、新品种的应用在很大程度上可以起到提高农产品产量和质量，降低农民劳动强度的作用，农民盼望得到风险控制、技术、市场等方面的指导和支持。

④ 地情、天气预报、动植物疫情等方面的信息需求。土壤、天气等自然环境条件对农业生产和发展具有重要意义，对农业生产的影响是非常巨大的。农业生产靠天吃饭，其丰产减产与当年气象条件密切相关。农民迫切需求有关水土资源、气候等方面的专业分析和指导，并希望方便、快捷地获取动植物疫情和气象

信息，根据气象情况安排农作物播种灌溉等操作，遇到恶劣天气和动植物疫情时可以采取有力措施最大限度地避免损失。

4.2.2　农产品市场信息需求

农产品市场信息是指在农产品商品经济活动中，能客观描述农产品市场经营活动及其发展变化为特征，为解决农产品生产经营、管理和进行市场预测所提供的各种有针对性的，能产生经济效益的知识、消息、数据、情报和资料的总称。用科学的方法和手段收集、整理农产品商品信息，加强对信息的管理和利用，是现代农产品销售与营销管理的重要内容。市场经济使农民有了充分的自主经营权，但也同时带来了不知经营什么好的问题。农民如果仍然停留在"凭感觉"、"跟风跑"的老习惯经营方式上，往往会导致生产出来的产品找不到市场，出现"卖难"现象，造成巨大的经济损失。农民渴望能获得与农产品市场的科学分析和预测等方面有关的信息，预测投入、产出经济效益、成本利润、热销品种、销售趋势等，并据此动向来安排和调整自己的种植、养殖结构，减少市场风险，避免生产的盲目性。此外，农民还渴望获得较多的市场销售信息，避免和降低滞销风险，获取更多的利益，实现经营决策最优化。农民的农产品生产已经实现了从维持自身需要为主向提供市场销售为主的历史性跨越。

4.2.3　农业新闻、政策类信息需求

"三农"问题一直是国家和社会密切关注的大问题，近年来国家持续出台许多惠农政策（见表 4 - 15），引起了广大农民的广泛关注。国家政策的扶持、引导是农民进行农业生产的最强有力的保障，农民了解农业方针政策方面的信息是为了科学地安排和规划生产。当前农民对中央和各级政府扶持农业生产，加大对农业的投入，减轻农民负担，促进生产发展，增加农民收入等有关农业扶持政策、投入政策、产业政策以及减负政策和农业保护政策和措施等信息需求强烈。政策的扶持是引导农民生产发展的保证，通过了解农业产业的相关政策能够为农民的生产和管理提供决策服务。

表 4 - 15   2016 年国家强农惠农富农政策

序号	政策内容名称
1	农业支持保护补贴政策
2	农机购置补贴政策
3	农机报废更新补贴试点政策
4	小麦、稻谷最低收购价政策
5	新疆棉花、东北和内蒙古大豆目标价格政策
6	产粮（油）大县奖励政策
7	生猪（牛羊）调出大县奖励政策
8	深入推进粮棉油糖高产创建和粮食绿色增产模式攻关支持政策
9	农机深松整地作业补助政策
10	测土配方施肥补助政策
11	耕地轮作休耕试点政策
12	菜果茶标准化创建支持政策
13	化肥、农药零增长支持政策
14	耕地保护与质量提升补助政策
15	加强高标准农田建设支持政策
16	设施农用地支持政策
17	种植业结构调整政策
18	推进现代种业发展支持政策
19	农产品质量安全县创建支持政策
20	"粮改饲"支持政策
21	畜牧良种补贴政策
22	畜牧标准化规模养殖支持政策
23	草原生态保护补助奖励政策
24	振兴奶业支持苜蓿发展政策
25	退耕还林还草支持政策
26	动物防疫补助政策
27	渔业油价补贴综合性支持政策
28	渔业资源保护补助政策
29	海洋渔船更新改造补助政策
30	农产品产地初加工补助政策
31	发展休闲农业和乡村旅游项目支持政策

续表

序号	政策内容名称
32	种养业废弃物资源化利用支持政策
33	农村沼气建设支持政策
34	培育新型职业农民政策
35	基层农技推广体系改革与建设补助政策
36	培养农村实用人才政策
37	扶持家庭农场发展政策
38	扶持农民合作社发展政策
39	扶持农业产业化发展政策
40	农业电子商务支持政策
41	发展多种形式适度规模经营政策
42	政府购买农业公益性服务机制创新试点政策
43	农村土地承包经营权确权登记颁证政策
44	推进农村集体产权制度改革政策
45	村级公益事业一事一议财政奖补政策
46	农业保险支持政策
47	财政支持建立全国农业信贷担保体系政策
48	发展农村合作金融政策
49	农垦危房改造补助政策
50	农业转移人口市民化相关户籍政策
51	农村改革试验区建设支持政策
52	国家现代农业示范区建设支持政策

资料来源：农业部 2016 年 3 月 30 日发布的《2016 年国家落实发展新理念加快农业现代化 促进农民持续增收政策措施》。

4.2.4　农民文化、社会生活等方面的信息需求

随着社会的发展与进步，广大农民在温饱问题已解决的情况下，已经不再满足浅层次的物质需求，而是对文化、教育、卫生、娱乐等精神生活方面提出了更多的需求。不少农民希望了解国内外大事，渴望有更多的途径学习各种各样的知识，阅读更多的图书，更加深层次地接触外面的世界，更加关注生命安全、身体健康、社会福利与子女教育。农民对社会保险、医疗保健、教育培训、安全生产、文化娱乐、致富经验、进城打工以及丰富业余生活的文化资讯等方面的信息

有较大需求。

4.3

我国农民信息需求特点与趋势

4.3.1 农民信息需求的特点

（1）信息需求的日益高涨

自 2005 年，党的十六届五中全会提出了建设社会主义新农村的伟大任务时起，我国就进入了新农村建设的关键时期。农民的信息需求不仅仅是与农业生产直接相关的农业技术信息、市场信息、农资信息等，还有牵涉到民生的医疗保障信息、养老信息、子女教育信息，以及牵涉到自身权益保护的信息、政策信息等。

市场经济是信息引导的经济。信息的传播与交流奠定了人类文明的基础，也是农业科技创新的动力和源泉。大力推进农业信息化，让信息化更好地服务于社会主义新农村建设是时代提出的要求。广大农民是农业信息化建设中最大的受益主体，其信息需求特点受到社会政治、经济、文化等因素的巨大影响。在市场经济条件下，要求农民的农业生产、经营、管理都要以市场经济规律为指导，运用市场机制调节农业产前、产中与产后，实现有效衔接，并运用市场机制调节农业生产、分配与消费之间的动态关系，使农业供求关系在市场中不断获得新的平衡。目前，社会对市场、产品、新技术、新成果等方面以及综合性论证的信息需求大量增加，农民也迫切需要了解与市场相关的资源和潜力。越来越多的农民已经认识到谁先占有信息、驾驭信息，谁就能先富起来。为了更好地步入市场，尽快走上富裕之路，农民的信息需求日益迫切。农民信息需求的满足与信息技术的应用则可以使市场交易双方直接联系，减少流通环节，简化交易程序，降低市场风险，节约交易费用，提高流通效率，实现由"旧"种田人向"新"种田人的转变。

（2）信息需求的广泛性

农民信息需求内容广泛，涉及农业政策、病虫害防治、动植物疫情、天气预报、农技培训、施肥灌溉、田间管理技术、特色养殖、市场供求、市场价格、市场预测、农业新闻、医疗卫生与保健、子女教育、文化生活、法律法规、职业技术培训、就业、社会生活时事、农村管理等方方面面。农民的信息需求渗透到农业产前、产中和产后全过程。农民不仅需要农业生产信息，还需要生活文化信息。不仅需要科技、生产、政策信息，还需要价格、供求、劳动力转移等信息；不仅需要单项信息、静态信息、原始信息，更需要综合信息、动态信息、分析预测信息，涉及农村生活和农业生产的全部领域，农民的信息需求不再单一。从农民信息需求的广泛性可以看出，农民对信息的需求有向纵深发展的趋势，例如，农民对农作物生产的信息需求全面而系统，涉及新品种选用、田间管理、施肥、病虫害防治等方方面面，且信息需求的层次不仅仅满足于新品种和新技术的一般性介绍，而是关注信息的整体性和效能性在农业生产中产生的效益。从农民对农业新闻、医疗卫生与保健、子女教育、文化生活、法律法规、职业技术培训、就业、社会生活时事、农村管理等信息的关注我们可以看出，农民获取信息的目的已经不仅为了增产和增加收入，而且还关注自己全面的发展和自身素质的不断提高。广大农民随着生活水平和质量的提高，已经从信息的获取转向知识的增加和积累。

（3）信息需求的实用性

农民所寻求的信息，是满足其生存和发展的需要。当前，我国还有不少农民仍处于"想致富，无门路；盼致富，缺技术"的困境。农民要脱贫致富，迫切需要得到各种投资少、见效快、易掌握、好操作的实用技术方面的信息。例如，掌握病虫害防治信息就能对植物病情和虫情及发展趋势提供科学预判，做到早防、早治、早消灭，把灾害损失控制在最低限度；掌握优良品种开发及高新技术信息就能帮助农民引进新品种，运用新技术，增加产品的科技含量与附加值，做到推陈出新，出奇制胜，培育出与众不同的农产品；掌握农产品价格变化的信息，有助于农民科学安排种植品种；掌握气象信息应能做到早防范或采取抵御异常气候变化的对策，减轻自然灾害的危害程度。以上这些实用性较强的信息，不仅能满足广大农民日常生活、生产的需要，还能帮助农民尽快适应社会环境的急速变化。

（4）信息需求深化且重点突出

农民对信息的需求不再是表面上的大众信息，不像以前那样表面上蜻蜓点水式的浅层需求，而是趋向更加专业化、深层次的信息。对优质信息的需求，也不再像以前那样只是仅仅需要原始的、没有经过筛选和鉴别的信息，不仅要满足于农业新技术的一般性的介绍信息、指示性信息，而是需要经过加工、甄别、挑选、整理后的优质信息，更加关注农业新技术如何适用于农业生产的实践性较强的信息，更加关注信息的整体性能和效能，能不能产生效益、对农业投入的影响、对农业环境的影响等内容。农民需要的不仅仅是消息型的信息，更多需要的是知识、技术、方法型有深度的专门化的农业信息。例如，养殖户需要的是养殖方面系统的防治知识；种植户需要的不光是农作物的种植方法，而且还要了解相关病害虫害防治、种植管理、加工销售等方面的知识。此外，从总体上来看农民信息需求排在前面的是新技术、新品种、农作物病虫害防治和本地农产品的价格。这表明在当前严峻的市场压力下，广大农民已经充分认识到科学技术、市场价格对提高农产品收入的重要作用。农民需要及时掌握高产、优质、高效的名、特、新、优种苗信息，已经认识到品种的改良是增产、增收的最好的途径。还充分认识到农业部门对动植物病虫害的预警预报分析信息及病虫害防治的相关植保技术对提高农业生产效益的作用。广大农民不仅迫切需要采用新品种生产出能够满足市场多样化需求的农产品，而且已经超越了自给自足的农业生产阶段，已经是农产品市场的商品生产者，农民有很强的依靠市场增加收入致富的愿望。农民信息需求排在后位的有农村金融信息、投资理财、农产品质量标准信息、农产品进出口信息。说明我国农民家庭经济还不够富裕，家里可以用来投资理财的资金不多，农民的标准化生产意识比较薄弱，农产品生产标准化程度低。另外，广大农民对农产品进出口信息尽管有关心，但关心比例不高，这说明我国的农民农业生产经营活动仍然处在一个较为封闭的状态，进口的补品数量对我国农产品市场的价格冲击还不是太大。以上农民信息需求的差异性也使我们清楚地看到，农业结构调整中的质量结构调整任重道远，开辟多种渠道帮助广大农民了解国外农业市场需求和国外农业生产经营技术意义重大。

（5）信息需求的差异性

我国广大农民对信息的需求，是随着时间、地域等的变化和个体差异的不同而有所不同。信息需求的差异性表现在：

① 农民对不同种类的信息需求的偏好存在差异。农民最关注的信息种类为实用技术信息、优良新品种信息、市场信息、病虫害防治信息、高产栽培技术信息，对农资供应及价格信息、种植养殖技术信息、政策信息也较为关注。此外，这种偏好与农民的种植结构、经济实力、文化程度也有着密切的关系。由于农民进行农业生产的多样化，不同区域的农业产业结构千差万别，有的农民可能偏好水稻种植技术，有的可能偏好养殖技术。

② 农民信息需求存在区域差异。不同区域不同的自然环境和资源生产农产品有所不同。我国幅员辽阔，农村地区的发展极其不均衡，中西部和东部贫富差

距悬殊，农民对信息需求的表现也不同。数量众多的农民广泛地分布在不同的地理空间，各地区经济发展的水平与途径也不相同，因而决定了农民对信息需求表现出地域差异性和多层次性。农民的信息需求受其区域土壤特征、光热、气候、技术条件等的影响与限制，生长着不同的动植物产品，例如，吉林东部为山区，主要以菌类、人参、林蛙等特色农业为主；中部地区以种植玉米、大米等粮食为主；西部以牧业渔业为主。再如，我国北方耕地为旱地，主要种植的农作物为小麦和杂粮，一年两熟或两年三熟；南方则主要是水田，种植的农作物主要是水稻和甘蔗、茶叶等亚热带经济作物，一年两熟或三熟。北方因为缺水，农民迫切需要旱作农业节水农业灌溉技术信息，南方因为温度高、湿度大，农作物易长虫，农民迫切需要病虫害防治技术信息。再如，海南地处热带区域，台风对农业生产影响很大。每年台风盛行的季节正是农作物生长和水产养殖的旺季，水旱作物、果树、蔬菜和渔业养殖都会受到影响。台风不仅会直接损坏农作物，还会改变登陆区域的田间小环境，导致病虫害蔓延，因此，海南农民对台风天气预报、风害以及病虫害防治方面的信息和技术尤为关注。此外，由于海南地处热带，以瓜果蔬菜种植和水产养殖业为农业支柱产业，相比以粮食生产为主的省份，农民对农业技术信息方面的需求更高些。因此，农民信息需求的满足要根据各地特点，鼓励创新，不能搞一刀切。

③ 不同性别、年龄、经济状况以及生产类型的农民信息需求存在着较大差异。广大农民对国家出台的各项农业、农村政策都比较关心，尤其是男性关注的比例比女性高，年轻农民关注的比例高于年老农民。随着社会经济的发展，农村大量的剩余劳动力涌向城市，农村留守妇女、老人、孩子增多，农村社会已经有从传统的种、养业等为主的第一产业逐渐向第三产业转变的趋势。由于家庭角色不同，与广大男性农民所关注的信息相比，农村妇女更关注农村生活方面的信息。大量的研究资料表明，农村妇女信息需求主要包括子女教育、医疗卫生信息、农业信息、就业信息、文化娱乐信息、气象信息、满足家庭基本需求的信息，此外，她们还经常需要政府救助和福利信息、政策和培训信息等。不同收入类型农民对农业信息内容的需求不尽相同。经济贫困的农民几乎对所有信息都不关注；低收入的农民对"农业政策""生产资料""医疗卫生""劳务用工"等信息关注；中等收入和相对富裕的农民需要的信息相似，更加关注"市场信息"和"法律知识"。尤其是经济发达地区，由于信息流通量大，农民市场意识强，往往对普通生产技术不感兴趣，而是对能够使经济效益大幅度提高的新技术、新信息感兴趣，对医疗卫生信息、投资理财、惠农政策、文化娱乐等方面的关注程

度提高。另外，农民所需信息内容与自己从事的行业或生产类型有关。例如，村干部比较关注"农村政策""农业政策""实用技术""医疗卫生""法律知识"等方面的信息。农村信息员则关心"实用技术""教育培训""生产资料""劳务用工"等方面的信息。

（6）信息需求的季节性与周期性

农业生产与国民经济其他部门有所不同，受自然因素的限制和影响较大。农、林、牧、副、渔几个行业的生产过程均要考虑到气温的变化和季节的转换等因素。农作物生长的周期性决定了农民生产作业的间歇性，也决定了农民信息需求的时间限制性、季节性与周期性。农民的信息需求与农作物的生长过程紧密相连，在春天农作物播种时期，农民迫切需要气象信息、有关优良品种、农药化肥等农资产品及价格方面的信息；夏天是农作物生长过程中的重要时期，农民主要需要农作物养护、保护等病虫害防治信息、高产栽培技术信息等方面的科技信息；在农作物收获秋季，农民尤其需要了解气象信息、农产品市场销售及价格信息和农产品存储、保鲜、加工、运输信息。此外，冬季是广大农民在农闲的时候，需要培训、子女教育、医疗卫生、就业、文化娱乐、劳务用工等方面的信息。

4.3.2 我国农民信息需求发展趋势

从宏观角度来看，社会对信息需求量的大小与国民经济发展呈现出严格的二次指数正相关关系，且在总体按指数增长的前提下，呈现明显的阶段性发展特征，如图4-1所示。

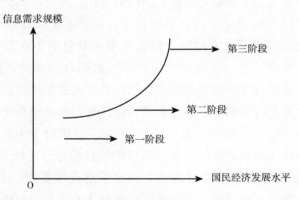

图4-1 社会信息需求规模增长变化轨迹

从微观角度分析农民的信息需求时，可以看到农民在农业生产经营中必然会产生信息需求。科享将用户信息需求状态划分为信息需求客观状态、信息需求认识状态、信息需求表达状态三个基本层次。处在潜在状态的信息需求会随着农民自身条件和外界环境的改善向现实转化，这个转化过程就是信息需求增长的过程。从农民需要信息种类的发展趋势来看，我国农民对信息的需求主要向以下几个方面发展。

第一是农业发展的宏观决策信息，政府引导农业生产的农业发展宏观决策信息，是向全社会及时、准确地提供农业和农村政策现状及未来走向的信息，它在很大程度上影响着农业发展模式的选择。在市场经济条件下，农民投资决策的正确与否在很大程度上依赖于对农业发展宏观决策信息的掌握程度。

第二是农业科技信息，农产品的可持续发展和竞争力的提高最终依赖于农业高新技术。因此，在今后相当长的时间内，有关高新技术的最新进展、应用前景、获取途径、技术咨询方面等，将是我国农民信息需求的主要趋势之一。

第三是市场信息，农民盈利能力在很大程度上取决于农业投入品的质量和价格，在经济全球化的背景下，农民对市场信息始终会保持着高度的关注。

第四是剩余劳动力就业的信息，如今，农村剩余劳动力转移问题开始得到上上下下的重视，但形势不容乐观，就业信息对农民来说是重要的并且是迫切的。

第五是信贷投资信息，我国的农村民营经济要想发展壮大，就存在民营企业贷款难的问题，因此信贷投资方面的信息需求将逐渐增多。

从以上分析可以看出，我国农民的信息需求从宏观与微观两方面呈现增长的趋势，并且农民的信息需求有向宏观决策信息、技术信息、市场信息、就业信息、信贷投资信息发展的趋势。

4.4
农民信息获取渠道与特点

4.4.1　农民信息获取渠道

著名的传播学家麦克卢汉认为："传播媒介决定并限制了人类进行联系与活

动的规模和形式。"① 传播媒介是影响传播效果的重要因素，传播学把传播形式分为传统传播和互联网传播。而传统传播又分为人的内向传播、人际传播、组织传播和大众传播。

人的内向传播是指个人对外部事物感知得到的信息，如触景生情，自言自语，自我进行信息交流。人的内向传播与人的感知能力、理解接受能力有关，体现出不同个体的信息素质，是教育和培训的结果。

人际传播是利用人的表情、姿势、声音等为媒介，以人际关系为纽带的传播。这种传播交流自由，互动性好，不需要特定的传播媒介，信息接受成本低效果好。但也存在着所能传播信息的数量和质量受到传播者能力限制，在受众人数多，居住分散时，需要大量的传播者和耗费大量的传播时间，传播效率低，信息通报可能不及时，信息的追溯性差，传播过程中信息容易失真。

组织传播是指某个组织凭借组织系统的力量所进行的有领导、有秩序、有目的的信息传播活动。这种传播方式可以是口头的，也可以是书面的，可以依靠电话、广播等技术手段，也可以以文件、内部刊物、报纸等为信息载体。组织传播效率高，传播力度大，因为有组织机构的监督与控制，传播效果好，但存在互动性差，接受者自由度小等缺点。

大众传播是指具有职业化的信息传播机构，通过各类社会团体利用机械化、电子化的技术手段向不特定的多数人传送信息。主要的大众传播媒介有报纸、期刊、图书、广播、电视、电影、录音录像制品等，其中广播、电视、报纸常常被人们认为是主要的传播媒介。大众传播使用的是特定的传播手段，传播技术先进，信息容量大，信息内容有专人把关，质量可靠，信息的可追溯性好，传播及时，效率高，风险小。但也存在着传播对象不明确，一般信息多，专业信息少，应用效果差等缺点。

互联网是综合的传播媒介，其中的多媒体文本可以满足受众的各种感官需要，受众可以选择同步传播，也可以选择异步传播，互动性强，信息传播数量庞大，自由空间大，可反复感知便于理解，但也存在信息质量差异大，使用风险大，接受和使用成本高等缺点。

近十年来，广大学者对我国农民信息的来源与接受渠道做了大量的研究，相关观点如下：

彭光芒（2002）通过研究发现，在农村信息传播中农村意见领袖有突出作

---

① 马歇尔·麦克卢汉．理解媒介：论人的延伸［M］．北京：商务印书馆，2000.

用，他们多半是农村社会精英，一般有较高的文化程度，有较强的创新精神和学习精神，社会地位较高、经济比较富裕，活动范围比较大，人际关系比较好等。当他们从外界获取信息时，他们是受众；当他们向农民传播这些信息时，他们又是传播者和传播渠道，通过自身的威信、经验等对农民信息的选择和接受产生重要影响。谭英等（2003）调研发现，不同收入类型和不同职业农户媒介接触行为偏好不同。低收入型农户获取信息的渠道主要是电视、能人、政府农技站等；中等收入型农户获取信息的渠道主要是电视、报纸、能人、朋友、亲戚、电话、政府；相对富裕型农户获取信息的渠道明显增多，除了电视、报纸、能人、电话、政府以外又增加了信息中介和网络；种植户、养殖户、村干部、技术员和生意人获取信息的渠道也各有侧重。杨玲玲（2006）的采访和问卷调研结果表明，固定电话、手机已经以微弱优势超过电视，成为农民获取实用农业信息的第一渠道，这说明农民的信息接收途径正从传统媒体向现代媒体过渡。李枫林和徐静（2006）认为，农民实际获得的信息主要来源于自身经验和政府行政机构，广播电台、电视台、企业次之，农业科研机构和图书馆最少。在信息供给形式上，以广播、电视、报纸、会议、文件、广告和口头传达等传统渠道为主；新型的农村信息化网络平台建设卓有成效，但很难被农民获取利用。雷娜和赵邦宏通过调查，发现电视是农民获取信息的最主要渠道，其次为邻居亲戚朋友、书刊科技小报和广播电台等传统媒介。农村网络信息平台建设虽然取得了很大成效，但还是难以被广大农户获取利用。方允璋（2007）研究发现，在信息的来源与获得手段方面，传统路径依赖仍在。这也是当今乡村血缘关系、亚血缘关系、社缘关系在传统手工业经营，农户经济组织结构调整乃至出国打工，移民活动运营中具有趋同性的重要因素。有学者认为，对生活地域性强，识字率还不高的大部分农民，通过感官、表情、语言以及各种实践、直观、示范地传、帮、带进行知识交流的习惯模式在今后相当长时期内仍是有效的方式之一。洪秋兰（2007）调研结果表明，农民喜欢口头传播是因为这种方式有效地提供了信息之间的互动，农民在信息的交流与共享中提高了对信息的信任度和利用率。戈黎华和罗润东（2007）对天津毗邻北京的旅游专业村—蓟县毛家峪村的研究发现，在农民获得知识信息中电视、培训、网络、书籍、电话、广播、报刊等方式，日人均时间分别为 1.87 h、1.20 h、1.18 h、1.01 h、0.84 h、0.79 h、0.72 h。刘婧（2008）调研发现，对应不同的信息需求，农民最主要的信息获取途径也不同。在农民了解农村信息政策的过程中，政府的宣传占到了绝对的主导地位；熟人交谈是获取农村科技信息的最主要的途径；现场销售获知是价格信息获得最常依赖的渠道。

孙贵珍（2010）通过对河北省农民信息获取渠道调研表明，农民获取信息仍以传统手段为主，依次为电视、亲朋邻里、电话、广播电台、报刊书籍、互联网、农技部门、信息大厅（站）、讲座培训、其他。农民从互联网或其他渠道获取的信息较少，具体见表4-16。

表4-16　　　　　　　　　　河北省农民信息获取渠道排序　　　　　　　　　单位:%

排序	农民信息获取渠道	百分比	排序	农民信息获取渠道	百分比
1	电视	49.82	6	互联网	13.30
2	亲朋邻里	40.78	7	农技部门	13.12
3	电话	21.45	8	信息大厅（站）	6.91
4	广播电台	19.33	9	讲座培训	6.03
5	报刊书籍	17.91	10	其他	4.79

吴漂（2011）对江西省近50个县、市农民信息获取渠道问卷调研显示，农民获取信息的渠道依次为电视、亲朋好友、报刊图书、网络、学校、广播、图书馆或文化馆、上级主管部门、培训。江西省农民获取信息的渠道仍然以传统的电视、亲朋好友、报刊图书为主，而互联网排在第四位，具体见表4-17。

表4-17　　　　　　　　　　江西农民信息获取渠道　　　　　　　　　　　单位:%

排序	农民信息获取渠道	百分比	排序	农民信息获取渠道	百分比
1	电视	78.25	6	广播	24.53
2	亲朋好友	43.84	7	图书馆	18.53
3	报刊图书	39.07	8	上级主管部门	9.88
4	互联网	29.41	9	培训	8.32
5	学校	26.19	10	其他	16.87

韦志扬等（2011）以广西壮族自治区南宁市江南区农民为研究对象，研究结果表明：电视、乡镇政府、讲座培训、书刊和报纸、村能人、农技员、邻居、技术示范等仍是农民获取信息的重要渠道，邻居、集市、商店等渠道在信息传播中也发挥一定的作用，计算机网络、电话、收音机等将成为越来越重要的信息传播渠道，具体见表4-18。

表4-18　　　　　　　　　　　广西农民信息获取渠道排序　　　　　　　　单位:%

排序	农民信息获取渠道	百分比	排序	农民信息获取渠道	百分比
1	电视	66.00	9	集市	22.84
2	乡镇政府	45.06	10	走访推广部门	21.60
3	讲座培训	39.51	11	其他	13.58
4	书刊和报纸	38.89	12	商店	10.49
5	村能人	37.04	13	收音机	10.49
6	农技员	33.33	14	计算机网络	8.64
7	邻居	33.33	15	电话	6.79
8	技术示范	32.72			

郭鲁钢等（2011）通过结构化访谈和发放调查问卷，对北京地区农民的科技信息获取手段进行研究，结果表明电视、固定电话、广播、互联网、报纸杂志是农村信息服务的主要渠道，具体见表4-19。

表4-19　　　　　　　　　　北京地区农民科技信息获取手段　　　　　　　　单位:%

排序	农民信息获取渠道	百分比
1	电视	98.3
2	固定电话	91.3
3	广播	38.0
4	互联网	19.0
5	报纸杂志	11.2

刘敏等（2011）实地调查了长沙、常德、张家界等市县的湖南省农民信息获取渠道，调查研究表明电视、网络、与亲友交谈、报纸、报刊是农民获取信息的主要途径，具体见表4-20。

表4-20　　　　　　　　　　　湖南农民信息获取渠道　　　　　　　　　单位:%

排序	农民信息获取渠道	百分比
1	电视	85.2
2	网络	31.6
3	与亲友交谈	30.3

排　序	农民信息获取渠道	百分比
4	报纸、书刊	29.0
5	广播	22.6
6	村干部	21.9
7	信息协会	13.5
8	农业技术部门培训	11

赵卫利等（2011）对河北省农民农业产前、产中和产后信息来源进行的问卷调查显示，产前、产中和产后信息来源排首位的分别为自己的经验、区镇村农技人员传授、到集市了解价格。现代模式、传统模式与原始模式在农民接受信息时并存。农民还是更习惯于通过电视、亲朋好友、广播等形式获取信息，而较少利用网络，具体见表4-21。

表4-21　　　　　　　　　　　河北省农民信息来源排序

序号	产前信息	产中信息	产后信息
1	自己的经验	区镇村农技人员传授	到集市了解价格
2	农技人员介绍	收看电视、收听收音机	镇村信息服务站
3	报纸、杂志	看书、报纸、杂志	看报纸、杂志
4	镇及村干部推广	热线电话	当地销售部门
5	网络查询	专业技术协会	产业化龙头企业
6	专业技术协会	跟农户邻居学习	网络查询
7	根据合同	热线电话	靠上门收购
8	参考邻居计划	网络查找	电视求购信息

蔡东宏和曹晓雪（2012）对海南省3个市9个村600户村民获取信息的方式等进行调查，发现电视、朋友邻里间口传、当地干部口头传达、广播、报纸杂志是农民获取信息的主要渠道，具体见表4-22。

表4-22　　　　　　　　　　　海南农民信息获取渠道排序

排序	农民信息获取渠道	排序	农民信息获取渠道
1	电视	9	互联网

续表

排序	农民信息获取渠道	排序	农民信息获取渠道
2	朋友、邻居间口传	10	合作社
3	当地干部口头传达	11	农业示范户
4	广播	12	信息服务机构
5	报纸杂志	13	电话
6	政务部门	14	外地市场获得
7	手机	15	农业经济人
8	本地农技部门	16	其他

　　王丽萍和张朝华（2012）对广东省珠海市金湾区的平沙镇、红旗镇、三灶镇、南水镇及斗门区自蕉镇、乾务镇、莲洲镇的农户信息获取渠道调查表明，电视、广播等新闻媒体受到广大农户的欢迎和认可；讲座培训等较为新型的信息传播方式开始大幅应用。但是，互联网在提供农业信息方面的作用仍然十分有限，电脑、互联网等信息获取工具在珠海农村中普及率较低，农户尚无力购买计算机及支付上网费。

　　张晓兰和何国莲（2014）等以甘肃庆阳为例研究西部地区农民信息需求情况，调研结果表明，农民仍然以传统的信息获取渠道为主。农民获取信息的最主要途径是电视广播、亲朋好友。此外，农技站、互联网、书刊报纸也是较重要的获取信息的途径，具体见表 4 –23。

表 4 –23　　　　　　　　　　甘肃农民信息获取渠道排序　　　　　　　单位:%

排序	农民信息获取渠道	百分比	排序	农民信息获取渠道	百分比
1	电视广播	74.89	6	政府机构	15.98
2	亲朋好友	48.86	7	农资商贩	13.24
3	农技站	34.70	8	农业企业	9.59
4	互联网	24.66	9	技术培训	8.22
5	书刊报纸	21.92	10	专家实地指导	49

　　井水（2013）对陕西各地 627 户农民信息获取渠道调研结果表明，人际网络是陕西农民最重要的信息获取渠道。广电电信、网络的声像资料同步传输和电信媒介因为具备迅捷及时的传播优势已成为农民重要的信息获取渠道。互联网的迅

速崛起改变了陕西农民信息获取方式。政府行为的信息宣传效果并不显著;收听广播的农民越来越少;专项讲座开展效果不佳;对印刷型文献的需求不旺盛,具体见表4-24。

表4-24　　　　　　　　　　陕西农民信息获取渠道排序　　　　　　　　　单位:%

序号	信息获取渠道	百分比
1	人际网络(亲朋好友间、村干部等小范围人与人间信息传递)	80.1
2	电视	74.8
3	电信媒体(手机短信、彩信、固定电话政策性推送短信等)	67.1
4	互联网	42.6
5	政府行为的信息宣传(政策宣讲、公众媒体展示、政策宣传等)	32.4
6	广播	21.1
7	专项讲座(农业技能培训、创业技能培训等)	15.5
8	印刷型文献(图书、期刊、报刊、专项资料等)	13.1

张晋平(2014)通过对西北地区农村的调查,发现农民的信息获取渠道呈现多样化态势,大体可分为平时信息获取途径、村里具备的信息服务项目和经常参加的信息服务项目三个部分。农民信息获取手段日益多样,大致可分为电子信息渠道和人工渠道两个来源。电话、电视等信息渠道在农村普及率非常高,已成为农村信息服务的主要渠道,互联网在农村普及率还有待于进一步提高。而政府近年来在农村广泛开展的各种信息服务工程建设取得明显效果,具体见表4-25。

表4-25　　　　　　　　　　西北地区农民信息获取渠道

平时信息获取途径	村里具备的信息服务项目	经常参加的信息服务项目
(1)电视;(2)亲戚朋友;(3)手机短信;(4)广播;(5)人际交往;(6)网站;(7)农业合作社;(8)村干部;(9)宣传资料;(10)技术培训;(11)远程教育;(12)种养大户;(13)农业技术员;(14)集贸市场;(15)技术示范;(16)农业企业;(17)信息员;(18)杂志、图书、报纸	(1)培训;(2)远程教育;(3)农家书屋;(4)信息公示栏;(5)村信息综合站;(6)科技推广站	(1)农家书屋;(2)手机短信;(3)党员干部远程教育;(4)电话咨询;(5)网上视频远程诊断;(6)农村综合信息服务站;(7)文化资源共享服务;(8)网络呼叫服务;(9)网上农产品交易;(10)互联网电视(IPTV)

通过以上内容的梳理，可以将农民的信息获取途径与渠道归纳如下：

（1）广播电视

广播电视属于一种大众传播媒介，因电视普及率高、图文并茂，传播的信息具体、形象、生动、及时，范围广、容量大等原因，已成为信息传播的"龙头"，是当前农村最现实、最有效的传播方式。随着"村村通"工程的进行，广播电视已成为农民获取信息最大众化和最便捷的方式，是农村信息传播的主力军，是农民获取信息、了解新闻的最主要渠道，并在农村政策信息的传播中扮演了重要角色。国家出台的系列政策，如农村土地改革政策、农村社保政策、农村医务政策、税费改革政策、义务教育政策等都是通过广播电视这一传播媒体，引起农民群众的广泛关注。广大农民通过广播电视了解党的路线、方针、政策，了解市场信息，丰富文化生活，学习农业科学生产技术。著名的广播电视节目有《每日农经》《今日农村》《致富经》《生活567》《科技苑》等，为广大农民传播农业科技知识，提供农业信息，反映农民丰富多彩的生活。一些地方台也根据当地的不同情况开办了自己的农业电视节目。农民通过广播电视听到的是健康有益的信息，看到的是生动活泼的影像，得到的是来自消费前沿的需求，了解到的是安全的名特优新农产品。广播电视改变了农民对自我的认知，对所处环境以及外界环境的认知，改变了农民的生活习惯、生活方式、思维理念，启迪了农民智慧，已成为丰富农民文化生活的重要窗口和培育新型农民的重要载体。

（2）亲朋邻居

在农村邻居、亲戚、熟人等之间的交往接触，既是农民之间交流思想情感的重要途径，也是农民获得信息的重要渠道，这种"人情关系"的信任在一定程度上提升了农民对亲朋邻居渠道的信任度。农村人际传播主要通过娱乐、劳动等途径间接交流相关信息，信息主要集中在人们生活信息、经营信息、平常话题、时事政治等方面，农民在交流过程中会有意识地将对自己有用的那部分信息记录下来。人与人信息交流中一般要经过信息发出者编码，接受者解码与重新编码等过程，由于其中的很多不确定性因素，信息有可能失真，接受不完整，甚至有些是错误的信息，但由于"耳传身教"的这种接受模式，对于受教育程度普遍较低的农民来说，这种信息接受方式更有利于他们的理解与判断，并能够最大限度地避免被欺骗，获得安全感。农民信息获取的亲朋邻居渠道告诉我们，每个人都有一定的社会人际关系，其中存在的"人情关系"可以作为信息的开发和传播的有利条件。

（3）农业科技示范户

农业科技示范户是普通农户的代表，是广大农民中信科技、学科技、用科技、科技创业与创新的代表，是农村科技进步的促进力量，具备普通农民没有的先进性。以身说法，宣传科技力量，倡导健康文明的生产和生活方式。通过自身的实地实验，示范，把自己的生产实践经验、心得体会与经验教训传递给周边的农民，让农民看到运用新品种、新技术、新模式等科技给农业生产带来的增产、增收的实际效果。农业科技示范户是一批能干、会干的农业生产技术突击手，也是农业科学技术推广的二传手，他们对于广大农民来说能够起到示范和辐射的作用，能够较好地激发广大农民的生产、生活热情，并刺激其信息需求。

（4）村干部

村干部与农业科技示范户一样，在农村均被认为是受人尊敬、信任的群体，其道德与权威来自于村民内心的认同与服从。村干部来自农村、工作在农村，是农村社区的优秀分子，与广大村民有着天然的联系。由于村干部比一般村民文化程度高、社会资源丰富、沟通交往能力强，村民往往对村干部产生一种既依赖又敬仰的态度。在日常生活和农业生产过程中，村干部能够很好地充当着广大农民信息掌控员、传递员、交流员的角色。比如，在进行农业科技推广工作过程中，村干部和村民的交往频率要远远超过农技人员与村民的交往频率，并在农业科技推广网络中起到承上启下的沟通作用。村干部不仅承担着各项信息接收与传达的功能，还担负着信息交流、沟通媒介的任务，有利于农业信息的传播和促进农业科技推广工作的创新。此外，村干部处在农村实地生产工作的第一线，与村民距离最近，最了解本村村民的实际信息需求及当地的生产情况，在传达上级政府政策信息或其他农业信息的时候，会进行一定的扬弃，使得信息更加符合村民的实际需求。在农村社区传播中，村干部充当有影响力成员和信息把关人以及规范信息掌控者的角色。

（5）图书、杂志、报刊

农民从公开的或内部的图书、杂志、报刊中获取自己需要的信息。一般来说，图书、杂志为农民提供的信息具有系统、完整和成熟的特点；而报刊为农民提供的信息则具有及时性和新颖性的特点。广大农民信息需求内容涉及面广，有些信息需要系统、完整、成熟的，比如医疗卫生信息、农业生产技术、灌溉技术、病虫害防治信息等，因此可以通过图书、杂志获取；而有些信息需求是及时和新颖的，如天气预报、农副产品市场信息、劳务信息、农村农业政策信息，往往通过报刊获取。农民渴求通过科普类图书和杂志获得相关信息，但由于受到文化素质和经济水平的限制，农民自身在购买图书、订阅专业性杂志、报纸方面的热情并不高。因此，农村应该建立村镇图书室，积极办好农家书屋，引导农民好读书、读好书，从书本中寻找致富的"金钥匙"，让农家书屋真正成为农民的文化站、致富屋。

（6）农业科技人员指导与培训

科学技术是第一生产力，但科学技术只有通过采取行之有效的途径，让更多的农民了解和运用它，才能将其转化为现实的生产力，为"三农"服务。不少乡镇整合基层农技推广工作站，形成了农业科技人员特派制度，优化资源配置，统一调配人员，最大限度地满足辖区内广大农民对科学技术信息的需求。拥有一支素质高、结构合理的农业科技特派员服务队伍，是农村信息服务能在农业信息化中发挥应有作用的关键。农业科技特派员肩负着了解农民群众的信息需求及当地的生产情况，以及上传农民群众的信息需求和当地的农业信息，扩散上级农业信息服务机构提供的有关农业信息的多重任务。农业科技特派员既要具备系统操作能力，能够规范地采集、传输、处理、应用农业信息的技术服务能力，又具备组织、协调、指导农业信息服务工作的管理能力，且能面向基层，进村入户，零距离、全方位地为农民群众提供个性化科技信息服务。许多科技特派员从调查研究入手，与农民打成一片，根据广大农民的实际信息需要，采取现场指导、典型示范和培训教育等方式、方法，让农民根据当地条件，花最少的投资，用最简单的技术，生产出畅销的果实，激发农民群众学农业科技、用农业科技的热情。另外，通过送资料、现场指导、办培训班等方式提高与巩固农业新技术的采用率，改变了广大农民的科技信息意识，转变对农业科技信息的接受态度，掌握了农业科技知识，提高了科技实践能力与水平。

（7）涉农企业

涉农企业是指从事农业生产、加工以及农业生产服务的经济实体，如农场、饲养厂、乳制品企业、农副产品加工企业、农业科技咨询和农业信息服务公司等。农业信息化为市场主体的积极参与提供了广阔空间，除了政府的主导作用外，涉农企业也是其中一支重要的力量。由于农民信息需求多样性的特点，涉农企业既是农民信息的供给者，又是农业信息的需求者，是促使农业信息产品和最终用户供求衔接的纽带。在美国、日本、德国等农业信息化高度发达的国家，非常重视涉农企业在农业信息服务中的作用，市场服务主体逐渐走向多元化，农业信息服务早已不再是单一的政府行为，涉农企业在此过程中发挥的作用正在加强。随着信息市场的完善，将会有更多涉农企业投入到农业的信息化过程中。在我国，经过 30 年的建设，农业信息化建设已有了一定基础，涉农企业在农业信息化建设和发展中的作用日益明显。例如，农信通科技就是北京市的一个高新技术企业，是我国较早将互联网与农业有机结合的企业，专注于农业信息化领域。农信通科技坚持"推动中国农业信息化，促进中国农业现代化"的核心理念，始终关注农民群众的需求，努力探索使广大农民"用得起、用得了、用得好"的信息服务方式，满足了农民群众对信息的需求。农信通科技目前已成为我国领先的农业信息化全面解决方案提供商、农业信息服务综合营运服务提供商和农业信息增值服务提供商。尽管涉农企业为满足我国农民的信息需求提供了很大的帮助，但由于我国涉农企业提供的农业信息具有有偿性、信息服务的质量尚有欠缺，难以获得用户的广泛信任以及涉农企业信息服务缺乏国家相关法律和政策保障等特点，使得涉农企业在农业信息需求服务体系中的地位一直无法进一步上升。

（8）农村经纪人

农村经纪人是以收取佣金为目的，为促成农副产品交易而从事农产品产销中介服务的自然人、法人和其他组织。在市场经济条件下，农村经纪人已成为沟通产销的重要牵线人和引导农民走向市场的带头人，繁荣了农村经济，促进了农业生产。农村经纪人一般都来自当地的农民，多数是农村的致富能人，和当地农民彼此熟悉，相互之间较为信任。农村经纪人与普通农民相比往往对农村和农业经济的宏观形势和具体政策等方面的信息更为了解，反应更加灵敏。农村经纪人会依据市场的状况为农民提供相应的信息服务；农民群众也会依据农村经纪人的相关信息，合理安排自己的农业生产。农村经济人队伍的壮大，有利于密切农村的产销联系，搞活农产品流通；有利于加快农业实用技术的推广应用，提高农业生产的科技水平；有利于传递农产品市场信息，带动农民面向市场调整优化农产品生产结构；有利于农村第二、三产业的发展，加快农业剩余劳动力向其他地方转移；有利于形成农产品产销合作组织和专业协会，提高农民的组织化程度。各省市应该结合农村信息体系建设，大力培育农村信息经纪人队伍，并充分发挥他们对外联系面广，与农产品生产经营活动关系紧密的优势，做好市场信息收集、传播工作，帮助农民克服生产过程中的盲目性，增强预见性，真正成为农民发展商品生产的"顺风耳"和"千里眼"。

（9）互联网等信息服务平台

互联网是围绕数字技术发展的新媒介，是人际传播媒介、组织传播媒介和大众传播媒介的综合体。当前，农业信息网络正在以前所未有的发展速度，极大地提高了农业信息传播的速度与利用率。我国农业网站主办方大体分为三类：一是涉农企业建立的信息网站；二是农业科研和教育部门建立的农业信息网站；三是各级政府农业部门建立的农业信息网站。比较知名的涉农网站有：农业部的"中国农业信息网"，科技部的"中国农村科技信息网"，各省县区等也开辟了各个地区的专属农业网站，如南方农业网，及时地公布农业生产经营与管理信息、政策与法规信息、科技信息以及市场经济信息等。另外，我国农业部农民科技教育培训中心与中央农业广播电视学校协力举办的中国农村远程教育网，已在全国33个省级农广校开通了统一域名的互联网站。不少地区还根据本区域的特色建立了农业信息化培训网站，如大兴区农业实用技术展播网站展播了一些高级农产品经济人的培训教程与田园科普课件，以及相关实用技术的视频宣传片等。为了帮助广大农民提供学习农业技术和科学知识的机会，农业部、中国农科院、同方知网公司共同为基层农技推广人员搭建了学习实用农业技术知识网络平台——农业科技网络书屋。农业科技网络书屋以权威、最新、丰富、实用的农业科技知识信息为主要内容，主要包括新品种、农村实用新技术、农村管理、家庭教育、农村文化、农业企业经营管理、市场信息、经济信息等，并以实时推送、个性化定制的形式，为广大基层农技推广人员和农民朋友提供有针对性的网络信息资源服务。例如，针对全国各地不同地区的农业生产特点，网络书屋设计了主导品种、主推技术、主导产业等地方主打资源，基层农技人员和农民朋友打开网页就能特别方便地找到自己想要的知识与信息。

随着"三电合一"、"金农工程"等重大信息化工程的实施，越来越多的农民过上了"数字生活"。一些地方政府也在农民信息获取便利上进行了积极的探索。在农业部的领导下，各省市农业部门以面向"三农"服务为目的，逐步建立起融合12316"三农"热线电话、手机短彩信、农业电视节目、农业信息网站服务等于一体，多渠道、多形式、多媒体相结合的农业综合信息服务平台，实现了农业技术、政策、市场等信息及时有效的传播，满足了广大农民的个性化需求，受到了农民朋友和社会各界的普遍欢迎。各省市在实践中不断探索和创新，例如，吉林农委与吉林联通成功地打造了"12316新农村热线"；浙江省利用"农民信箱"信息服务平台，为农民提供形式多样的农产品产销、信息发布对接等服务；上海为农民提供综合信息服务"农民一点通"平台，农民足不出户，就能享受到方便、快捷的信息化服务。中国移动河南公司在大力推进山区农村通信覆盖率的同时，建立了"农业信息直通车"信息服务平台，免费向农民手机用户发布"三农"政策、天气预报、农产品行情、劳务培训与输出、种植和养殖技术等短信。此外，海南的"农技110"、广东的"农业信息直通车"、山东的"百姓科技"、云南的"数字乡村"等农业信息服务模式进一步成熟。

4.4.2 农民信息获取渠道的特点

（1）信息获取渠道的多样性

信息传递主要有大众模式、组织模式和人际模式。其中大众传递模式以电视、广播、电话、互联网、图书和期刊等为代表；信息的组织传递是指政府部门或相关组织直接干预或参与的信息传递方式。农民信息获取的途径与上面几种模式相关，呈现出多元化、多渠道化特点，真可谓"八仙过海，各显神通"。由于农民阶层分化现象严重，不同类型和阶层的农民掌握的知识和技术区别很大，还由于他们的兴趣爱好不同，造成其在选择信息过程中选择的媒体和渠道不同。在对大众媒体的选择上，大部分农民群众对电视情有独钟，青年农民一般喜欢选择互联网来获取所需的信息资料，广播和报纸也有部分农民喜爱。相当多的农民还是相信熟人之间口耳相传的信息，农民群体中的感情因素和心理认同感尤为突出。

（2）信息获取渠道重点突出

随着信息技术的发展，农民获取信息的渠道已经不再仅仅局限于电视、传播等传播媒体和邻里间、村干部口传等渠道。农技服务110、农业信息直通车等信息服务平台的快速发展，已经为农民对信息的获取提供了很大便利。互联网等新型信息传播媒介的产生，也使农民坐在屋里就能够了解到世界各地正在发生的事情，获取到涉及各个领域的信息。虽然广大农民获取信息渠道是多样化的，但是对于渠道的选择却存在偏向性。从近十年的研究中可以看到，虽然互联网、信息服务平台已经成为近年来农村获取信息的新型途径，越来越得到人们的重视，但是由于农民的经济条件和信息素质的限制，农民获取信息的途径还是以电视、广播等传统媒体为主，互联网等新兴传播渠道并没有成为大多数农民获取信息的优先选择（覃子珍等，2012）。孙贵珍（2010）通过对河北省农民信息获取渠道调研表明，农民获取信息仍以传统手段为主，依次为电视、亲朋邻里、电话、广播电台等，农民从互联网或其他渠道获取的信息较少，对网络知识和信息技术的学习能力低，加上农村电视普及率高，农村网络设备的缺乏，电脑对于大部分农民来说仍是属于奢侈的工具，网络信息获取成本较高，广大农民对现代化信息传播媒介网络的依赖并不高。此外，不同收入的农民获取信息的渠道各有侧重。也有学者调研发现，低收入农民获取信息的渠道主要是电视、能人、政府农技站等；

中等收入农民获取信息的渠道主要是电视、报纸、能人、朋友、亲戚、电话、政府；相对富裕农民获取信息的渠道除了电视、报纸、能人、电话、政府以外还增加了信息中介和网络。

（3）信息获取渠道存在区域差异

从各地区的农民信息需求的调查研究中可以看出，虽然不能同地区的农民的信息获取渠道总体上有一定的相似性，但是在主要获取渠道方面还是存在一定的差别。比如对湖南省农民信息获取渠道的调查，表明网络已经成为农民获取信息的主要途径之一，而在海南省农村的调查中，显示只有很少一部分农村利用网络来获取信息。所以，农民信息获取渠道与所在地区经济发展水平、地理环境密切相关。在经济比较发达的地区交通方便，网络的覆盖率比较广，网络能够使农民及时获取并反馈信息。比如，北京、上海、广州、深圳郊区已经出现了农产品的电子商务交易和农产品的期货交易等。但在一些经济发展比较落后的地区，绝大多数的网络建设都只停留在镇，乡一级，农村几乎都没有电脑，再加上农村农民文化素质不高，在使用互联网和理解应用专业报刊书籍时就会力不从心。比如，四川省南充的广大农村地区，大多是丘陵地貌，基础设施差，交通不便，且大多数农户都是散居，当村委会有重要通知时，尤其是传达农业方针政策时，大多是利用广播进行通知，广播的覆盖面广，传播迅速，能第一时间把重要的信息传达到农民的手中，尤其是偏远的农村广播对解决"最后一公里"信息传播时起到了重要作用。

（4）不同类别信息的获取渠道存在差异

尽管电视作为农民主要的信息获取渠道，其信息量大、内容丰富，但电视提供的大部分是文化娱乐方面的信息，其中针对农村和农民的信息也不能满足农民个性化的需要。如一些农村致富类的节目只能是泛泛而谈，针对性不强，要做到为农民提供长期实用的技术指导的可能性不大。而农民最常用的亲友邻里方式的信息获取渠道在获取农技粮食政策医疗等重要信息方面显然力不从心。各类组织（如政府、科协等准政府组织、专业协会等民间组织、涉农企业、科研机构等）在农民的信息服务中起到了一定的作用。但由于它们多从组织角度（"自上而下式"的传播形式）考察农民需求，所提供的信息相对来讲缺乏时效性、针对性，被利用率低。农民的组织化，农村的市场化，农业产业化、专业化发育程度比较低，信息服务还难以产生非常大的规模效益[①]。

---

　　①　钟永玲.中国农村信息服务案例研究.北京：中华人民共和国农业部信息中心.联合国粮食及农业组织亚太区域办事处，2004.

因此，不同收入、不同性别和年龄的农民所需求的信息存在差异，对应不同的信息需求，农民最主要的信息获取渠道也不同。比如，对于一些土地、农产品政策类信息，为了保证真实性与权威性，农民一般通过电视广播和政府的宣传资料来获取；在获取农村科技信息时，农民对于专业化的机构比较容易信服，同时熟人之间的交谈也使得他们易于接受，所以，农科站的宣传推广以及熟人之间的交谈是了解农村科技信息的最主要途径；而政府传达、销售现场获知及熟人通知是农产品价格及新品种信息获得最常依赖的渠道。

（5）信息获取渠道逐步向现代媒体转变

我国农民接收信息的方式已经由被动逐步转向主动，由单项转向互动。过去由于经济和文化条件的限制，农民在接收信息时是比较被动和盲目的，农民没有条件及时、直接地从网上获取信息，更没有能力上网发布信息，只能电视上播什么看什么，这是电视的单项传播方式。如今，随着信息技术的发展，农民获取信息的渠道已经不再仅仅局限于电视、传播等传播媒体和邻里间、村干部口传等渠道，现代媒体的应用越来越多。农技服务110、农业信息直通车等信息服务平台的快速发展，已经为农民获取信息提供了很大便利。互联网等新型信息传播媒介的产生，也使农民坐在屋里就能够了解到世界各地正在发生的事情，获取到涉及各个领域的信息。农民对网络的需求也越来越高，利用网络获取信息的农民集中在农村年轻人群体。如杨玲玲（2006）通过对北京郊区10个区县52个乡村的500户农民进行的抽样调查显示，73%的农民目前迫切需要电脑。戈黎华和罗润东（2007）等对地处天津城郊、毗邻北京的旅游专业村——毛家村的调研发现电视、培训、网络几种方式在农民获得知识信息中的使用率最高。近年来，因特网利用比例的快速提升也给广大农村拓宽了农业信息获取的途径和渠道，农民可以在互联网上想看什么点什么，想问什么问什么，想说什么就说什么，还可以通过手机主动订制想接受的短信信息。农民如果想要向外发布供求信息，可以通过信息员免费帮助他们上传到互联网，或者帮助他们把信息通过短信群、微信群发到附近农民的手机上。农民在信息的接受上掌握了主动权，能够主动获取信息，也真正实现了其在农业信息化中的互动性。这些信息不仅能够满足广大农民的日常生活、生产经营活动的需要，还能够帮助农民主动适应社会环境的新变化（郭彩和陈建国，2012）。随着经济的发展和农民素质的提高，互联网在推动农业发展中会扮演越来越重要的角色。

第 5 章

海南省农民信息需求现状与特点分析

农民信息需求的内容种类繁多，本书在第 2 章已经把农民信息需求的内容分为农业信息、民生信息、行政管理信息三大类，基于以上分类，本节将以海南省为例，将农民对以上三类信息的需求现状逐一分析。然后在此基础上对海南农民信息需求特点及信息获取渠道进行深入剖析，探析其内在规律，为后期的影响因素分析奠定基础。

5.1

农民的农业信息需求现状分析

农业信息需求是指农民对与农业生产经营活动相关的信息需求，这种需求贯穿整个农业生产的产前、产中、产后。目前，我国农民是农业市场经济的主体，要想使农产品顺利进入市场，农民在产前需要对农产品品种进行选择，需要合适的信息指导投资生产决策，产中需要技术指导和培训的信息，以提高农业生产效率。要获得高的经济效益，不仅要求有高的生产率，还要有高的商品转化率，产后农民就需要农产品的包装、储存、运输和销售信息，以使农产品成功高效地转化为商品。

本书第 1 章已把农业信息分为三类，即科学技术信息、市场信息以及农业生产相关信息。其中，科学技术信息包括农技培训信息、病虫害防治信息、施肥灌溉信息、农业新技术信息等；市场信息包括市场供求信息、农产品品种信息、贷款投资信息等；农业生产相关信息包括气象灾害信息、农业新闻、别人的致富经验等。

5.1.1 农业科学技术信息

柯布—道格拉斯生产函数最初是美国数学家柯布（C. W. Cobb）和经济学家保罗·道格拉斯（PaulH. Douglas）共同探讨投入和产出的关系时创造的生产函数，是在生产函数的一般形式上作出的改进，引入了技术资源这一要素。

柯布—道格拉斯生产函数：$Y = A (t) L^\alpha K^\beta \mu$

式中，Y 是总产值，A（t）是综合技术水平，L 是投入的劳动力数，K 是投入的资本，一般指固定资产净值，α 是劳动力产出的弹性系数，β 是资本产出的弹性系数，μ 表示随机干扰的影响，$\mu \leqslant 1$。

从柯布—道格拉斯生产函数模型看出，决定某行业发展水平的主要因素是投入的劳动力数、固定资产和综合技术水平（包括经营管理水平、劳动力素质、引进先进技术等）。随着社会的进步和生产规模的扩大，资本和劳动两个要素对经济增长的贡献率是很有局限性的，技术进步在经济增长中发挥的作用越来越大。

目前，我国农业正处在从传统农业向现代农业转型时期，农业经济和农村社会的发展迫切需要科技信息，科技信息的传播与农民生存有着直接的关系，是否引进先进技术已是关系农业生产效率和农民收入的决定性因素，因此科技信息的获取能力日益成为农民致富和推进农村小康建设的关键组成因素之一。

从目前我国农民对各种信息的需求情况来看，农业科技信息是农民需求最强烈、最为关心的信息，与农业生产直接相关、联系紧密的农业科技信息在农民信息需求中占主导地位，说明农民已经意识到传统的农业生产方式对农业生产产量和质量提高的贡献率是有限的，农业要想实现高效、科学的生产，势必要依托最新的技术信息，采用科学的病虫害防治方法、科学的施肥灌溉方法等最新技术，才能促进农村经济快速健康发展。

本书将以对海南省部分区域为调查样本，对海南省农民农业信息需求现状做具体的阐述。

（1）农业科技信息需求率

如表 5 – 1 所示，在被调查的海南省 680 名农民中，选择需要农技培训信息的有 289 人，由信息需求率的计算公式 R = S／N，S = 289，N = 680，则 R = 42.50%。即在海南省被调查区域的农民中，农技培训信息的需求率为 42.50%。选择需要病虫害防治、施肥灌溉、农业新技术信息的农民分别有 177 人、129 人、119 人，用同样的方法计算可得，这些信息需求率分别为 26.03%、18.97%、17.50%。根据平均信息需求率的计算公式 $MR = \sum R_i / M$，$R_1 = 42.5\%$，$R_2 = 26.03\%$，$R_3 = 18.97\%$，$R_4 = 17.5\%$，$M = 4$，则 $MR = 26.25\%$。也就是说在海南省被调查的农民中，农业科技信息平均需求率为 26.25%。在被调查农民中，农业科技信息需求率较低，这说明海南省农民对农业科技信息的需求意愿不是很高。由于农业科技信息对农业生产效率、农业产值以及农村经济的发展有重要意义，相关信息服务部门应当通过宣传、引导等手段，增强农民对科技信息的需求意识，使农民充分认识到科技信息的重要性，同时加强科技信息服务力度，完善相关服务机制。

表 5 – 1　　　　　　　　　　　农民对农业科技信息需求情况

信息类型	农技培训信息	病虫害防治信息	施肥灌溉信息	农业新技术信息
选项农民数量（人）	289	177	129	119
占比（%）	42.50	26.03	18.97	17.50

（2）农业科技信息有效需求率

如表 5 – 2 所示，在选择需要农技培训信息的 289 名农民中，获得这种信息的农民有 180 人，按照信息有效需求率的计算公式 $P = T/S$，$T = 180$，$S = 289$，则 $P = 62.28\%$，即在海南省被调查区域中，农民对农技培训信息的有效需求率为 62.28%。根据表 5 – 2 的数据，用同样的方法可以得出，农民对病虫害防治信息、施肥灌溉信息、农业新技术信息的有效需求率分别为 51.41%、51.94%、28.57%。根据平均信息有效需求率的计算公式 $MP = \sum P_i / M$，$P_1 = 62.28\%$，$P_2 = 51.41\%$，$P_3 = 51.94\%$，$P_4 = 28.57\%$，$M = 4$，则 $MP = 48.55\%$。经过对调查数据的统计计算，得到海南省被调查区域农民对农业科技信息平均有效需求率为 48.55%。这意味着在需要农业科技信息的农民中，只有 48.55% 的人能够获得这种信息。这一有效需求率水平也说明，海南省信息化程度还不是很高，信息服务部门对农业科技信息的供给处于缺乏状态，需要继续加强信息服务力度。

表 5 – 2　　　　　　　　　　农民对农业科技信息的获得情况

信息类型	农技培训信息	病虫害防治信息	施肥灌溉信息	农业新技术信息
获得信息的农民数量（人）	180	91	67	34
需要信息的农民数量（人）	289	177	129	119
占比（%）	62.28	51.41	51.94	28.57

（3）农业科技信息获取难度

如表 5-3 所示，在海南省被调查的 680 名农民中，选择对农技培训信息获取难度较大的有 156 人，占被调查农民的 22.94%，选择病虫害防治信息、施肥灌溉信息、农业新技术信息获取难度较大的分别有 78 人、28 人、120 人，分别占所调查农户的 11.47%、4.12%、17.65%。从以上数据可以看出，海南省农民中，认为获取农业科技信息难度较大的农民不是很多。这与农民对农业科技信息的需求率和有效需求率是有一定关系的，在农民对某种信息根本没有需求并且不曾获得过的前提下，农民对这种信息获取难度的认知将是空白的。

表 5-3　　　　　　　　　　　　农民农业科技信息的获取难度

信息类型	农技培训信息	病虫害防治信息	施肥灌溉信息	农业新技术信息
选项农民数量（人）	156	78	28	120
占比（%）	22.94	11.47	4.12	17.65

5.1.2　市场信息

自从农村改革开放以来，市场经济快速发展，农民对于种什么、何时种、怎么种，有了充分的自主权。这给农业经济发展带来机遇的同时，也带来了挑战。自然环境和市场环境的不确定性使得农业生产面临很大的风险。失去了政府统筹生产的庇佑，他们自主经营、自负盈亏，要对自己的经济行为负责。我国农民作为农业市场经济的主体，其农业生产与经营必须直接面向市场，需要农业市场信息的引导，以减少农业生产经营过程中的不确定因素，降低生产经营的盲目性，增强决策的可行性，只有这样才能在瞬息万变的市场需求中立于不败之地，获得最大的经济效益。因此，在当今社会，农民在生产经营过程中，越来越感到市场信息的重要性和掌握信息、运用信息的必要性，农民比过去任何时候更迫切需要市场信息的引导和服务，以指导自己的生产和经营。

虽然，农业市场信息在农业生产经营中发挥着越来越重要的作用，但目前，海南省农民市场信息服务方面还存在很多不足。由于文化程度，经济条件等因素的影响，农民对市场信息的需求意识不强；信息传播渠道不畅通，影响了市场信息的有效传递，农民获得有针对性的市场信息难度较大，信息有效需求率较低；同时，农民获得的市场信息缺乏针对性和及时性，这些问题在一定程度上阻碍了海南省农业经济的发展。

以下是海南省被调查区域农民市场信息需求现状：

（1）市场信息需求率

如表5－4所示，在海南省被调查的680名农民中，选择需要市场供求信息的有154人，由信息需求率的计算公式 $R = S / N$ 可得，被调查区域农民市场供求信息需求率为22.65%。选择需要农产品品种信息、贷款投资信息的农民分别有101人、79人，由信息需求率的计算公式可得，农民对农产品品种信息和贷款投资信息的需求率分别为14.85%和11.62%。根据平均信息需求率的计算公式 $MR = \sum R_i / M$，$R_1 = 22.65\%$，$R_2 = 14.85\%$，$R_3 = 11.62\%$，$M = 3$，则 $MR = 16.37\%$。这一比率说明，在海南省平均100名农民中，需要农业市场信息的有16.37人。

表5－4　　　　　　　　　海南省市场信息需求情况

信息类型	市场供求信息	农产品品种信息	贷款投资信息
选项农民数量（人）	154	101	79
占比（%）	22.65	14.85	11.62

从上述数据可以看出，海南省被调查区域农民对农业市场信息的需求率为16.37%，这说明海南省农民对市场信息的需求意愿不强。本书的第1章已经提到，农民对信息的需求有三种状态：农民信息需求客观状态、农民信息需求认识状态、农民信息需求表达状态。以上所调查到的信息需求情况是农民信息需求表达状态的需求，也就是农民能够表达出来的需求。造成农民对市场信息需求意愿不强的原因是多方面的，有客观因素，也有影响认识与表达的因素，将在后面对其做具体阐述。

（2）农业市场信息有效需求率

如表5－5所示，在选择需要市场供求信息的154名农民中，获得市场供求信息的农民只有16人，由信息有效需求率的计算公式，$P = T / S$，$T = 16$，$S = 154$，则 $P = 10.39\%$。即海南省被调查区域农民对市场供求信息的有效需求率为10.39%。根据上表数据同样可以得到，农民对农产品品种信息和贷款投资信息的有效需求率分别为19.8%和12.66%。根据平均信息有效需求率的计算公式 $MP = \sum P_i / M$，$P_1 = 10.39\%$，$P_2 = 19.80\%$，$P_3 = 12.66\%$，$M = 3$，则 $MP = 14.28\%$。也就是说在选择需要农业市场信息的农民中，只有14.28%的农民能够获得这种信息。

表5-5   农民对农业市场信息的获得情况

信息类型	市场供求信息	农产品品种信息	贷款投资信息
获得信息的农民数量（人）	16	20	10
需要信息的农民数量（人）	154	101	79
占比（%）	10.39	19.80	12.66

这一有效需求率不仅反映了信息服务部门对市场信息的有效供给不足，还反映出海南省信息化程度较低。28.36%的有效信息需求率远远小于1，这说明海南省信息服务，尤其是关于市场信息的服务，存在的缺口还很大，需要大力加强信息服务的力度。

（3）农业市场信息获取难度

如表5-6所示，在被调查的680名农民中，选择获取市场供求信息难度较大的有118人，占被调查农民的17.35%。选择获取农产品品种信息和贷款投资信息的农民分别有77人和157人，分别占被调查农民的11.32%和23.09%。这一比例与海南省农民的市场信息需求率和有效需求率是基本一致的。较低的市场信息需求率也就意味着海南省农民对市场信息的需求意愿不强，因此对市场信息主动的搜寻行为也较少，没有信息搜寻就没有信息获得，因此也就体会不到市场信息获取的难度。

表5-6   农民对农业市场信息获取难度

信息类型	市场供求信息	农产品品种信息	贷款投资信息
选项农民数量（人）	118	77	157
占比（%）	17.35	11.32	23.09

5.1.3 农业生产相关信息

农业生产相关信息包括气象灾害信息、农业新闻、别人的致富经验等，是农业生产过程中必不可少的信息。

海南省气候资源复杂多样，历来是台风、干旱和洪涝等农业自然灾害频发地区之一。近年来，随着经济的迅猛发展、人口的过快增长和生态环境的不断恶化，农业自然灾害发生频率、影响范围与危害程度均在增大，这对海南的生态系统和农业正常化生产造成极大威胁，严重影响了海南经济社会的健康可持续发展。

及时有效的气象灾害信息能够帮助农民防患于未然，提前做好灾害防备工作，在一定程度上减小气象灾害带来的受灾面积，减少农民的经济损失。

（1）农业生产相关信息需求率

如表 5 - 7 所示，在海南省被调查的 680 名农民中，选择需要气象灾害信息的有 100 人，选择需要农业新闻和别人致富经验的分别有 27 人和 112 人，根据信息需求率的计算公式，$R = S / N$，可得海南省被调查区域，农民对气象灾害信息、农业新闻、别人致富经验的信息需求率分别为 14.71%、3.97%、16.47%。由平均信息有效需求率的计算公式 $MP = \sum Pi / M$，$P1 = 14.71\%$，$P2 = 3.97\%$，$P3 = 16.47\%$，$M = 3$，则 $MP = 11.72\%$。

表 5 - 7　　　　　　农民对农业生产相关信息的需求情况

信息类型	气象灾害信息	农业新闻	别人的致富经验
选项农民数量（人）	100	27	112
占比（%）	14.71	3.97	16.47

从调查数据可以看出，海南省农民总体上对农业生产相关信息的需求意愿并不高，尤其是对农业新闻的需求意愿更弱。这种情况的原因可能是信息服务部门对这部分的信息服务比较到位，农民所掌握的信息已经足够，于是对此类信息没有需求。但是从海南省的受灾害情况、经济状况以及信息化程度来看，农民所掌握的农业生产相关信息显然是不足的。农民对这类信息需求意愿低，一定是有一些客观因素和其他影响需求认识与表达的因素的。

（2）农业生产相关信息有效需求率

如表 5 - 8 所示，在海南省被调查的 680 名农民中，选择需要气象灾害信息的有 100 人，而获得过气象灾害信息的有 48 人，根据信息有效需求率 $P = T / S$，$T = 48$，$S = 100$，则 $P = 48\%$。选择获得过农业新闻和别人致富经验的仅有 9 人和 22 人，经计算得到，农民对农业新闻和别人致富经验的有效需求率分别为 33.33% 和 19.64%。根据平均信息有效需求率的计算公式 $MP = \sum Pi / M$，$P1 = 48\%$，$P2 = 33.33\%$，$P3 = 19.64\%$，$M = 3$，则 $MP = 33.66\%$。可见海南省农民对农业生产相关信息的平均有效需求率是 33.66%。

表 5 – 8 　　　　　　　　　　农民对农业生产相关信息的获取情况

信息类型	气象灾害信息	农业新闻	别人的致富经验
获得信息的农民数量（人）	48	9	22
需要信息的农民数量（人）	100	27	112
占比（%）	48.00	33.33	19.64

从以上数据可以看到，海南农民对农业生产相关信息的有效需求率并不高，这说明海南省信息服务部门对农业生产相关信息的服务力度还不够，信息供给还存在很大缺口。要想使每个需要农业生产相关信息的农民都能够得到满足，还需要大大加强信息服务的力度，还需要做不懈的探索和努力。

（3）农业生产相关信息获取难度

如表 5 – 9 所示，在被调查的 680 名农民中，选择获取气象灾害信息难度较大的有 118 人，占被调查农民的 8.97%。选择获取农产品品种信息和贷款投资信息的农民分别有 25 人和 69 人，分别占被调查农民的 3.68% 和 10.15%。根据以上统计结果可以看出，海南省农民对农业生产相关信息的获取难度并不是太大，相对于农业科技信息和农业市场信息，农民获取气象灾害信息和农业新闻等农业生产相关信息较容易。

表 5 – 9 　　　　　　　　　　农民对农业生产相关信息的获取难度

信息类型	气象灾害信息	农业新闻	别人的致富经验
选项农民数量（人）	61	25	69
占比（%）	8.97	3.68	10.15

5.2

民生信息需求现状分析

民生信息关系到农民基本生存状态、基本发展机会、发展能力和权益保护，主要有家庭生活类信息、就业信息、医疗卫生信息、社会保障信息、养老和权益维护信息以及子女教育等方面的信息。

坚持以人为本、以民生为重是加快农村社会事业发展，解决农民群众最关心、最直接、最现实的利益问题，扎实推进社会主义新农村建设的关键之所在。近年来，国家一直把切实保障和改善民生作为政府工作的重点，各级政府也逐年加大对改善民生的财政支出。农民作为农村民生服务的最终受益者，应该及时关注民生信息，了解政府最新的民生政策，以确保自己能够得到均等的公共基本服务和公民权益。信息服务部门也只有做好民生信息服务，让农民及时了解到民生信息动态，使民生信息真正有利于农民的生活、教育、医疗、就业等方方面面，才能帮助政府部门把民生落到实处，才能真正提高农民的生活质量。

但是，目前海南省信息服务部门对民生信息的服务力度还不够，农民对民生信息的需求意愿不强，获得民生信息难度较大。农民在农闲时不知道到何处就业，生病时不知道到何处就医，怎样就医，农民在权益受到侵害时不知道如何维护自己的合法权益，怎样享受自己的基本保障，这些情况在广大农村还是屡见不鲜。

5.2.1　民生信息需求率

如表 5-10 所示，在被调查的海南省 680 名农民中，选择需要家庭生活类信息的有 85 人，由信息需求率的计算公式 $R = S / N$，$S = 85$，$N = 680$，则 $R = 12.50\%$。即在海南省被调查区域的农民中，家庭生活类信息的需求率为 12.50%。选择需要就业、医疗卫生、社会保障和养老、子女教育信息的农民分别有 108 人、114 人、146 人、100 人，用同样的方法计算可得，这些信息需求率分别为 15.88%、16.76%、21.47%、14.71%。选择权益保护信息的农民最少，仅有 54 人，信息需求率分别为 7.94%。根据平均信息需求率的计算公式 $MR = \sum Ri / M$，$R1 = 12.5\%$，$R2 = 15.88\%$，$R3 = 16.76\%$，$R4 = 21.47\%$，$R5 = 14.71\%$，$R6 = 7.94\%$，$M = 6$，则 $MR = 14.88\%$。也就是说在海南省被调查的农民中，民生信息平均需求率为 14.88%。在被调查农民中，民生信息需求率较低，这说明在海南省农民对民生信息的需求意愿不是很高。虽然各级政府对民生问题高度重视，财政投入逐年加大，但是农民对民生信息的了解还是比较缺乏的，主动获取民生信息的意愿也较弱。

表 5 - 10　　　　　　　　　　　农民对民生信息的需求状况

信息类型	家庭生活类	就业	医疗卫生	社会保障和养老	子女教育	权益维护
选项农民数量（人）	85	108	114	146	100	54
占比（%）	12.50	15.88	16.76	21.47	14.71	7.94

5.2.2　民生信息有效需求率

如表 5 - 11 所示，在选择需要家庭生活类信息的 85 名农民中，获得这种信息的农民有 15 人，按照信息有效需求率的计算公式 $P = T/S$，$T = 15$，$S = 85$，则 $P = 17.65\%$，即在海南省被调查区域中，农民对家庭生活类信息的有效需求率为 17.65%。根据表 5 - 11 的数据，用同样的方法可以得出，农民对就业信息、医疗卫生信息、社会保障和养老信息、子女教育信息的有效需求率分别为 32.41%、60.53%、60.27%、21%。权益维护信息的有效需求率最低，为 5.5%。根据平均信息有效需求率的计算公式 $MP = \sum Pi/M$，$P1 = 17.65\%$，$P2 = 32.41\%$，$P3 = 60.53\%$，$P4 = 60.27\%$，$P5 = 21\%$，$P6 = 5.5\%$，$M = 6$，则 $MP = 32.89\%$。经过对调查数据的统计分析，得到海南省被调查区域农民对民生信息平均有效需求率为 32.89%。这意味着在需要民生信息的农民中，只有 32.89% 的人能够获得这种信息。这一有效需求率水平也说明，海南省信息化程度还不是很高，信息服务部门对民生信息的供给处于缺乏状态，需要继续加强信息服务力度。

表 5 - 11　　　　　　　　　　农民对民生信息的获得情况

信息类型	家庭生活类	就业	医疗卫生	社会保障和养老	子女教育	权益维护
获得信息的农民数量（人）	15	35	69	88	21	3
需要信息的农民数量（人）	85	108	114	146	100	54
占比（%）	17.65	32.41	60.53	60.27	21.00	5.5

5.2.3　民生信息获取难度

如表 5 - 12 所示，在被调查的 680 名农民中，选择获取家庭生活类信息难度较大的有 48 人，占被调查农民的 7.06%。选择获取就业信息、医疗卫生信息、社会保障和养老信息、权益维护信息和子女教育信息的农民分别有 83 人、69 人、85 人、135 人、65 人，分别占被调查农民的 12.21%、10.15%、12.50%、19.85%、9.56%。从以上数据可以看出，海南省农民对权益维护信息获取的难度较大，而对于家庭生活类信息的获取较为容易。这在一定程度上说明了，大多数农民对权益维护信息的需求并不能得到满足，也即较低的信息有效需求率。

表 5 - 12　　　　　　　　　农民对民生信息的获取难度

信息类型	家庭生活类	就业	医疗卫生	社会保障和养老	权益维护	子女教育
选项农民数量（人）	48	83	69	85	135	65
占比（%）	7.06	12.21	10.15	12.50	19.85	9.56

5.3

行政管理信息需求现状分析

行政管理信息是指反映行政管理过程中各项活动、任务以及目标的各种信息、文件、指令、预测、情报、数据资料、建议等的总和。主要包括国家的一些政策文件、法律法规、政治参与等信息。

对于政府而言，行政管理信息是行政沟通的物质基础，是行政沟通高效、畅通的依据和保证。有效的行政管理信息能够防止行政管理部门行政权力的腐败，有助于促进行政效率的提高，也是打造阳光型政府的必要条件，它能使政府部门的行政管理工作更加清新透明、温暖亲切。

对于农民而言，有效的行政管理信息有助于农民更加积极有效地参与到民主行政中来，有利于农民对政府部门进行监督，有利于农民更有效的维护自身的合法权益，同时，有效的行政管理信息能够为农民的生活、工作和农业生产决策起到指向性的作用。

但是，目前海南省农民对行政管理信息的需求意愿并不强，政府公开的一些行政管理信息能够到达农民手中的并不多，这一方面不利于农民参与到政府工作中来，另一方面，农民不了解政府的政策导向，这对于农民的生产经营决策也是不利的。

5.3.1 行政管理信息需求率

如表 5 - 13 所示，在被调查的 680 名农民中，选择需要政策文件信息的有 48 人，由信息需求率的计算公式 R = S /N，S = 48，N = 680，则 R = 7.06%。选择需要政治参与信息的农民只有 7 人，其信息需求率仅为 1.03%。根据平均信息需求率的计算公式 MR = ∑Ri/M，R1 = 7.06%，R2 = 1.03%，M = 2，则 MR = 4.05%。从以上数据可以看出，海南省农民对行政管理信息的需求率处于较低水平，农民对行政管理信息的需求意愿很低，这说明海南省农民非常缺乏主动获取行政管理信息的意识，这对于农民参与和监督政府工作以及有效地进行生产经营决策都是不利的。

表 5 - 13   **农民对行政管理信息的需求状况**

信息类型	政策文件信息	政治参与信息
选项农民数量（人）	48	7
占比（%）	7.06	1.03

5.3.2 行政管理信息有效需求率

根据表 5 - 14 调查数据，在选择需要政策文件信息 48 名农民中，获得政策文件信息的只有 5 人，根据信息有效需求率的计算公式 P = T/S，T = 5，S = 48，则 P = 10.42%。在选择需要政治参与信息的 7 名农民中，没有人获得过这种信息，也就是说，政治参与信息有效需求率为 0。根据平均信息有效需求率的计算公式 MP = ∑Pi/M，P1 = 10.42%，P2 = 0，M = 2，则 MP = 5.21%。也就是说，在被调查农民中，行政管理信息有效需求率为 5.21%。

表 5 - 14   **农民对行政管理信息的获得情况**

信息类型	政策文件信息	政治参与信息
获得信息的农民数量（人）	5	0
需要信息的农民数量（人）	48	7
占比（%）	10.42	0

从以上数据可以看出，海南省农民行政管理信息的有效需求率较低，这说明在需要行政管理信息的农民中只有极少数能够获得这种信息。海南省相关信息服务部门对于行政管理信息的供给严重不足，同时也说明，信息服务机构对此类信息的重视程度不够。及时准确的行政管理信息不仅是政府机构信息透明化的一个体现，也是农民进行一切生活、就业、生产经营活动的方向标。因此，信息服务部门应该对行政管理信息高度重视，及时地向农民发布有关信息，满足农民对行政管理信息的需求。

5.3.3　行政管理信息获取难度

从表 5 - 15 的数据可以看出，在海南省被调查的农民中，选择政策文件信息和政治参与信息获取难度大的分别有 102 人和 104 人，分别占被调查农民的 15%和 15.29%。这说明海南省农民对于行政管理信息的获取难度较大，这一方面是因为政府对信息公开的力度不够，另一方面是因为相关的信息服务部门对这类信息的供给不足或者是供给的渠道与农民现有的渠道资源不匹配。比如说，一些农民习惯于从电视上或者邻里朋友那里获取信息，而政府行政管理信息的发布一般是在互联网上或者是报纸上，农民不具备接触这些传播媒介的条件，从电视或者朋友那里获取这类信息又很困难，这就阻碍了行政管理信息的有效传播。

表 5 - 15　　　　　　　农民对行政管理信息的获取难度

信息类型	政策文件信息	政治参与信息
选项农民数量（人）	102	104
占比（%）	15.00	15.29

5.4
海南省农民信息需求特点分析

5.4.1　信息需求类型多样化、重点化

如图 5 - 1 所示，当前农民信息需求不再单一。调查发现，农民的信息需求

内容相当广泛，涉及农技培训、病虫害防治、施肥灌溉、政策文件、农业新闻、市场供求、农产品品种、气象灾害、家庭生活类、农业新技术、贷款投资、就业、医疗卫生、社会保障和养老 、权益维护、子女教育、政治参与、别人的致富经验十九种。设定的十九种信息中，几乎没有一种是完全不需要的。

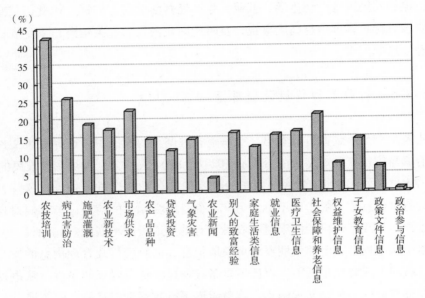

图 5－1　被调查农民对各类信息的需求率统计

被调查农民对信息需求率最高的是农业生产直接相关的农业信息，如农技培训信息、病虫害防治信息、市场供求信息。这表明，农业生产技术、销售方面的信息对农民来说还是非常重要的，是农村信息服务机构提供信息的重要组成部分。其中，对生产技术信息需求有以下特点：生产技术信息的来源要有权威性；种植技术具有较强的地域性和针对性。

其次就是和农民生活息息相关的民生信息，如社会保障和养老信息、医疗卫生信息、就业信息、子女教育信息等。这表明，随着经济的发展，农民的温饱问题已基本解决，农民开始关注能提高生活质量的更多的民生信息。行政管理信息，如政策文件信息、政治参与信息的需求率较低，这从一个侧面反映了农民对政治上的诉求并不强烈，对于行政管理实务参与的热情也不是很高，农民从政论政还是缺乏主动性。

5.4.2　高质量信息获取困难

农民对获得的信息本身具有四大基本要求：信息针对性强、信息真实可靠、信息及时有效和信息形式易于接受。通过对海南省农民获取信息的满意程度及原因调查发现，虽然被调查农民有多样化的信息需求，但满意程度却很低。如图5－2所示，有63%的农民对所获得信息不满意，认为不满意的原因是信息不真实、不及时、数量不够、没有所需信息的农民分别占了7%、12%、6%、4%和6%。可见信息不及时和不真实是农民对获取信息不满意的主要原因。

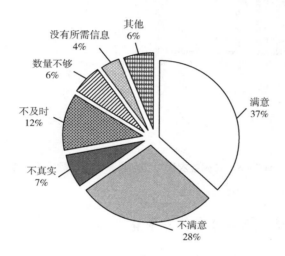

图5－2　对信息满意程度情况

5.4.3　不同类别信息可获得性差异化

在书第2章已经对信息有效需求率的概念进行了介绍。信息有效需求率就在对某种信息有需求的农民中，得到这种信息的农民所占的比率。那么我们在此就可用有效需求率这一指标来描述农民对于某种信息的获得情况。从图5－3我们可以看出，海南省被调查农民对各类信息的获得情况存在明显的差异。农民对农技培训、病虫害防治、施肥灌溉以及气象灾害、医疗卫生、社会保障和养老等信息的获得情况比较乐观，农民对这几种信息的有效需求率几乎都在50%以上。然而农民对与市场供求、农产品品种等与农业生产经营息息相关的市场信息的获得情况不容乐观，有效信息需求率仅在20%以下，同时，农民对于权益维护信息、政策文件信息、政治参与信息的有效需求率更低，仅在10%以下。农民对与各类信息获得情况的明显差异说明信息服务机构需要进一步完善信息服务的内容，进一步加强对市场信息、行政管理等信息的供给与服务。

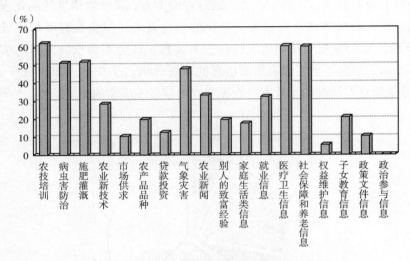

图5-3　被调查农民对各类信息的有效需求率比较

5.4.4　信息需求内容群体差别化

进入信息时代后，广大农户开始拥有越来越多选择信息的机会。使用与满足理论提醒我们，人们使用媒介的目的是很不相同的。这一研究认为，在很大程度上，大众传播的使用者是有控制权的。因而，调查了解农民特别是不同类型农民对信息的需求偏好成为本书的重要一项研究内容。为了科学地划分农民受体的层次，我们从不同文化、区域、性别、年龄、经济状况这五个方面对调查结果进行分析。

（1）不同文化的农民信息需求特点分析

从图5-4海南省被调查区域农民文化程度构成图来看，初中及以下文化程度的农民占被调查农民的74%，这说明海南省农民的总体文化程度还是较低的。

如表5-16所示，不同文化程度农民对信息需求具有层次差异性，文化水平较高的农民对信息的需求更加广泛，内容涉及农业生产、经营及家庭生活各方

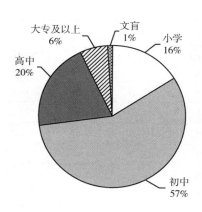

图 5 - 4　文化程度构成

面；文化程度相对较低的农民对信息的需求较少，主要集中在农技培训、病虫害防治、气象灾害和医疗卫生方面。从收入水平来看，收入水平较高的农民对农业新技术和致富经验的信息关注明显，收入水平较低的农民主要关注医疗卫生、病虫害防治、气象灾害和就业等信息，而中等收入水平的农民除了对农技培训、病虫害防治、市场供求等信息较为关注之外，对其他信息如子女教育、医疗卫生、社会保障和养老等也表现出较多的关注。

表 5 - 16　　　　不同文化程度农民对信息需求内容的比较分析　　　　单位:%

信息需求内容	总体 N = 680	文盲 N = 19	小学 N = 131	初中 N = 365	高中 N = 128	大专及以上 N = 35
农技培训	42.50	47.37	43.51	46.30	38.28	37.14
病虫害防治	26.03	15.79	22.14	32.88	14.84	17.14
施肥灌溉	18.97	15.79	12.21	25.75	11.72	2.86
农业新技术	17.50	5.26	13.74	16.71	21.88	31.43
市场供求	22.65	5.26	16.03	23.56	30.47	20.00
农产品品种	14.85	10.53	14.50	14.79	16.41	14.29
贷款投资	11.62	5.26	3.82	13.97	12.50	17.14
气象灾害	14.71	15.79	15.27	13.42	20.31	5.71
农业新闻	3.97	0	0.76	4.11	5.47	11.43
别人的致富经验	16.47	5.26	18.32	15.34	17.97	22.86
家庭生活类信息	12.50	15.79	18.32	12.05	8.59	8.57

信息需求内容	总体 N = 680	文盲 N = 19	小学 N = 131	初中 N = 365	高中 N = 128	大专及以上 N = 35
就业信息	15.88	0	9.16	16.99	21.88	17.14
医疗卫生信息	16.76	15.79	23.66	13.42	21.88	8.57
社会保障和养老信息	21.47	52.63	38.93	15.62	19.53	8.57
权益维护信息	7.94	5.26	6.87	7.12	8.59	20.00
子女教育信息	14.71	15.79	14.50	15.34	12.50	17.14
政策文件信息	7.06	0	8.40	5.48	10.94	8.57
政治参与信息	1.03	0	1.53	0.55	1.56	2.86

农民文化程度的高低对选择和利用信息有直接影响，它是衡量一个人选择和利用有效信息的主要因子。信息不是实物，它是带有文字、声音、图像等符号的新闻消息，信息接收者必须有一定的文化水平和科学素养，才能较好地发挥信息的作用。在这个信息社会，农民要想获取所需要的信息，起码要能够识字，因此，扫盲问题不解决，农村信息服务的效果将会大打折扣。

（2）不同区域的农民信息需求特点分析

从表5-17、图5-5整体来看，三个地区的农民对信息的需求有一些共同点，如三地区都最为关注和需要农技培训类信息，琼中县农民对农技培训信息的需求率达53.37%，定安县31%，文昌市35.1%。而三个地区农民对政治参与这类信息需求都很少。

表5-17　　　　　　　　　　　**不同地区农民信息需求统计**　　　　　　　　单位:%

信息种类	琼中	定安	文昌
农技培训	53.37	31	35.1
病虫害防治	47.19	17	18.21
施肥灌溉	29.78	7.5	11.26
政策文件	6.18	5	6.29
农业新闻	1.12	7	3.64
市场供求	36.52	21	13.9
农产品品种	17.42	11	10.26
气象灾害	14.6	15	9.93

信息种类	琼中	定安	文昌
家庭生活类	4.49	15	7.62
农业新技术	15.73	29	11.59
贷款投资	1.69	16.5	10.26
就业	7.3	28.5	16.89
医疗卫生	16.85	8.5	18.21
社会保障	14.6	15.5	30.46
权益维护	17.42	8	4.3
子女教育	6.18	18	15.56
政治参与	56	2.5	0.66
别人的致富经验	10.11	34.5	8.28
其他	0	5	0

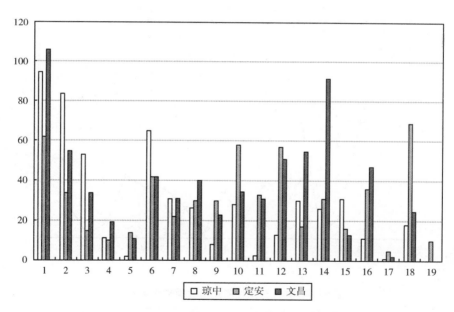

图 5-5　三地区农民对不同信息需求关注程度比较

　　三个地区的农民具体的信息需求有一定差异。对比来看，琼中县对于病虫害防治、施肥灌溉、市场供求和权益维护这几类信息的需求要明显高于其他地区。定安县对于家庭生活类、农业新技术、就业、别人的致富经验关注度较高。文昌市在社会保障和医疗卫生方面需求明显高于琼中县和定安县，而其他栏目相差不大。这说明琼中县的农民更关注农业生产中的生产环节和农产品销售市场方面的信息，定安县农民着眼于提高农业技术、增加就业和致富，而文昌市农民希望在社会保障和医疗卫生方面得到更多信息。

（3）不同性别的农民信息需求特点分析

在 680 名被调查者中有 469 名男性，211 名女性。图 5-6 显示了男性和女性分别对于不同信息的需求程度。调查结果表明，男性与女性被调查者对于这十九种信息的需求程度大致相同，而男性对于农技培训、市场供求、权益维护及别人的致富经验更为关注，女性对于医疗卫生和子女教育方面信息较为关注。这说明被调查区农民传统观念较强，男性多是家里的经济支撑，他们是主要的农业劳动力，因此更需要农业技术和市场供求信息来指导农业生产和经营；而女性在农村家庭中多是打理家庭内务，她们更多地考虑子女教育问题和医疗卫生方面，而对农业技术和农产品销售市场方面的信息关注程度要低于男性。

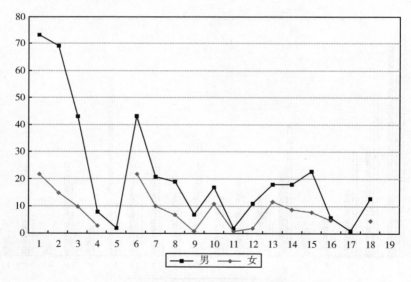

图 5-6　男性与女性农民信息需求特点对比

（4）不同年龄的农民信息需求特点分析

调查结果显示，年龄较大的农民多为种植户，文化程度多为小学毕业，这些农民受文化程度的限制，一般很少看书、读报，看电视也很少看科教节目，也有相当一部分年纪较大的农民对电视中的科普节目和新技术节目几乎看不懂，或者根本不看。问他们是否满足现在生活状况，生活上是否有困难，他们总是笑着说："现在的生活好多了，吃得饱穿得暖，有啥困难，感到最难的是年龄大了，农活有点干不动了。"可见，这个层面的农民，仍然持有靠天吃饭的传统农业生产观念，信息需求意识还较弱。

　　而年龄较轻的农民，普遍文化程度在初中、高中及以上，获取信息的渠道比较丰富，使用互联网和图书室的也多是年轻人。年龄偏大的农民获取信息的渠道主要是电视、报纸、能人（领导）、朋友、亲戚、电话、政府，相对而言，年轻农民获取信息的渠道明显增多，除了电视、报纸、能人、电话、政府以外又增加了信息中介和网络。他们获取有效信息能力较强，能有选择地获取最看重的信息。

（5）不同经济状况的农民信息需求特点分析

　　由图 5 - 7 可以看出，在被调查者中，年收入在 1 万元以下的低收入型农民占 16% ，年收入在 1 万 ~ 10 万元的中等收入农民占 82% ，10 万元以上的富裕型农民仅占 2% 。

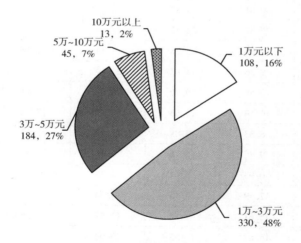

图 5 - 7　海南省农民收入情况统计

　　首先，农民收入水平的高低直接影响其对信息的接受率。如今，在网络环境下，信息的获取需要借助于电话、电视、电脑、网络等信息技术设备，需要一定的信息素质，需要为相关的信息产品和信息服务付费。收入高的农民大多属于农、工双重身份，他们的经济来源多、收入也多，他们接受信息的硬件设施齐全，有电话、电视甚至计算机，获取信息的渠道也多，经常与外界接触，也有足够的经济实力接受付费信息，在获取信息上往往比较主动。收入低的农民则恰恰相反，他们接受信息的渠道比较单一，甚至经常会得不到所需要的信息（杨春，2011）。

其次，不同经济状况的农民对信息需求的内容也存在一定差异。

如表5-18所示，收入在1万元以下的低收入型农民的信息需求意识较为淡薄，他们对多种类别的信息感兴趣，但对于自己最需要的信息，往往回答不出来。且主要被动地接受信息，很少主动地寻找科技信息、致富信息。主要关注的是农技培训、病虫害防治、医疗卫生、社会保障和养老信息，对农业新闻、贷款投资、农业新技术等信息关注较少，他们所需要的信息多是为了满足最基本的农业生产和生活的要求。

表 5-18　　　　　不同经济状况农民对信息需求内容的比较分析　　　　单位:%

信息需求内容	1万元以下 N=108	1万~3万元 N=330	3万~5万元 N=180	5万~10万元 N=45	10万元以上 N=13
农技培训	39.81	49.39	32.78	42.22	38.46
病虫害防治	20.37	32.42	22.78	11.11	15.38
施肥灌溉	12.04	25.76	13.33	15.56	0
农业新技术	9.26	11.82	24.44	37.78	69.23
市场供求	17.59	19.70	30.00	24.44	38.46
农产品品种	10.19	14.55	18.33	17.78	7.69
贷款投资	8.33	7.88	17.22	26.67	7.69
气象灾害	9.26	15.76	16.11	15.56	15.38
农业新闻	0.93	3.64	2.78	11.11	30.77
别人的致富经验	17.59	15.15	15.00	22.22	46.15
家庭生活类	16.67	11.52	11.67	15.56	7.69
就业	16.67	14.55	20.00	8.89	15.38
医疗卫生	23.15	18.79	12.22	11.11	0
社会保障和养老	35.19	23.03	14.44	13.33	0
权益维护	13.89	6.36	7.78	6.67	7.69
子女教育	18.52	15.15	12.78	13.33	7.69
政策文件	11.11	5.45	6.67	11.11	7.69

而中等收入型农民信息需求意识较强，他们最需要的信息是常常是实际操作

层面的信息和市场信息，如新技术的使用，农产品市场供求信息、气象信息、与三农有关的农村政策、村能人致富经验等。但通过访谈了解到，该类型农户信息使用的效率较低。

这个层面的农户，介于低收入型农户与相对富裕型农户之间，虽然获取科技信息的渠道较前者多了，但选择有效信息和使用有效信息的能力还较差。多数农民处在信息的十字路口上，不知道什么是有用的信息，或者由于采纳信息后，得到的结果不理想，结果造成对待信息的犹豫不决和使用信息的不确定性态度。另外，有个别地区信息化进程比较快，村里有了电脑，使得这个层面的个别农民也开始对这个"新玩意儿"产生兴趣，并希望在网上获取一定的科技信息。

相对富裕型农户获取有效信息能力较强，能有选择地获取最看重的信息。生活富裕的种养殖大户和生意户，最看重的是具有稳定的较高利润的产品信息，偏好产品销路、市场贸易（包括国际市场）和宏观类等方面的信息，个别富裕农户甚至开始使用计算机销售产品。这类农民对农业新技术信息的需求率最高，他们能够深刻地认识到信息能够给农业生产经营带来的经济价值，并且已经尝到甜头，对技术信息、市场供求信息、农业新闻都比较敏感。他们比较有主见，也能够较快地接受新思想、新观念。他们迫切需要的信息是与农产品关系密切的经济政策、市场商贸信息。

这三种收入类型的农民除本身最关心的信息外，均表现出渴望获得更多的农业科学文化知识等方面的信息，部分农民希望学会应用计算机网络技能，运用信息创造更大经济效益和社会效益。

5.5

海南省农民获取信息的渠道分析

英语"Channel"（渠道）一词，原意是指航道、水道、途径、通路、门径、渠道等。在传播学中，它是指传播过程中传受双方沟通和交流信息的各种通道，如人际传播渠道、组织传播渠道、大众传播渠道。

"使用与满足"的研究指出，受众的媒介接触是基于自己的需求对媒介内容进行选择的。因而，了解农民获取信息的渠道，有助于我们关注农民的需求，以及信息传播过程中存在的问题，对搞好农村信息服务有着重要意义。

5.5.1　海南省农民获取信息的主要渠道

海南省农民获取信息主要通过以下渠道：广播、电视、报纸杂志、互联网、电话、手机、朋友、邻里间传播、政务部门、信息服务机构、合作社、本地农技部门、农业示范户、农业经纪人、当地干部口头传播、外地市场获得等。根据已有的研究成果和海南省农民的实际情况，本书把海南省农民获取信息的渠道分为三类：大众传播、组织传播和人际传播。大众传播是指广播、电视、报纸杂志、互联网、电话、手机等；组织传播是指政务部门、信息服务机构、合作社、本地农技部门等组织机构传播信息；人际传播是指朋友、邻居间口传、农业示范户、农业经纪人、当地干部口头传达、外地市场等传播信息。

如图 5-8 所示，在被调查农民中，农民在获取信息渠道的选择上，选择通过电视获取信息的农民最多，有 478 人占被调查农民的 70.29%。电视因其信息量丰富、接受信息方式简单、提供信息服务免费等特点，被农民广泛的接受。其次，选择通过邻里朋友间口传获取信息的农民有 189 人，占被调查农民的 27.79%，这表明了传统农民求同从众的心里，也说明信息传播具有明显的邻里效应，示范户的模范带头作用不可忽视。最后，选择通过当地干部口头传达的农民有 166 人，占被调查农民的 24.41%，这充分显示了意见领袖在农村信息传播过程中所起的重要作用。

可见，海南省农民所获取的信息主要来源于传统的电视和人际传播渠道，传播方式相对落后，传播途径相对狭隘。而互联网作为最现代化的信息传播渠道，农民在获取信息时，使用的较少。选择通过互联网获取信息的农民只有 76 人，占被调查农民的 11.18%。海南省农村网络信息平台的建设虽然取得了一定成效，但受农村经济发展水平、农村信息网络建设、农民经济实力、农民经营规模、农民信息观念的影响，还是很难被广大农民所接受和利用的。

此外，调查发现，海南省不同文化、区域、性别、年龄、经济状况的农民获取信息的渠道偏好也有多不同。

（1）不同文化程度农民获取信息的渠道偏好

不同文化程度的农民获取信息的渠道存在很大差异。文化程度较高的农民获取信息的渠道更加多样化，他们懂得通过不同的渠道获取所需要的信息。以调查样本区域为例，电视几乎是任何一个文化层次的农民获取信息的主要途径，但是从表 5-19 我们可以看出，在被调查的 19 名文盲农民中，没有一个人使用互联

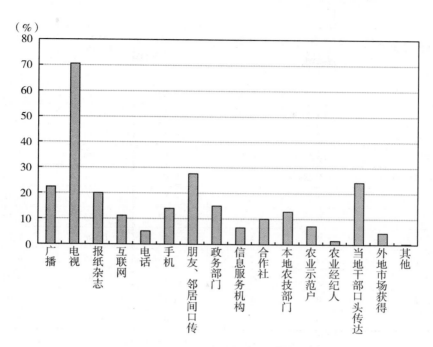

图 5 - 8　海南省农民获取信息渠道统计

网获取信息，但是，小学、初中、高中、大专及以上文化程度的农民使用互联网获取信息的比例依次为 5.15%、10.14%、14.96%、39.39%。很显然，在被调查农民中，随着文化程度的提高，农民通过互联网获取信息的比例在逐步加大。同时，我们也可以看出，越是文化程度较高的农民，越多的通过手机、农技部门、政务部门获取信息。但是随着文化程度的提高，通过朋友邻里间口传、村干部口传获取信息的农民也越来越少。这说明，文化程度较高的农民更趋向于使用多样化的信息渠道，更善于利用手机、互联网等先进的信息技术，更懂得从农技部门等专业机构获取信息。

表 5 - 19　　　　　　　不同文化程度农民获取信息渠道统计　　　　　　　单位：%

获取信息渠道	文盲 N = 19	小学 N = 136	初中 N = 365	高中 N = 127	大专及以上 N = 33
广播	0	16.18	27.40	20.47	18.18
电视	57.89	75.00	69.86	70.08	63.64
报纸杂志	5.26	13.97	23.56	22.05	12.12

获取信息渠道	文盲 N = 19	小学 N = 136	初中 N = 365	高中 N = 127	大专及以上 N = 33
互联网	0	5.15	10.14	14.96	39.39
电话	5.26	3.68	6.03	6.30	3.03
手机	10.53	5.88	15.34	20.47	24.24
朋友邻居间口传	42.11	17.65	28.49	35.43	24.24
政务部门	10.53	16.18	15.62	14.96	15.15
信息服务机构	5.26	3.68	9.04	5.51	6.06
合作社	0	8.82	9.86	13.39	18.18
农技部门	0	10.29	13.97	15.75	18.18
农业示范户	0	4.41	7.12	14.96	9.09
农业经纪人	0	2.21	2.19	3.15	0
村干部口传	52.63	39.71	21.64	11.81	24.24
外地市场	0	1.47	4.93	11.81	3.03
其他	0	0	1.10	1.57	0

（2）不同区域农民获取信息的渠道偏好

不同区域的农民获取信息的渠道也存在一些差异（见表 5 - 20）。从本次调查的海南省琼中、文昌、定安三个市县来看，电视仍然是这三个区域获取信息的主要渠道，在被调查的农民中，分别有 67%、75%、66% 的农民使用电视获取所需要的信息。但是在广播的使用方面，这三个区域却存在着一定的差异。从表 5 - 20 的数据可以看出，琼中县农民使用广播获取信息的比率比较高，占被调查农民的 48%；而定安县使用广播获取信息的比率相对较低，为 22%；文昌市更低，仅占 9%。同时，这三个区域的农民通过政务部门、信息服务机构获取信息的比例也存在着差异。

表 5 - 20　　　　　　　　　不同区域农民获取信息渠道偏好统计　　　　　　单位:%

获取信息渠道	琼中 N = 178		文昌 N = 302		定安 N = 200	
	人数	占比	人数	占比	人数	占比
广播	85	48	26	9	43	22
电视	119	67	228	75	131	66

获取信息渠道	琼中 N=178		文昌 N=302		定安 N=200	
	人数	占比	人数	占比	人数	占比
报纸杂志	59	33	36	12	43	22
互联网	20	11	27	9	29	15
电话	5	3	21	7	11	6
手机	19	11	57	19	22	11
朋友、邻居间口传	48	27	90	30	51	26
政务部门	52	29	28	9	25	13
信息服务机构	7	4	7	2	34	17
合作社	19	11	12	4	40	20
农技部门	28	16	30	10	33	17
农业示范户	13	7	22	7	19	10
农业经纪人	1	1	3	1	11	6
村干部口传	8	4	102	34	56	28
外地市场	4	2	15	5	17	9

（3）不同性别农民获取信息的渠道偏好

性别对农民获取信息渠道的影响并不是很明显。从表5-21我们可以看出，不同性别的农民获取信息的渠道没有明显的差异。在被调查区域中，男性和女性农民使用广播获取信息的分别占24%和20%，使用电视获取信息的男性农民有69%，女性农民有74%。使用报纸杂志和互联网获取信息的男女农民的比例基本相同。

表5-21　　　　　　　不同性别农民获取信息渠道的偏好统计　　　　　单位:%

获取信息渠道	男 N=470		女 N=210	
	人数	占比	人数	占比
广播	113	24	41	20
电视	322	69	156	74
报纸杂志	95	20	43	20
互联网	51	11	25	12

获取信息渠道	男 N = 470		女 N = 210	
	人数	占比	人数	占比
电话	26	6	11	5
手机	78	17	20	10
朋友、邻居间口传	133	28	56	27
政务部门	69	15	36	17
信息服务机构	36	8	12	6
合作社	48	10	23	11
农技部门	62	13	29	14
农业示范户	40	9	14	7
农业经纪人	11	2	4	2
村干部口传	112	24	54	26
外地市场	22	5	14	7

（4）不同年龄农民获取信息的渠道偏好

不同年龄的农民获取信息的渠道也存在很大的差异。如表5-22所示，19岁以下的青年农民，没有人使用广播获取信息，而年龄较大的农民则较多地使用广播。电视仍然是不同年龄阶段农民获取信息的主要渠道。但是，不同年龄的农民使用互联网的情况则存在明显的差异。在被调查农民中，19岁以下的农民使用互联网获取信息的占33.33%，19～29岁的农民使用互联网的占27.63%，而随着年龄的增加，农民使用互联网获取信息的比率越来越小。可见，互联网是30岁以下农民获取信息的重要渠道。另外，年龄较大的农民更倾向于通过村干部的口传获取信息，而年轻的农民则较少的听信于村干部。

表5-22　　　　　　　　不同年龄农民获取信息渠道偏好统计　　　　　　　单位:%

获取信息渠道	19岁以下 N = 21	20～29岁 N = 152	30～39岁 N = 179	40～49岁 N = 198	50～59岁 N = 96	60岁以上 N = 37
广播	0	17.76	26.82	25.76	22.92	13.51
电视	66.67	69.08	67.60	73.23	68.75	70.27
报纸杂志	9.52	23.03	18.44	22.22	22.92	2.70
互联网	33.33	27.63	7.82	4.55	2.08	2.70

续表

获取信息渠道	19 岁以下 N = 21	20 ~ 29 岁 N = 152	30 ~ 39 岁 N = 179	40 ~ 49 岁 N = 198	50 ~ 59 岁 N = 96	60 岁以上 N = 37
电话	0	5.92	6.15	5.05	6.25	2.70
手机	23.81	15.79	15.08	12.63	12.50	10.81
朋友、邻居间口传	23.81	26.32	27.37	28.79	25.00	37.84
政务部门	14.29	15.79	17.88	15.15	13.54	8.11
信息服务机构	4.76	9.21	9.50	3.54	7.29	2.70
合作社	9.52	14.47	11.17	8.59	8.33	2.70
农技部门	19.05	10.53	15.08	12.12	15.63	10.81
农业示范户	14.29	8.55	9.50	9.60	1.04	2.70
农业经纪人	9.52	4.61	0.56	1.01	2.08	2.70
村干部口传	4.76	19.08	22.35	28.28	29.17	27.03
外地市场	4.76	7.24	8.94	1.52	4.17	2.70

（5）不同经济状况农民获取信息的渠道偏好

收入是影响农民获取信息渠道的重要因素，相同收入类型的农民获取信息的渠道基本相同，但不同收入类型的农民获取信息的渠道有所差异。如表 5 - 23 所示，家庭总收入在 3 万元以下的农民，获取信息的渠道比较单一，主要是靠电视、村干部和朋友邻居间口传等。家庭收入水平在 3 万 ~ 10 万元的农民获取信息的渠道较多，主要有电视、广播、报纸杂志、互联网、手机、农业示范户、朋友邻居、村干部等。家庭收入在 10 万元以上的农民获取信息的渠道更为丰富，除以上途径外，还增加了政务部门、合作社、本地农技部门、外地市场等信息传播渠道。

表 5 - 23　　　　不同收入水平农民获取信息渠道偏好统计　　　单位:%

渠道 收入占比	1 万元以下	1 万 ~ 3 万元	3 万 ~ 5 万元	5 万 ~ 10 万元	10 万元以上
广播	8.33	25.76	23.89	33.33	7.69
电视	73.15	74.55	65.00	60.00	53.85
报纸杂志	5.56	25.76	19.44	20.00	15.38
互联网	10.19	6.67	17.22	24.44	7.69

收入 占比 渠道	1 万元以下	1 万~3 万元	3 万~5 万元	5 万~10 万元	10 万元以上
电话	6.48	3.33	7.22	11.11	0
手机	13.89	14.24	16.67	8.89	7.69
朋友、邻居间口传	19.44	31.52	27.22	26.67	15.38
政务部门	9.26	16.06	17.78	13.33	30.77
信息服务机构	0.93	4.85	11.11	24.44	0
合作社	10.19	6.67	11.11	17.78	61.54
本地农技部门	10.19	13.03	12.22	17.78	46.15
农业示范户	8.33	6.06	8.89	13.33	23.08
农业经纪人	0.93	1.82	3.33	4.44	0
当地干部口头传达	38.89	25.76	14.44	20.00	15.38
外地市场获得	1.85	3.64	8.33	8.89	23.08
其他	0.93	0.30	2.22	0	0

5.5.2 渠道对获取与利用信息的影响分析

大众传播、人际传播、组织传播在海南省农民信息的获取与利用过程中都发挥了一定的作用，其中，电视、朋友邻居、村干部口传、广播、报纸杂志、农技部门排在农民获取信息渠道的前六位。

（1）大众传播渠道

大众传播（Mass Communication）作为人类最重要的一种传播形式，是指专业化的媒介组织通过一定的传播媒介，在接受国家管理下，对受众进行大规模的信息传播活动。大众传播对社会有着潜移默化的作用，它改变着人们的工作方式和生活方式，改变着传统观念。大众传播有传者、信息、大众传播工具和受众 4 个要素。它与其他传播现象的根本区别在于：在传者与大量的受传者之间插入了一种或多种联系两者的传播工具。因此，大众传播也被称为通过传播工具的传播。

① 大众传播的特点。

第一，具有组织性。大众媒体依靠组织化的媒介运行，这些组织化的媒介拥有专门的传播机构，拥有职业传播者并受其他社会组织的作用与影响（蔡东宏，2005）。它的传者通常是一个庞杂的机构，内部有精细的分工。如以报纸传递信息的报社，即由采访、大众传播编辑、评论、广告、经理等许多部门组成。

第二，具有很强的选择性。一是传播工具对受众有一定的选择；二是受众对传播工具有一定的选择，年龄、性别、职业、文化素养、个人兴趣等可以将受众分为不同的读者层、听众层或观众层而偏爱某种传播工具；三是受众对传播的内容可以任意选择；四是受众对参与大众传播的时间可以自由选择。受众的选择性表明，大众传播并不意味着对每个人的传播。

第三，在信息流通上具有单向性。受众无法当面提问、要求解释，整个传播过程缺乏及时而广泛的反馈。

第四，具有超时空性。大众媒体传递信息快速，信息量大，覆盖面广。

第五，具有公开性和即时性。大众传播与密码、旗语、信鸽、书信等传播现象不同，它不带有保密的性质，任何拥有大众传播工具的受众都可以获得信息。因此，通过大众传播渠道发布的信息，能够迅速地产生社会效益。

② 大众传播的优劣势。

大众传播包括广播、电视、报纸杂志、互联网、电话、手机等。这些传播渠道对农民获取信息发挥这重要作用，但是也存在一定的缺陷。

以广播为例，它有以下优点。首先，广播对声音的传递迅速，时效性强。声音是广播的唯一传播符号，而电波的传输每秒钟高达 30 万千米，信息可以在瞬间传向四面八方，飘进千家万户，广播的传播与听众的收听几乎可以同步；其次，广播的覆盖面广，广播通过无线电波传播信息，不受时间、时空的限制，只要电波能达到的地方都是广播能覆盖范围，并且广播所需要的收音设备价格低廉，广播语言通俗易懂，对农民文化程度限制少，易被广大农民接受；最后，广播声情并茂，感染力强，广播往往通过一定的播音技巧，可以将信息中包含着的意义和情感，恰如其分地表达出来，农民通过广播听到的东西往往比看到的东西更生动、真实，具有丰富的信息内涵，可产生一种新的感受和理解，具有较强的贴近性和亲和力。

但是广播还存在一些缺点。一是广播以声音符号传播信息，而声音是转瞬即逝，不易留存的，如果不借助于一些外在设备，就难以反复收听；二是选择性弱，广播传者安排节目内容，农民听众无法自主选择收听内容，只能被动选择和接受；三是广播内容受限，因为声音转瞬即逝，农民听众不可能在收听过后仔细回味每一句话的含义，这就要求农民听众收听的过程与理解的过程要同步，特别是在播音速度较快的情况下，也要求农民听众有较高的处理信息能力，这对于心理发展水平和文化水平较低的农民听众来说，可能达不到宣传效果，尤其是一些学科性特别强的知识和技术，广播信息传递效果没有电视效果理想。

电视作为农民获取信息的最主要渠道，除了具有广播时效性强、覆盖面广等优点外，并且还有可靠性高、现场感强的优点。电视声形并茂，视听兼备，能将客观事物的生动形象直接展现在农民观众面前，提高了电视的真实感和可信度，增强了电视传播的现场感、感染力和表现力。

但是，同广播一样，农民仍是电视节目的被动接受者，信息在通过电视传播时，是通过中央、省、市、县各级广播电视传播网络将大量的信息传播给各地的农民，政府部门级传播人员是信息的主要掌握者，农民缺乏对信息内容、传播方式提出要求和发挥影响的主动性。其次，易流于表面化和浅薄化，电视属告知型媒体，很难直接表现抽象的事物，不适于对农业信息进行分析、解释、说理，不适于表现深刻的事理和复杂的内容，不利于农民对信息的理解和利用。

报纸杂志等传播媒介无须额外的接收终端，易于保存和携带，并且成本较低，但是，碍于海南省农民总体文化程度不高，看报纸和订报纸的农民并不多，报纸在农村的覆盖率较小。经常翻阅报纸杂志的农民仅是村能人、村干部、信息员等。多数农民对于通俗易懂、图文并茂的农业期刊和宣传册、画报的关注度较高，也比较容易接受。

另外，互联网作为一个快速发展的新兴媒体，也有其独有的优势。第一，互联网信息内容无所不有，传播内容可涉及人类所有认知领域，涉及人类活动的各个方面，不同层次和领域，在深度和广度上也远远胜过广播、电视、报纸等传统媒体；第二，互联网的双向传播，交互沟通，及时反馈，使传受角色界限变得不再明显，充分体现出平等性；第三，传播手段的兼容性，互联网兼容了传统媒体的多种优势，既具备电视的声、像、字合一的形象性，也具备报纸的易保存性，而且又比传统媒体更增加了人际交流成分，互动性强，易于发挥农民接受主体的主观能动性；第四，信息传播的时效性，互联网传播的信息不受时空限制，能有效地打破国家和地区之间的各种壁垒，任何用户只要在需要的时候，手指轻轻一点，所需要的信息就能海量地展现在眼前。互联网的以上优点，为农民对信息的获取的利用提供了更多的便捷（蔡东宏，2005）。

但是，一个新生事物的产生也必然会伴随了一些问题。互联网内容海量，但其真实性和权威性则较差。通过网络发布农业信息有很大的随意性和自由度，缺乏必要的质量控制和安全保卫措施，网络信息资源的组织管理尚处于探索研究中，还没有统一的标准和规范，导致农业信息内容繁杂，信息价值不一，需要农民群众去辨别真伪、去粗取精。另外，互联网的使用对文化和经济条件有一定的限制。计算机等设备科技含量较高、功能繁多，以及互联网中的文字传播符号和基本的操作技术的学习，要有一定的知识文化给予支撑。就目前而言，广大农村的农民还有不少是文盲，农民的整体文化水平较低，要求这样文化水平的人们掌握计算机技术是不现实的。此外，计算机等设备的配备、网络维护、上网查询信息等都需要一定的经济基础，也是大部分农民无法承受的经济压力。

从前面的数据我们可以看出，电视、广播是农民获取信息最主要的大众传播渠道，但是电视、广播等提供的信息在很大程度上不能满足农民的需要，与农民的生产、生活有较大的脱节。大多数农民认为，目前针对他们实际需求的电视节目太少，多是作为农闲时的娱乐消遣，获取的信息也多是文化、娱乐方面的信息，很多电视节目对关系到农业生产经营方面的信息节目几乎是空白的。并且，多数农民习惯收看电视的时段与电视传播农业信息的时间冲突，农民真正从电视中获取的农业信息量有限，造成信息的供给与需求错位，电视媒介并没有充分发挥其在农业信息传播过程中的作用。

然而，在海南省被调查农民中，使用互联网获取信息的农民较少，仅有 76 人，占被调查农民的 11.18%。仅有的少数接触过网络的农民也反映涉农网站提供信息的完整性、及时性差，并且所提供信息的使用性不强，关于农业政策方面的信息较多，对农业生产、经营进行深层次、综合分析和预测的信息较少，因此农民通过大众传播渠道获取及时、可靠、实用的信息的难度较大。

（2）人际传播渠道

人际传播（interpersonal communication）是一种社会的活动，任何人的生存都离不开和他人之间的交往。在人们之间的交往活动中，人们相互之间传递和交换着知识、意见、情感、愿望、观念等信息，从而产生了人与人之间的互相认知、互相吸引、互相作用的社会关系网络。按传播形式来分，人际传播分为直接传播和间接传播两种形式。所谓直接传播，指的是古来已有的传播者和受体之间无须经过传播媒体而面对面的直接进行信息交流的过程。直接传播主要是通过口头语言、类语言、体态语的传递进行的信息交流。间接传播是指在现代社会里的各种传播媒体出现后，人际传播不再受到距离的限制，可以通过这些传播媒体进行远距离交流。这就大大拓展了人际传播的范围。按照传播对象来分，人际传播可以分为三类：地缘人际传播、血缘人际传播、业缘人际传播。地缘人际传播主要是邻里之间的信息传播；血缘人际传播主要是指亲戚朋友之间的信息传播；业缘人际传播主要是和从事同样工作的人进行交流，一般是指和农业示范户、农业经纪人的信息交流，以及当地村干部口头传达信息。

人际传播在我国农村信息传播过程中扮演着重要的角色。根据调查的结果发现，农民和朋友的信息交流也是农村信息传播的主要渠道，农民所交的朋友基本上都是从事和自己相同或相近工作的人，因此笔者把朋友归入业缘人际传播（蔡桦，2005）。农民通过人际传播传递和接受信息的渠道多、方法灵活，信息丰富多样，双向性强，并且反馈及时、互动频率高，对农业生产经营信息的获取发挥着极其重要的作用。尤其是农村意见领袖，如村干部、农业示范户、农业经纪人对一般农民的信息行为、决策行为起着决定性作用，如村干部在向农民口头传达信息时，当时即可知道农民对于此种信息的反应，这有利于信息的及时反馈，并且由于农民对于村干部等意见领袖的信任，对于信息的利用也更有信心。

农村经济人虽然占农村人口的比例不大，但在把小生产引入大市场、畅通物流、推广应用先进的农业科学技术、拓宽农村劳动力就业的门路、优化农村经济结构、提升农业产业化水平、带动农民增收致富方面都能起到重要的作用。比如，海南省澄迈县由200多名经纪人组成果菜运销协会，带来了大量的果菜市场信息，并联结了6万多农户，请来大量外地运销商与农户签订生产合同，实现了以销定产，解决了澄迈县果菜走出去难的问题。又如，安徽省蒙城县庄周乡经纪人引来外地商客，在蒙城建立了蔬菜脱水基地，并逐步扩张到周边的10多个乡镇，成为蒙城县蔬菜发展的龙头企业，促进了蔬菜生产。

由于多年形成的利益关系，是当地农民对经济人比较信任，经纪人让种什么养什么，农民都愿意听。经纪人根据农产品供求双方的愿望采集、加工、传播可靠的信息，是实现信息入户最便捷的转运站（郭作玉，2009）。

尽管不同类型的农民都可以从大众媒介、组织媒介等渠道获取信息，但是由于这些信息的实用性并不强，并且农民也担心其可靠性、及时性，因此农村意见领袖对待信息的态度及行为对一般农民获取和利用信息有直接的影响，并且还起到决定性的作用。

人际传播的双向参与性、私人性、反馈的灵活性、自身传播符号的多样性和沟通的情感性在农民获取信息的过程中被广泛地接受。但其自身的传播弱势如受个人活动能力的限制、信息传递的时刻制约，致使传播面比较窄，传播速度比较慢，信息在传递的过程中容易失真，也在一定程度上制约了信息的传播和利用（陶丽，2008）。

（3）组织传播渠道

组织传播渠道，如农村专业技术协会、农民合作组织等的有效合理利用也将对满足农民的信息需求起到重要作用。目前，在我国，对农民提供的信息服务大多还是通过各级政府部门及直属事业单位逐级传递的，一般只延伸到乡镇一级，在乡镇和农民之间常常存在着一个断层，这个断层的存在，致使大量的信息滞留在政府部门，不能及时传递给广大农民朋友。而各种专业技术协会、合作组织恰恰位于这个断层中间，他们如果能够巧妙的发挥作用，就能把政策信息、市场信息、科技信息等及时传递给农民，从而打通信息流向乡间的路。农村专业技术协会、合作组织能够利用多种渠道，多方面地搜集各种信息，加以鉴别、整理，将杂乱的信息有序化、规范化，为农民提供专业化的信息服务，引导农民的生产和决策，减少了农民生产经营的盲目性。同时，也可以把农产品市场信息、农资信息等通过各种农民容易接受的渠道发布出去，及时地帮农民解决生产和生活中的困难和问题（郭作玉，2009）。

海南省农民通过组织传播获取信息的渠道主要有政务部门、信息服务机构、合作社、当地农技部门等。但是，目前，组织传播渠道在农民获取与利用信息过程中所发挥的作用还不突出。从调查的数据来看，在被调查 680 名农民中，选择通过政务部门、信息服务机构、合作社、农技部门获取信息的农民分别有 105 人、48 人、71 人、91 人，分别占被调查农民的 15.44%、7.06%、10.44%、13.38%。

政府部门缺少对农民信息需求的深入调查，往往主观确定传播内容，所提供的信息服务内容与农户的需要差距较大，加之传播方法单一等问题致使农户缺乏参与积极性。多数乡镇设有农技服务机构，但没有设立专门的农村市场信息服务组织，农村中农技服务人员人数少，不能及时直接向广大农户传递针对性强的新技术和农产品行情等方面的信息。农村有相对完整、健全的村级行政机构，但通过村民委员会传播信息的渠道还不十分畅通，村级行政组织还未在农村市场信息服务中发挥其优势。部分农村信息服务机构较好的起到了传播信息的桥梁作用，农民对信息服务机构提供的信息也比较认同，只是碍于规模和实力，在农村市场信息服务中作用不明显。

创新扩散需要具备四种要素，即创新要素、渠道要素、时间要素和流通发生的社会系统要素。可见，信息传播渠道在一项新技术或者新观念被接纳和采用的过程中起着至关重要的作用。两级传播理论告诉我们，在信息传播的认知阶段，大众传播占重要地位，在信息传播的说服和决策阶段，人际传播的作用更加凸显。

由于海南省农业经济的发展相对滞后，在农村信息服务的过程中，应结合海南省经济发展的实际情况，根据不同类型农民对于信息传播渠道和传播方式的偏好特征，充分结合大众传播和人际传播两种传播方式，不断优化组织传播渠道，为农民提供有针对性的信息服务。

第6章

农民信息需求的影响因素分析

信息具有商品性，具有同其他商品类似的特性。因此，研究影响农民信息需求的因素可以借鉴传统的商品需求理论。

根据需求理论，影响一般商品需求的因素是多方面的，包括商品自身价格、替代品价格、收入、偏好、预期等。

然而信息除了具有一般商品的共性特征外，还具有信息商品的个性特征。因此，在研究农民信息需求影响因素时，既要从影响农民信息需求的客观因素和影响农民信息需求认识与表达的因素两个方面着手，还要立足于信息商品的个性特征，着重从农民信息需求状态为出发点进行研究。

6.1
影响农民信息需求的客观因素分析

根据对相关文献的研究总结发现，雷娜（2008）、王栓军和孙贵珍（2012）对影响农民信息需求客观因素的观点比较具有代表性，认为：影响农民信息需求的客观因素主要有自身因素、社会环境和自然环境因素，因此，本书研究采用以上学者对影响农民信息需求客观因素的分类。

6.1.1 自身因素

农民自身因素主要指农民的年龄、性别、经济状况，这些因素都有可能影响农民的信息服务接受行为。

（1）年龄

很多专家学者都认为年龄是影响农民信息需求的重要因素之一。一般来说，年龄越大的人，会更加注重农业市场信息、农业政策信息和教育等信息。Schnitkey 等（1992）发现年龄和农民的生产经验相关，而生产经验越丰富的农民需要的外部信息越少。更重要的是，从各种传统媒体渠道获取信息需要个人对信息进行搜索和解释，所以年龄较长的农民会认为这种搜索和解释并非非常必要。但是对于个人信息渠道而言，Kool 等（1997）发现信息的提供者会更愿意和有经验的农民建立关系，年龄和农民选择个人信息渠道为正相关关系。年龄大的农户相对于年纪轻的农户往往更愿意选择传统的，获取成本较低的信息服务，年纪轻的农户相对于年龄大的农户却往往愿意选择更为先进、快捷的信息服务（宋军等，1998）。王玄文（2003）在其文章中指出，一个农民年龄越大，从事农业生产的经验就越丰富，这样他就会对与农业生产相关的新产品、新技术等更加感兴趣。会花更多的时间和精力去了解与农业生产有关的新品种和新技术信息。Thangata 和 Alavalapati（2003）利用 Logit 模型研究了非洲撒哈拉地区农户采用农业生态技术（睡鼠树和玉米间作以提高土壤肥力和玉米产量），研究结果表明户主的年龄影响农户采用该技术，其中年龄与采用该技术呈负相关关系，即年纪轻的农户愿意采用该技术。韩军辉和李艳军（2005）等通过问卷调查的方式，对湖北省谷城县农户获知种子信息的主渠道进行问卷调查，发现农户获取种子信息的最重要渠道为广播电视宣传，而政府或村委会宣传也是农户获知种子信息的主要渠道。并进一步对农户采用新品种行为进行了回归分析，发现年龄是影响农户对新品种的态度及其采用行为的第一个因素。在控制其他变量的情况下，随着年龄的增加，"积极尝试"的可能性反而变小。在农村，年岁较长的农民有着较为丰富的社会阅历，对待一个新品种的态度往往是比较"理性"，不会轻易地去尝试，更大的可能性是采取"等待别人先种植，效果好再买"或"向专家了解清楚后再决定"的态度。自变量年龄的回归系数从负到正的变化趋势正好反映了这种情况。赵丽霞（2007）研究发现，年龄越大的农民，越重视农业市场信息的提供，农业政策等行政管理和教育娱乐等民生方面的信息（就业信息除外，年龄与就业信息需求呈现负相关）。

（2）性别

在对农民信息需求的影响上，性别同样也被认为是重要的自身因素。宋军等（1998）在对农民的技术选择进行研究中发现，在对信息需求的选择上，男性对节约资金和提高质量的技术信息较为偏好，而女性往往更偏好节约劳动型技术和高产技术信息服务。

Doss 和 Morris（2000）对性别如何影响非洲农民技术选择进行了研究。该研究认为，性别往往会影响到农民选择技术的偏好，例如妇女在选择玉米新品种时可能会选择易加工耐储存的玉米品种，而男性可能会选择具有其他特性的玉米新品种。也有专门学者对女性的信息需求进行了研究，结果显示女性的信息需求源以亲友、邻里以及农村专家为主。

在考察农村居民信息需求的国外文献中，还存在不少有关农村妇女信息需求的专门研究。博茨瓦纳（Mooko，2005）的一项调研显示，妇女的信息需求主要受她们的家庭责任所驱动，主要包括：医疗卫生信息、农业信息、就业信息、家庭暴力救助信息、满足家庭基本需求的信息，此外，她们还经常需要政府救助和福利信息、政策和培训信息等。一项对坦桑尼亚农村妇女的研究（Kiondo，1998）显示了几乎相同的媒介和信息源选择倾向。它发现，被调研的妇女主要通过口头媒介获取信息，她们最经常利用的信息源是朋友或亲属，其次是农村专家、村庄领导、医疗诊所和赤脚医生。相比之下，只有不到2%的被调查者经常使用印刷品，如图书或报纸。

Leckie（1996）以加拿大安大略省为案例，考察了女性的社会角色如何影响她们对农业专业化信息的获取和利用。研究发现，女性农民在生产中存在强烈的信息需求，但她们却经常被常规信息传播渠道（那些对男性来说习以为常的渠道）所排斥。笔者认为，之所以会出现这种状况，是因为社会分工的潜规则决定，女性的职业角色和社会角色均不属于农业生产领域。作者进一步指出，这种状况表明，信息获取和利用事实上是一个社会建构过程。

农少林和唐献平（2006）发现男性比女性更关注农业技术和农产品供需信息，不大关注生活等民生信息，二者在法律法规等行政管理上的信息需求偏好无显著差异。而在信息渠道的偏好上，男性更关注杂志、报纸等传统纸质媒体渠道，在其他渠道偏好上无明显差异。王玄文（2003）同样得出了类似的结论，即女性不需要农业技术服务的比例要高于男性。

Hollifield 和 Donneermeyer（2003）研究发现性别对网络等现代媒体的使用偏好无影响。

总之，在一般情况下，性别对农民信息需求内容的选择是有一定的影响作用的。因此，本书也把性别作为考察农民信息需求的重要影响因素之一。

（3）经济状况

影响农民信息需求的因素之一就是农民收入水平（原小玲等，2009）。随着社会经济水平的不断提高，农民的收入不断增长，对信息的需求意愿也随之增强。因此，本书认为农户收入会诱导农民产生信息需求，农户收入和农民信息需求存在着某种正相关关系。

信息支付能力是农民进行信息消费决策的重要因素。贺文慧（2008）在对苏、皖、内蒙古、滇、赣五省的农户信息需求资料利用扩展线性支出系统模型进行分析后，得出他们初步具有了信息服务支付能力，但水平较弱的结论。对信息支付能力的衡量，目前学术界没有一个统一的指标。本书认为农民信息支付能力的主要决定因素是农民的纯收入，即农户收入减去支出后的收入。为了方便，本书决定用农民纯收入代替农民的信息支付能力。

根据 Hicks-Hayami-Ruttan-Binswanger（希克斯—速水—拉坦—宾斯旺格）假说，农民的耕地禀赋和收入会对农民的技术选择行为产生影响。农民经济实力是影响农民技术选择的一个主要因素（林毅夫，1994；朱希刚和赵绪福，1995；宋军等，1998）。经济实力对农民的技术选择行为可能会产生两方面的影响，一方面农民家庭收入是诱导农民技术采用的一个主要诱导因素，技术采用的固定成本使得家庭经济实力强的农民有能力尝试新技术。而经济实力差的农民由于担心新技术所带来的风险和不确定性，往往会对新技术采用观望态度。另一方面，不同经济状况的农民会选择不同类型的技术，经济状况好的农民可能对非农技术的需求意愿较强。

谭英（2004）在其论文中发现越贫困的农民受体科技信息需求意识越弱；越是相对富裕的农民受体，科技信息需求和农村行政管理意识越强，获取和使用信息的效率越高。在信息传播渠道（媒介接触行为）方面，低收入型及中等型农户主要选择人际传播渠道；相对富裕型农户选择大众传播渠道。赵文祥（2007）指出收入和政府部门的信息渠道的采用呈正相关关系。雷娜（2008）也发现越富裕的农民越倾向于把报纸、杂志和网络等作为主要的信息服务渠道。

6.1.2 社会因素

社会因素是决定农民信息需求的外部环境要素，决定着农民的基本需求及由此而产生的信息需求。社会因素主要包括社会政治制度和国家体制、国家法律和社会道德、社会人口、社会教育、宗教信仰以及社会经济、科技、文化发展状况和产业结构等。

（1）政治制度与国家体制

政府分为中央政府和地方政府。中央政府的信息服务行为动机是维护自身的历史地位和名誉（王俊杰和陈晓萍，2010），以获取人民的信任与支持。因此它会以切实满足农户信息需求为导向来开展广泛的信息化基础设施及信息市场体系建设。但是中央政府作为农村信息化建设的统筹规划者，为广大农户提供的是针对性较弱的信息，如政策法规信息。而区域性信息传播工作的具体贯彻落实需要由地方政府来开展。地方政府信息服务的行为动机是满足地区性利益和个人利益最大化。由于资源的限制，加之地方政府官员迫于上级政绩考核的压力以及政治晋升的诱导开展农户信息服务工作，往往会注重见效快、投资小的硬件信息基础设施建设而忽视农户信息服务满意度的提高。

（2）国家法律

在我国刚刚起步的农业信息市场运行无序，"信息污染"严重，"假冒伪劣"信息在不规范的市场上流动，加之相当一部分农民缺乏一定的鉴别能力，被坑被害的事件时有发生。"一朝被蛇咬，十年怕井绳"，尽管是使用价值很高的农业信息，农民也视为"狗皮膏药"，抑制了农民信息需求的提高。

信息法在我国基本上是个空白，连研究也很不够。尽管我国先后已制定了与信息的采集、应用、传播等有关的一些法律，如《统计法》《档案法》《专利法》《商标法》《吒著作权法》《安全保密法》《新闻出版法》以及软件保护、知识产权保护等重要规章性条例等。但是与当前信息化发展的实践需要相比，还很难适应，显得严重滞后。1997 年 3 月中国信息化法制建设研讨会组委会曾专门召开会议，探讨如何加快我国信息化法制建设和健全信息化发展的法制环境，并出版了一本论文集《中国信息化法制建设研讨会文集》。该集的首篇论文《信息化法制建设的几个理论和实践问题》为杨学山同志所写，他提出了这方面的主要理论问题和重大实践问题，并把《电信法》《广播电视法》等列为当前急需制定的信息法。然而以《电信法》为例，从 1981 年 6 月起草第一稿以来，16 年间数易其稿，迟迟不能出台。这说明信息立法的艰巨性，也说明信息立法的滞后状态。

从历史看，我国对信息立法的研究起步并不太晚。国家信息中心 1987 年成立后就设置了政策研究室，专门研究信息法规问题，陆续整理出《信息与信息技术立法文集》《我国信息立法环境分析及立法探讨》《信息化进程中立法框架建议》等内部资料，并在 1990 年邀请加拿大财政委员会信息管理实施司杰雷·贝塞尔先生对中央各部委的有关同志讲授信息法问题，当时在国内引起过强烈的反响。但是，10 年过去了，人散工作停，现在又要重新捡起来，其中的原因发人深省。

（3）农民所处的社会网络环境

农民的社会网络是指生产生活中各种人际关系的总和，通常具有亲缘和地缘特点，社会网络中其他成员的信息偏好对农户的信息需求具有较大影响。有关调查显示，通过亲朋好友获取信息的农民占 86.2%（原小玲等，2009），可见社会网络已经成为农民重要的信息沟通、交流渠道。分析其原因，主要是我国农村开放式的房屋结构和时常串门的风俗习惯使得社会网络密度较高，彼此间来往较频繁，信息在网络中的传播较通畅（汪红梅和余振华，2009）。当社会网络中的其他成员对信息的需求较大并取得了较大收益时，农民就会积极的效仿，增加信息需求。但是，由于信息网络中成员提供的信息比较单一，对于先进的科学技术等信息涉及较少，加之社会网络具有一定的封闭性和排外性，外界信息传播者如农技推广员的信息传播比较困难，不能及时地将先进的科技成果传递到农民手中并转化为生产力，这就使农民信息需求可获性局限在一个较低的水平，阻碍了信息充分发挥其在农民生产和生活中的重要作用。

（4）科研机构

科研机构，即从事科学研究的单位，是先进科学技术信息传播的信息源。由于科研机构工作者自身的责任感和优越感，其信息服务的动机是传播普及最新科研技术知识，让先进技术转化为生产力以体现研究成果的现实作用。但是科研工作者与农民之间知识水平的差距以及农民所处的社会网络的排他性，导致了信息传播主体之间存在着沟通交流的障碍和缺乏信息交流通道，科研机构或农业科技专家提供的科研技术信息没有得到有效的利用，农户难以在农业生产服务中获得有效的技术指导，农民对信息的可用性需求无法得到满足。另外，从组织行为学中行为结果对动机的反作用来看（张德，2008），当科研工作者对农民的知识、技术传播没有达到预期效果时，会打击他们提供信息服务的积极性进而会降低农民信息需求的满意度。

（5）广播电视媒体

广播电视媒体开展信息服务的行为动机是以娱乐大众、满足大众信息需求为手段来提高收视率和收听率并获取更多经济效益。由此可以看出，为了扩大社会知名度，满足各种人群的信息需求，广播电视媒体作为信息源具有面向对象的广泛性和信息服务内容的多样性的特点。这就不可避免地忽视了农民信息需求的区域差异性、针对性特征，因而不能有效地满足农民对信息可用性的需求。另外，广播电视媒体的经济效益驱动性表明了其对农民的信息服务并不是最终目的而只是实行自身动机的手段，这将降低农民对广播电视媒体信息服务的信任度，从而影响农民信息需求的满意度。

（6）信息获取成本

农户获取信息的成本对其信息需求具有负向效应。信息获取成本的产生是由于农民在信息市场上总处于信息劣势的一方，为了掌握更多信息以支持决策，往往需要支付成本。信息获取成本包括基本费用和搜寻成本，基本费用主要是指设备、网络和有偿信息费用，2014 年底年全国农村人均纯收入为 9892 元（见表 1－1），可见我国目前农民的经济收入普遍较低，对于平均价格在 3000～4000 元的电脑，许多农民都是可望而不可即，因此大大降低了农民通过网络获取信息的需求，另外，本书调查表明，大部分农民能接受 10 元以下的信息费用，占调查农户的 56.6%，能接受 20 元以上信息费用的农民几乎没有，这就表明较高的信息获取成本将会打击农民对有偿信息支付的积极性，进而阻碍农民的信息需求。搜寻成本主要指时间成本，也可以理解为机会成本，由于农民的时间分配和农业信息供给都具有较强的季节性特点，农忙时节机会成本较高，而恰好也是农业信息最丰富的时候，农闲时节机会成本较低，相应的信息供给量也较少，这导致了农民获取信息的机会成本较高，不利于满足农民对信息可获得性需求。

（7）产业结构

产业结构是指各产业的构成及各产业之间的联系和比例关系。在经济发展过程中，由于分工越来越细，因而产生了越来越多的生产部门。这些不同的生产部门，受到各种因素的影响和制约，会在增长速度、就业人数、在经济总量中的比重、对经济增长的推动作用等方面表现出很大的差异。因此，在一个经济实体当中（一般以国家和地区为单位），在每个具体的经济发展阶段、发展时点上，组成国民经济的产业部门是大不一样的。各产业部门的构成及相互之间的联系、比例关系不尽相同，对经济增长的贡献大小也不相同。因此，把包括产业的构成、各产业之间的相互关系在内的结构特征概括为产业结构。

农业产业结构是指农村这个特定经济区域内，各个经济部门及其所属各门类、各生产项目的比例关系、结合形式、地位作用和运动规律等。

赵丽霞（2007）、王栓军和孙贵珍（2012）都认为产业结构决定农民的客观信息需求。赵丽霞（2007）还从实证分析的角度验证了内蒙古农业产业结构对农民信息需求的影响。

我国农业产业结构中，农产品加工业相对滞后，农业生产优势资源（如信息资源）开发利用不够，农业产业结构仍需调整。从我国的产业结构来看，农业仍旧是弱质产业，农业现代化程度和信息化程度有待进一步提高，这在一定程度上影响了农民对信息的需求。

6.1.3 自然因素

自然因素指自然资源、环境及其他方面的自然条件因素，这些因素是影响农村社会发展自然物质要素，决定着农村社区的生活和经济结构，从而在一定社会范围内影响着农户信息需求的范围、内容、形式和途径。

（1）地理环境和通信基础设施

地理环境恶劣和通信基础设施差是农民信息需求的障碍因素之一。目前，我国中西部地区的农民生活状况和东部发达地区之间存在着很大差异。在我国中西部的一些偏远山村，地形险要，要从走出山村就用大半天的时间穿越崎岖的上路，通信设施也不健全，农民长期生活在一种信息相对封闭的环境里，除了村干部会与乡镇政府打交道外，大部分农民很少与外界联系。另外，由于交通的不便，农民生产的农产品无法运输，销售也十分困难，导致农民对信息的需求意愿较低。

"使用与满足"理论认为，如果受众的媒介接触行为得不到满足，势必会影响其以后的媒介接触行为。偏远山区的农民，由于通信设施较差，农民收不到诸如央视7频道等的农业节目，从地方电视台的节目中也很少能看到农业方面的节目，久而久之他们在不同程度上将不再期待从电视中获取所需要的农业信息等各种信息。加之当地交通不便，通信基础设施较差等客观方面的原因，导致信息不能变成物质、变成商品。在这些地区，只有信息的流入，没有物质流出，就会成为一个空有信息的孤岛，长此以往，必然会影响农民的信息需求意识，进而影响其农业经济的发展。只有信息流与物质流同时流动的时候，信息才能真正发挥其效用，最终达到知识改变命运、信息改变生活的目的（谭英，2004）。

而地处我国中西部发达地区的农村，由于地理环境、交通条件相对较好，在当地政府、农业企业等的带动下，农民对信息的渴求则表现得非常强烈。

（2）农业生产规模与水平

农户家庭劳动力转移数和农业生产规模化程度是农业生产规模与水平的两个衡量指标，它们对农户信息需求的强烈程度有正向促进作用。从农业劳动力转移来说，有关调查显示，当户主在家务农时，家庭从村干部处获取信息的比例为7.56%，从书籍报刊中获取信息的比例为7.05%；而户主外出务工时，家庭成员从村干部处获取信息的比例上升为8.63%，从书籍报刊中获取信息的比例下降为4.66%（肖洪安和陶丽，2009），并且从所调查的其他数据结果分析可知，无论户主是否外出务工，家庭从书籍报刊中获取信息的比例都随着劳动力转移数的增加而减少，从农村干部处获取信息的比例都随着劳动力转移的增加而增加。由此可见，对于农业劳动力转移较少尤其是户主在家务农的家庭，他们了解农业相关信息的主要目的在于引导生产经营以增加经济收入，而对于农业劳动力转移较多尤其是户主外出务工的家庭，由于家庭决策领导者的缺失缩减了家庭其他务农成员信息渠道的选择范围，降低了信息可用性需求的满意度。我国大部分农户都属于自给自足的小农经营，耕地面积普遍较小，假设信息对每一亩耕地发挥的效益相同，那么在信息费用不变的情况下，规模较小的农户获取信息带来的总效益较小，对农户信息需求的激励作用较小。另外，有关调查显示，有48%的规模化经营农户具有高中以上学历，其中16%具有本科及以上学历（张蕾等，2009），这在一定程度上说明农业生产经营规模化程度较高的农户其文化水平相对较高，信息意识更强，对信息的需求普遍较高。

以上三类因素互相联系、互相影响、不可分割。社会因素和自然因素最终通过农户的个体因素决定其信息需求，同时又从总体上影响着农户的主体行为，农户行为又反作用于社会和自然，从而推动农户需求不断发展。

6.2

影响农民信息需求认识与表达的因素分析

如果将用户信息需求的客观状态称为客观信息需求的话，用户信息需求的认识和表达状态则可称为主观信息需求。它们之间存在以下关系：a. 客观信息需求与主观信息需求完全吻合，即用户的客观需求被主体充分认识，可准确表达其信息需求状态，当然，这是一种理想状态。b. 主观信息需求与客观信息需求部分吻合，即用户认识或表达客观信息需求有差异，用户只是准确地认识到部分信息需求并得以表达，另一部分为与客观需求不符的主观认识或表达，这是一种常态。c. 客观信息需求与主观信息需求存在差异，即用户认识和表达出来的不尽是客观上的真正需求，有一部分是由于各种原因引起的误解。这种情况要尽量避免。d. 客观信息需求的主体部分未能被用户认识激活表达，即用户未对客观信息需求产生实质性反应，其需求以潜在形式出现。在这种情况下，必须有外界刺激，使信息需求的隐性形式转变为显性形式（徐娇扬，2009）。

如今，我国农民在农业投资、农产品生产、农资良种购置、农产品经营等各个领域都离不开信息，农民只有获得及时有效的信息，才能消除对生产经营的不确定性，农民才能增收，农业生产才能增效，农村发展才能增速。但是由于农民总体文化素质较低，农民对信息的需求多以潜在形式出现。作为信息服务部门，一方面要满足农民的显性信息需求，另一方面也要挖掘农民的潜在信息需求。潜在信息需求在一定条件下可以向显性信息需求转化。因此，研究影响潜在信息需求向显性信息需求转化的因素，也就是影响农民信息需求认识与表达的因素将是海南省农民信息需求影响因素分析的关键。

众所周知，农民的自身因素、社会因素、自然因素决定着农民的客观信息需求。那么是什么因素影响着农户信息需求的认识与表达呢？

根据对已有文献的总结研究，本研究认为，影响农民信息需求认识的因素主要有认知能力和信息意识；影响农民信息需求表达的因素主要有以下几类：表达能力、对农村信息服务系统的信任度、表达需求的途径、手段、环境（徐娇扬，2009）。

第一，认知能力。所谓认知能力是指人脑加工、储存和提取信息的能力，即人们对事物的构成、性能与他物的关系、发展的动力、发展方向以及基本规律的把握能力。它是人们成功地完成活动最重要的心理条件。直觉、记忆、注意、思维和想象能力都被认为是认知能力。美国心理学家加涅（R. M. Gagne）提出 3 种认知能力：言语信息（回答世界是什么的问题的能力）；智慧技能（回答为什么和怎么办的问题的能力）；认知策略（有意识地调节与监控自己的认知加工过程的能力）。

第二，信息意识。意识是指人对客观现实的自觉的反应，它虽是主观产物，却反作用于客观现实。信息意识是指信息用户对信息的自觉心理反应，并对自己的信息行为起指导作用的一种主观能动性。农民的信息意识决定着农民的客观信息需求能否转化为信息行为，也就是说，越是具有较高信息意识的农民，在实际操作中越能意识到自己的各种信息需求。但是如果表达能力较差，这种需求能不能被用户清晰地表达给信息服务系统。

第三，表达能力。农民的表达能力主要取决于农民的语用能力。所谓语用能力就是农民对语言实际运用的能力。人们判断语言实际运用能力的标准是能否进行正确的表达和理解。通常情况下，能进行正确的表达的理解，语言的实际运用能力就强，反之则弱。农民的文化程度和信息实践决定着农民对信息需求的表达能力。

第四，农民对信息服务系统的信任度。农民在向信息服务系统提出自己的需求时，往往有一种强烈的倾向，即他所表达的需求是他认为该系统能够提供的服务，它不是他真正的服务需求。如果农民认为某信息服务机构不能够提供某项信息服务，即便他有这种信息需求，也不会真实地表达出来。这就是信息服务机构在服务过程中客观存在的首因效应和近因效应对农民信息需求的表达产生的明显影响。农民对信息服务系统的信任度包括信息部门的服务能力、信息市场的发育程度等。

第五，农民表达信息需求的途径。农民向信息服务系统表达信息需求，可以当面表达，也可以远程表达，既可用语言表达，也可用文字表达。就表达的效果讲，文字表达远比话语表达效果好，因为农民以书面形式写出提问时，对他本身是一种约束，他必须考虑如何清楚准确地把真实的需求表达出来。而如果农民远程获取信息服务时，由于少受系统的约束，一般不会太多考虑信息系统的服务能力，更多考虑的是如何将自己的需求表达清楚。本书采用的是问卷调查的方式对农民的信息需求进行分析，也就是说，本研究调查的农民是通过书面形式来表达自身的信息需求的。

综合以上的分析，本书把影响农民信息需求认识与表达的因素分为以下几种：认知能力、信息意识、文化程度、信息实践、信息部门的服务能力、信息市场的发育程度。此外，根据基本需求理论，信息商品的价格也是影响农民信息需求的重要因素。

6.2.1　认知能力

（1）认知能力的概念

王栓军和孙贵珍（2010）认为，认知能力是指接收、加工、储存和应用信息的能力。它是人们成功地完成活动的重要前提条件。

美国心理学家加涅（R. M. Gagne）提出了言语信息、智慧技能和认知策略三种认知能力。

唐素勤和钟智（2002）认为对认知的定义没有一个统一的说法，根据信息加工主义心理学和建构主义心理学的观点，认为认知即个人以已有的知识结构同化或顺应新知识从而在头脑中重构和应用知识。认知能力是个人在重构和应用知识时所具备的能力。

张会田（2011）认为信息的获取与利用本身就是一项认知行动，而不是一种物理或机械的运动。信息认知能力是人类认识和处理信息的质和量的关系的能力，与人的知识能力及认知结构密切相关。信息的质就是信息的有用无用、有利有害问题，信息的量就是信息的不足与多余、充足与过剩的问题。具有信息认知能力的人能够认识到什么样的信息才是最需要且最适合的。

徐娇扬（2009）从心理学的角度对认知能力进行了阐述，认为认知能力是指接受、处理和发出概念信息的能力，主要包括推理判断、语言理解、数量关系、空间能力、知觉速度等。认知能力不仅包括语言知识的习得和使用，更主要的是非语言知识的习得和使用，所习得和使用的是"存放在我们大脑里的各种心理表征和规则"。心理表征从不同的角度反映客观世界，它们对客观世界的事物、活动、过程和主观世界的意识、思维进行分类和指称；规则主要指思维的规则和语言规则。这些心理表征和规则构成了通常所说的"认知图式"。外来信息源引起大脑皮层的活动，"激活"了原有知识图式中的相关信息，这些外来信息和原有信息相结合产生新信息的过程就是联想。

本书所指的认知能力是指大脑加工、储存和提取信息的能力，即农民对事物的构成、性能与他物的关系、发展的动力、发展方向以及基本规律的把握能力。它是农民认识潜在信息需求的必要条件。

（2）认知能力对农民信息需求的影响

农民的客观信息需求如果不能被正确的认识和表达，信息服务部门就无法了解到农民的这部分潜在的信息需求，就不能够提供及时有效的信息服务，这就在很大程度上影响了农村信息服务部门的工作效率，极易导致所提供的信息缺乏针对性和及时性，也会在一定程度上制约农业经济的发展。农民能否对信息需求产生客观上的合理认识是其准确表达信息需求、寻求信息服务、从事信息活动的重要因素。对于存在于用户自身中的客观信息需求的认识，特别是对大量隐性需求的认识，主要取决于用户自身的认知能力，特别是元认知能力。元认知能力是用户主体对自身认知活动的认知，其中包括对当前正在发生的认知过程（动态）和自我的认知能力（静态）以及两者相互作用的认知。如果用户认知能力不足，就会造成隐性需求不能被显化，甚至有可能被湮没。在一定程度上，农民的认知能力和认知结构决定了信息的认识水平和潜在需求向现实需求的转化水平。

基于认知能力是农民加工、储存和提取信息的能力这一概念，本书对海南省农民认知能力概况的阐述主要从调查农民储存信息的方式着手，具体如表6－1所示。

表 6 - 1　　　　　　　　　　　　　　农民储存信息的方式

您怎么处置所获得信息					
处置方式	记在脑子里	记在纸上	记在手机上	记在电脑上	丢掉	其他
选项农民数量（人）	346	253	40	24	2	29
占比（%）	50. 88	37. 21	5. 88	3. 53	0. 29	4. 26

在被调查的 680 名农民中，把所获得信息记在纸上的农民有 253 人，占被调查农民的 37.21%，把所获得信息记在手机上和电脑上的农民分别有 40 人和 24人，分别占被调查农民的 5.88% 和 3.53%，有三者合计，共占 46.62%，也就是说，在被调查的农民中，习惯把所获得信息记录下来的农民仅占 46.62%。另外，有 50.88% 的农民把所获得的信息记在脑子里，有 0.29% 的农民把所获得信息丢掉。这也就意味着有一半以上的农民对所获得信息的储存方式比较随意，对信息认知能力较弱。

6.2.2　信息意识

（1）信息意识的概念

宦伟指出，信息意识，即人的信息敏感程度，是人们对自然界和社会的各种现象、行为、理论观点等，从信息角度的理解、感受和评价（宦伟，1999）。朱水林认为，信息意识首先是对信息时代带来的历史必然性的一种自觉认识，包括对于信息的价值和作用的一种正确认识，还应包括对信息工作者社会价值的承认，也是对信息文化强大生命力的一种自觉体认，是一种在信息时代自我更新的意识（朱水林等，1997）。陶冶（2001）指出，信息意识是人自觉地对信息的需求，是人自觉地掌握信息、利用信息的要求。胡晓丽和李萍（2003）认为信息意识，即人的信息敏感程度，是人们对自然界和社会的各种现象、行为、理论观点等从信息角度的理解、感受和评价。也就是面对不懂的东西，能积极主动地去寻求答案。而经济欠发达地区的农村经济和文化都比较落后，绝大多数的农民文化素质偏低，加上长期面向黄土背朝天，与外界缺乏沟通和交流，获得信息的渠道单一，信息量极少，对很多事物和知识都感到陌生和新奇。因此根本谈不上去理解、感受和评价。徐仕敏（2001）认为，信息意识是人们对信息作出的能动反应，具体表现为了解信息的重要性，对信息敏感，在遇到问题时知道并善于依靠信息进行判断、分析和决策。信息意识是人们搜集、处理、分析、综合、利用信息等信息能力的前提和基础。王洪俊（2005）认为，信息意识是农民获取所需信息的内在动因与能力，具体表现在对信息的敏感程度。农民有无信息意识决定着他们捕捉、判断和利用信息的自觉程度。而信息意识的强烈与否对能否挖掘出有价值的信息、对农业生产的科学决策水平起着关键的作用。李光学（2009）认为，信息认知意识是指信息主体（信息资源的开发者和利用者）对客观信息自觉的心理反应，是信息主体对信息的取舍、判断、传播和利用的一种主观能动性。何艳群等（2011）认为信息意识是在新信息获取和使用活动及体验经验和对信息认识基础上形成的对信息的高度敏感性和自觉、自发获取与使用信息的一种心理准备状态。

本书所指的信息意识，是农民对信息的敏感程度和对信息的价值、自身的信息需要的了解，以及人们在遇到问题时主动的依靠信息进行判断、分析和决策的能力。信息意识对于农民认识信息需求起着关键作用，对于农民的信息需求内容、层次、方式等方面具有重要的影响。信息意识的差异性直接导致了农民对信息需求的认知的差异性。

（2）农民的信息意识

研究农民的信息意识首先要明确信息意识的表现形式和信息意识的构成要素。其中，农民信息意识的表现形式主要有以下三个方面：

① 对信息具有特殊的敏锐的感受力。对信息具有敏锐的感受力是指农民能够敏锐地感受信息，尤其是对各种新的或有重要价值的信息的感悟。

② 持久的注意力。对信息具有持久的注意力是指对信息应有一种习惯性倾向。无论在什么地点、什么时间、什么环境下都对信息保持极为密切的关注。

③ 对信息价值具有判断力。对信息价值具有判断力是指对纷繁复杂的各种信息能作出批判性的处理，鉴别其真伪，把握其本质（刘明新，2009）。

信息意识主要由信息主体意识、信息传播意识、信息更新意识、信息评判意识、信息安全意识等要素构成。

① 信息主体意识。创新时代的主体是人，因而人是信息时代的主要因素。作为单个人在信息活动中要保持高度的自主性、独立性和规范性，对自己的信息需求相当清楚并能在此基础上阐明自己的信息需求，能够识别潜在的信息源，懂得如何学习，知道信息是怎么组织的、怎样去寻找和利用信息，具有独立学习和终身学习的好习惯。

② 信息传播意识。在信息社会中，信息的交流是普遍存在的。新时代的农民要能够对信息进行正确传递、报道与沟通，以防止信息闭塞。了解信息传播的

媒体有广播、电视、报刊、出版物与互联网等；了解信息的各种承载形式有印刷型、电子型（缩微制品、磁带、软件、光盘、网络等）、无载体型等。信息传播途径也有多种，任何一种都无法将某些信息收集齐全，所以要获得全面的信息，就必须学会利用各类信息源，从不同角度评价信息，利用尽可能多的机会扩散信息以增大其效益面。

③ 信息更新意识。信息的快速递增使得新信息层出不穷，这样就使原有的信息资源发生一些变化。为了保证所获信息源的真实、可靠、有效、准确，农民必须有信息更新意识。一方面，农民所从事的农业生产经营活动是在前人的基础上进行的，掌握了父辈祖辈所积累下来的丰富的劳动经验，可以少走弯路。避免做各种无谓的尝试，节省了大量的人力、物力，在一定程度上提高了农业生产的效率。另一方面，要随时关注各种与农业生产、生活有关的政策信息、科技信息等，可以使自己时刻站在时代的最前沿，在此基础上进行创新，并投入到实际的劳动中去。

④ 信息判断意识。铺天盖地而来的信息，有时是混乱无序的，甚至是错误的。农民对于这些信息既不能盲目照收，又不能全盘否定。全盘照收可能会错误的指导农业生产经营决策，给农民造成经济损失，而全盘否定可能会使农民错过致富的机会，因此，信息意识较强的农民应对信息作出评判性的处理，要养成鉴别、筛选信息的习惯。信息是用来解决问题和作出决策的，任何不符合实际的主观信息或误传信息都将导致不良的后果。所以我们对信息要多方面多角度鉴别，认识信息的本质，不要被错误的信息表象所迷惑，也不能因为害怕假信息而错过一些有用的信息。

⑤ 信息安全意识。对于机密性信息，如个人隐私、商业秘密、国家安全等问题，我们要严守保密原则；有效地控制信息的使用方式，保证信息的完整性、系统性；严防信息被篡改或损坏；遵守有关信息安全方面的法规与规定。农民也要时刻保持信息的安全意识，以维护自身经济安全和利益。

（3）海南省农民信息意识现状

本书以海南省农民的信息意识现状为例，从农民对信息的付费意愿、农民对于信息带来经济效益的评价以及广告所提供信息有用性的评价三个维度予以分析，见表 6 - 2、表 6 - 3 和表 6 - 4。

如表 6 - 2 所示，在海南省被调查的 680 名农民中，愿意花钱来获取信息的农民有 316 人，占被调查农民的 46.47%，不愿意花钱获取信息的农民有 356 人，占被调查农民的 52.35%。从以上数据我们可以看出，海南省农民已经逐渐意识到信息的重要性，有将近一半的农民有花钱获取信息的意愿，这是海南省政府对于农业信息化建设重视不断加强，农业信息服务不断完善的结果。但是，我们依然可以看到，有一半以上的农民仍然不愿意花钱来获取信息，这也意味着海南省农民的信息意识还亟待提高，海南省农村信息服务建设还是任重而道远。只有不断增强农民的信息意识，让农民切实地感受到信息给农业生产带来的便利和经济效益，才能够增强农民的付费意愿，从而形成一个良性循环，促使农业信息市场快速健康发展，同时也促进农业经济的发展。

表 6-2　　　　　　　　　　　　农民对信息的付费意愿

您愿意花钱来获取信息吗？		
付费意愿	愿意	不愿意
选项农民数量（人）	316	356
占比（%）	46.47	52.35

从表 6-3 可以看出，海南省农民对信息带来经济效率的认可度较高，认为信息带来的经济效益"很大"和"一般"的农民分别有 238 人和 223 人，共占被调查农民的 67.79%。认为信息带来经济效益"较小"的占 19.56%，8.24% 的农民选择"没有"，1.18% 的农民认为信息起到的是反作用。也就是说，虽然被调查农民对信息带来的经济效益的认可度较高，但是仍有 9.42% 的农民认识不到信息带来的经济效益。

表 6-3　　　　　　　　　　农民对信息带来经济效益的评价

信息给您带来的经济效益					
经济效益	很大	一般	较小	没有	反作用
选项农民数量（人）	238	223	133	56	8
占比（%）	35.00	32.79	19.56	8.24	1.18

从表 6-4 可以看出，在海南省被调查的 680 名农民中，认为广告提供信息有用的农民占一半以上，其中，23.24% 的农民认为广告提供的信息"非常有用"，35.59% 的农民认为"有点用"。但是，认为广告提供信息"不好说""没用""完全没用"的农民分别占 23.68%、10.88%、5.44%。根据以上数据我们可以看出，在海南省被调查的农民中，对广告提供信息有用性的认可程度较高，

但是表示对广告提供信息不认可的农民也不在少数。造成这种想象的原因可能是：广告所呈现出来的内容过于夸张，导致农民对广告提供的信息不够信任；一些广告提供的信息中存在部分的虚假信息，使农民对这类信息望而却步；或者是广告所提供的信息可操作性不强。

表 6 - 4　　　　　　　　农民对广告提供信息有用性的认识

您认为广告提供的信息是否有用				
	非常有用	有点用	不好说	没用	完全没用
选项农民数量（人）	158	242	161	74	37
占比（%）	23.24	35.59	23.68	10.88	5.44

（4）信息意识对农民信息需求的影响

黄清芬（2004）认为，信息意识决定了用户对信息需求的认识和表达以及对信息服务的需求等，当用户感觉到自身知识结构与决策之间有了差距，就会意识到迅速获得信息的必要性，从而引发信息需求。较强的信息意识有助于用户将更多的潜在信息需求转化为显性信息需求。

雷娜（2008）认为，信息意识使农民能够从客观需求中认识信息及信息需求，产生自己意识作用下的信息行为，使信息需求认识和表达具有目的性、方向性和预见性。处于同一环境和具有相同客观信息需求的农民，其信息意识决定了信息的认知和表达。不同层次类型的农民具有不同的信息意识，如农村经纪人、种养大户的信息意识就比普通农民强烈，他们更加重视信息的作用，懂得利用信息来改善自身经济状况。

刘明新（2009）认为，信息意识是信息主体对信息的认识过程，信息意识对信息主体的信息行为必然起着控制作用，信息意识的强弱则直接影响到信息主体信息行为效果的好坏。信息意识具有强大的能动性，这种能动性的一个表现就是信息意识影响主体的信息需求。人们的信息搜集活动是受信息需求驱使的，影响需求的力量的大小主要就是需求被意识的清新程度——意识越明确，行动目标越清楚，则信息活动的动机越稳定、持久、强烈，努力程度也越高。因此，信息意识的强弱直接影响人们信息需求程度的高低。

李光学（2009）也认为，信息意识对于农户的信息需求内容、层次、方式等方面具有重要的影响。

综上所述，信息意识能够使农民认识到自身知识结构与决策之间的差距，从而意识到获取信息的必要性，进而发挥信息意识的能动性，使农民的客观信息需求得以认识和表达。信息意识的强弱直接影响着农民信息需求程度的高低。

6.2.3 文化程度

本书所指的文化程度由农民受教育的层次来反映，文化程度可分为博士、硕士、本科、大专、中专、高中、初中、小学、文盲和半文盲。本书根据海南省农民的实际情况，对海南省农民的文化程度进行调查，在设计调查问卷时，设置了以下5个选项：文盲、小学、初中、高中、大专及以上。

（1）海南省农民文化程度的基本情况

从表6-5可以看出，在海南省被调查的680名农民中，文盲有19人，占被调查农民的2.79%，可见海南省农民的文盲率并不是太高。但同时发现，大专及以上文化程度的农民也只有35人，占被调查农民的5.15%，即在海南农民中，高文化程度的农民也是少数。导致这种状况的原因可能是由于农业劳动比较繁重，农村的生活条件相对于城市比较艰苦，农业生产的收益较低，农村基础设施落后，农村留不住有知识有文化的青年。从表6-5还可以看出，小学和初中文化程度的农民较多，分别有131人和365人，分别占被调查农民的19.26%和53.68%，高中文化程度的农民占18.82%。从以上数据我们可以看出，纯粹的文盲所占的比例已经很小，但是高文化程度的农民还是很欠缺，海南省农民的文化程度依然处于较低的水平。

表6-5　　　　　　　　　　海南省农民的文化程度

文化程度	文盲	小学	初中	高中	大专及以上
选项农民数量（人）	19	131	365	128	35
占比（%）	2.79	19.26	53.68	18.82	5.15

（2）文化程度对农民信息需求的影响

在已有对农民信息需求影响因素的研究中，有大量学者利用实证研究的方法证明了农民的文化程度与农民的信息需求有着正相关的关系。邓春梅等（2015）研究人员多次调研发现，海南省农村青壮年劳动力多数外出务工，留守农民年龄偏大且自身文化水平普遍偏低，一般凭自身经验进行农业生产，信息化意识观念淡薄，对于服务站提供的新品种新技术不敢大胆尝试，致使科技成果推广效果不明显；由于信息获取不畅，产销信息不对称，盲目种植，导致农产品丰产不丰收，甚至出现滞销等问题。文化程度对农民信息需求的影响主要有以下两个方面。

① 文化程度的高低在很大程度上决定着农民对信息需求的表达能力。

表达能力分为两种，口头表达能力和书面表达能力。口头表达能力，也就是口才，就是将自己的思想、观点、意见、建议运用最生动、最有效的表达方式传递给听者，对听者产生最理想的影响效果的一种能力。在农民的实际生产生活中，使用最多的就是口头表达。因此，现代农业的发展，对农民的口头表达能力提出了越来越高的要求。文化程度较高的农民，他们的言语目光中常常透着智慧，对国家的政策和当地农产品的优势、劣势比较清楚，并且能够说出自身的信息拥有量和实际的农业生产经营需要之间的差距，能清楚、有效地表达出对某种信息的需求。

文字表达能力，也就是文字水平的能力。运用语言文字阐明自己的观点、意见或抒发思想、感情的能力，是将自己的实践经验和决策思想，运用文字表达方式，使其系统化、科学化、条理化的一种能力。对于农民的文字表达能力，即写作能力的要求并不是很多，不需要很高的文学素养和很多优美精炼的词汇。主要是要求农民能够把自身的实践经验和思想融入文字当中去，能够清楚明白地写出自己的观点，特别是自己对于信息的需求。

② 文化程度的高低对于农民选择和利用信息有直接影响。

文化水平的高低是衡量一个人选择和利用有效信息的主要因子。信息不是实物，是带有文字、声音、图像等符号的新闻消息，信息接收者必须有一定的文化水平和科学素养，才能较好地提高信息的利用率。起码能够识字，扫盲问题不解决，信息服务的效果将会大打折扣（谭英，2004）。受教育程度越高的农民能够获取来源于各种渠道的农业信息，并且有能力对信息进行选择、加工和利用，这类农民的信息需求意愿就较强（李光学，2009）。同时，文化程度较高的也较富裕的农民信息意识明显增强，对信息的需求也有极大的热情。

6.2.4　信息实践

（1）信息实践概念

信息实践（information practice）这一概念早在 20 世纪 60 和 70 年代的信息探求文本研究中短暂地出现过，然而更为详细地讨论这一概念的本质却是 21 世纪第一个十年，但是对这一概念的讨论似乎是在寻找一个替代信息行为这一概念的暗示。

信息实践这一概念从理论之根可以追溯到 20 世纪 80 年代社会学者吉登斯（Anthong Giddens）等的研究，正是由于社会学的影响，图尔加（Talja）将信息实践的主要特征概括为一个更社会学和文本定向性的研究。图尔加从社会构建的视角指出，信息实践概念将信息探求研究从专注于单个个体的行为、行动、动机和技巧的研究转向把个体看作处于不同群体和共同体的成员，并把之放入群体的世俗活动的语境中加以研究。至今为止，"信息实践"概念虽已逐步流行，但该短语的含义仍未详细讨论（彭文梅，2008）。

从哲学的角度来讲，信息实践主要是指实践的信息方面，即围绕事物"间接存在"而展开的实践方面。这个方面在信息科学技术飞速发展的今天，更主要地表现为人们借助信息科学技术，将自己及其实践对象加以信息化处理和传递，并在这样的处理传递基础上，展开自己的实践活动。信息实践所涉及的范围正在不断扩大，目前看来它主要涉及对信息本身的开发、利用和传递，对信息科学技术的挖掘、利用和传播以及对以往人类实践及其成果加以信息化审视、改造等实践方面（邬焜，2005）。

实践出真知，认识来自于实践，又回到实践中指导实践。信息实践是认识和表达信息需求的基础，本书所指的信息实践包括信息交流、传播、索取和利用等活动。农民在利用信息和获取信息的实践中不断强化信息意识，增强信息能力，深化对信息需求的认知，把潜在信息需求不断转化为现实信息需求，使自己的信息需求得以满足。同时农民在信息实践的过程中，可以不断增加知识积累，提高信息素质，这种积累和提高又会成为农户新的信息实践的基础，满足新的需求，从而使农民的信息需求的认识和表达状态不断优化（孙贵珍，2010）。

（2）海南省农民信息实践的基本情况

对于海南省农民信息实践的基本情况，本书从对所获得信息的满意度、网上交易情况、农民获取信息的渠道，这三个维度进行分析。

从表 6-6 中（1）我们可以看出，海南省农民对所获得信息的满意程度并不是很高。在海南省被调查的 680 名农民中，仅有 45.88% 的农民对获得的信息表示满意，同时，有一半以上的农民表示，对所获得的信息不满意。可见，海南省农民对信息实践的结果，也就是信息获得的结果并不满意。

从表 6-6 中（2）我们可以发现，海南省农民的网上信息实践还很欠缺。在海南省被调查的 680 名农民中，经常使用互联网的仅占 4.12%，成功尝试过在网上进行交易的农民仅占 4.85%，10.74% 的农民只是在网上发布过信息，75.59% 的农民从来没有尝试过在网上进行交易。海南省农民网上信息实践的欠缺，使大部分农民不能感受网上交易带来的便利和效益，尝不到互联网给农业发展带来的甜头，这在一定程度上限制了海南省农民对信息的需求。

如表 6-6 中（3）所示，在海南省农民获取所需信息的方式上，选择通过电视获取所需信息的农民最大，占被调查农民的 70.29%，也就是说，海南省绝大多数农民从电视节目中获取所需信息。其次，27.79% 的农民通过朋友、邻居间的口传获取所需信息，24.41% 的农民是通过当地干部口头传达获取所需信息的。仅有 11.18% 的农民是通过互联网获取所需信息的。也就是说在海南省农民的信息实践中，大众传播、人际传播是主要的传播方式，利用互联网进行的信息实践还很少。

表 6-6　　　　　　　　　　海南省农民信息实践情况的统计分析　　　　　　　　单位：%

调查内容	选择结果					
（1）您对获得的信息满意吗？	满意 45.88	不满意 54.12				
（2）您是否在网上进行过交易？	没尝试过 75.59	只是发布过信息 10.74	成功尝试过 4.85	经常使用互联网 4.12		
（3）您通过什么方式获取所需信息？	广播 22.65	电视 70.29	报纸杂志 20.29	互联网 11.18	电话 5.44	手机 14.41
	朋友、邻居间口传 27.79	政务部门 15.44	信息服务机构 7.06	合作社 10.44	本地农技部门 13.38	农业示范户 7.94
	农业经纪人 2.21	当地干部口头传达 24.41	外地市场获得 5.29	其他 0.88		

6.2.5　信息部门服务能力

在现代社会，信息已经渗透到农业生产、流通、农民生活的方方面面，各个环节都离不开信息服务。只有将农业信息、民生信息、政策信息等传播给农民，服务于农民，才能大力发展农村生产力，实现农业经济的快速发展，帮助农民增产增收。因此信息部门的服务能力对于"三农"问题意义重大。当前我国农村、农业信息部门的服务状况存在着政府宏观调控能力不足、基础设施薄弱、公共信息服务体系不健全、信息资源分散、农村信息技术人才缺乏等问题。

（1）信息部门的概念

为了全面了解信息部门，必须确定什么是信息工作，什么是信息劳动力。谢门特认为，凡是进行信息的处理，或控制、保存和提供的地方，就存在信息工作。信息工作的目的是为了有更多的信息，既包括以新知识的形式出现的信息，也包括对原有的知识重新加工处理以新的面貌出现的信息，与装配线上的工作不同的是，信息工人，比如像电话接线员是把信息作为结果来进行处理和控制的。信息明确规定了任务、结果和工人的性质。

波拉特把信息劳动力定义为，一切与信息活动有关的劳动力就是信息劳动力。这些劳动力包括：以生产和出售知识为主要活动的劳动力（像科学家、发明家、教师、图书馆员和新闻工作者）；在公司内部从事处理信息工作的劳动力。国际经济合作与发展组织把信息工作定义为经济发展必不可少的全部劳动力的一部分，构成人员包括主要目的是"把生产出来的，加工处理好的或已散发的信息有序提供出去"的那些人。这样，信息控制是一个广泛的工作内容，是一个信息社会潜在的决定性的特征。

因此，信息部门指的就是社会中在信息的生产、处理和传递等方面所利用的全部资源。信息部门包括了信息社会中的所有信息活动以及从事这项活动所需要的商品。这里包括传统的服务部门的一些活动和成果，如教育业、银行业和服务业。还包括组织活动，如传统的工业和农业部门中的行政管理、业务管理和调研工作。到目前为止，信息部门的概念是一个仍在发展有待完善的概念。

（2）信息部门服务能力的表现

信息部门的服务能力主要表现为信息系统的设计、信息部门的业务管理水平、信息部门的基础设施、信息部门工作者的素质等方面。赵岩红（2004）对河北省农业信息部门服务能力的研究主要通过信息基础设施建设情况，如广播电视覆盖率、电话普及率等来着手分析的（赵岩红，2004）。

基于以上研究成果，本书结合相关调查问卷，从海南省农业科技 110 服务站的发展现状、信息基础设施的建设情况、乡镇图书馆的利用水平等方面入手，研究以海南省为代表的农业信息部门服务能力。

① 海南省农业科技 110 服务站的发展现状。

海南农业科技 110 服务站是以政府部门为主导，以专业技术人员为支撑，以农业科技 110 为中心，依托涉农企业、农技部门、科研院所和技术协会而建立，提供农产品销售，小额信用贷款，信息、农资和技术等一体化服务的农业科技服务网络。该服务站于 2002 年起步创建，面向"三农"提供服务，其服务形式贯穿了农业生产的产前、产中、产后整个过程，是农民接触新科技的桥梁，也是海南省开展农村信息化工作的切入点。海南农业科技 110 服务站担负着农村信息化宣传、推广和传播等任务，既是农民获取信息与服务的主要途径，也是政府部门推行农村信息化的主要载体。截至 2014 年底，海南农业科技 110 服务站点总数达 312 个。其中，省级龙头服务站有 30 个，省级专业服务站有 13 个，省级标准服务站有 205 个，其他服务站有 64 个，平均每个市县就有 17 个服务站点（邓春梅等，2015）。组织协调了各级专家达 1700 名以上，主要是市县专家团及各服务站技术人员和省级专家团，涉及林业、水产、种植业、畜牧业等产业领域，配备了电脑、土壤养分测速仪、电了显示屏和专用机动车等设备，设立了省、市县的科技 110 服务指挥中心，开通了农业科技 110 专家网络咨询、培训视频系统、热线电话以及手机农业科技 110 服务平台，通过多种服务手段为农民解决生产上遇到的各种难题。

目前，海南农业科技 110 服务站共有技术员 977 人，年龄以 40 ~ 60 岁居多，为了推进农村信息化的发展，各服务站还配备了部分既具农学专业背景又对计算机操作比较熟练的青年人，男女比例为 4.7∶1，具体人员配备情况见表 6 - 7。每个站点都配备了一名站长，统筹管理整个服务站的日常工作。此外，服务站还要配备一名或多名技术人员，涉及作物栽培、水产养殖、畜牧兽医、植保、林业等各种专业。如果站点没有配备相关专业的技术员，也可通过网络、视频、电话等手段向相关领域的专家寻求帮助。由于站长及技术员长期服务于基层，对农民开展专业化的技术指导，对农民的信息、服务需求都有较深入的了解，不仅能得到农民的信任，而且在传播农村信息化思想过程中发挥着重要作用。

表 6 - 7　　　　　　海南省农业科技 110 服务站技术员分布情况

区域	总人数	男性	女性
东部	123	105	18
南部	219	185	34
西部	172	142	30

续表

区域	总人数	男性	女性
北部	305	237	68
中部	154	134	20
三沙市	4	4	0

② 海南省信息基础设施建设情况。

长期以来，海南省以建设信息智能岛为目标，完善覆盖全岛有线和无线相结合的高速宽带基础网络。加快旅游信息体系建设，加快旅游景区信息通信基础设施建设和新的信息技术与业务的应用，加大旅游产业信息资源整合，推进旅游业和信息化深度融合。加快农村信息化工程建设，加强农村地区互联网接入能力建设，建立和完善农产品产地数字可追溯系统、农业远程防疫系统和水库防洪数字系统；整合农村党员远程教育系统、农业科技"110"服务系统、新型农村合作医疗系统等资源。建设城市光网，实现基于光纤到户、到楼的宽带接入方式，提高宽带普及率及入户带宽。积极推进电信网、广播电视网、互联网"三网融合"工程，整合城乡信息网络资源，打造"数字海南"，积极推动农业信息化建设。到 2012 年 9 月底，5000 多个自然村 18 万农户广播电视直播卫星村村通工程建设任务业已安装完成，提前 3 年实现了海南省"十二五"时期广播电视直播卫星"村村通"工程建设目标①。2014 年底，全省固定电话用户 170 万户，普及率每百人 19.17 部，其中，城市电话用户 119.88 万户，农村电话用户 50.09 万户；移动电话用户 907 万户，增长 5.7%，移动电话普及率每百人 102.35 部，增长 4.6%；互联网用户 821 万户，增长 9.2%；全省有线电视用户达 117.80 万户，比上年增长 7.1%。广播综合人口覆盖率和电视综合人口覆盖率分别达 96.49% 和 95.47%，全年为农村放映公益电影 3.47 万场次。完善农业科技 110 手机服务系统功能，建立农博商城社区服务平台②。在琼府〔2015〕66 号《海南省人民政府关于印发海南省信息基础设施建设三年专项行动实施方案》的通知③中明确指出，要推进光纤宽带网络向农村、学校延伸。按照政府、运营商和民间三方出资

---

① 海南提前 3 年实现广播电视直播卫星"村村通."http：//www.chinadaily.com.cn/hqgj/jryw/2012 – 09 – 29/content_7147176.html.

② 海南省人民政府网站.2014 年海南省国民经济和社会发展统计公报.http：//www.hainan.gov.cn/hn/yw/jrhn/201502/t20150204_1516794.html〔2015 – 3 – 28〕.

③ 海南省人民政府网站.海南省人民政府关于印发海南省信息基础设施建设三年专项行动实施方案的通知，http：//xxgk.hainan.gov.cn/hi/HI0101/201508/t20150817_1643935.htm〔2015 – 8 – 17〕.

模式，逐步实现农村地区、学校光纤网络覆盖。加强农村地区辅导推广，推动互联网业务应用。到 2015 年年底，海南省行政村光纤网络覆盖率达到 50%，城区学校光纤网络覆盖率达到 70%，农村学校光纤网络覆盖率达到 50%；2017 年行政村光纤网络覆盖率达到 90%，城区学校光纤网络覆盖率达到 95%，农村学校光纤网络覆盖率达到 90%。

③ 海南省乡镇图书馆的利用情况。

对海南省乡镇图书馆的利用情况，本研究主要是根据调查问卷所获取的数据进行分析。在使用调查问卷对海南省乡镇图书馆的利用情况进行调查时，设置的问题是"您所在村、镇（乡）的图书室（图书屋、文化室）对您的帮助大吗"。如表 6－8 所示，在被调查的 680 民农民中，选择图书馆对自己帮助"很大"的农民有 141 人，占被调查农民的 20.74%，选择图书馆对自己帮助"一般"的农民有 271 人，占被调查农民的 39.85%，而选择图书馆"基本没用"和"完全没用"的农民分别有 138 人和 93 人，分别占被调查农民的 20.29% 和 13.53%，也仍有 42 人选择自己所在的村镇"无图书馆"，占被调查农民的 6.03%。

表 6－8　　　　　　　　海南省乡镇图书馆利用情况统计

您所在村、镇（乡）的图书室（图书屋、文化室）对您的帮助大吗？				
选项	很大	一般	基本没用	完全没用过	无图书馆
选项农民数量（人）	141	271	138	92	41
占比（%）	20.74	39.85	20.29	13.53	6.03

从以上数据可以看出，乡镇图书馆对当地农民的帮助并不是很大，仍有相当一部分农民体验不到图书馆给农业生产、生活带来的便利，甚至也有一部分农民完全没用使用过所在乡镇的图书馆。这说明海南省图书馆虽然已经覆盖部分乡镇，但是在农民群众中发挥的作用并不是很大，大多数乡镇图书馆目前还只是摆设，并不能给农民提供有针对性的帮助。海南省乡镇图书馆的服务能力还有待提高。

（3）信息部门服务能力对农民信息需求的影响

赵洪亮（2010）认为，信息部门提供信息的质量直接关系到农民信息需求的热情，产生的影响主要体现在以下几个方面：一是信息部门提供种类不齐全，缺乏全方位的信息提供，一些农民找不到所需要的信息，使他们对信息的需求下降；二是提供信息缺乏深入性，目前农民需求的信息水平和层次都在不断提升，他们已经不满足于一般的信息了，更需要大量专业知识和面对面的技术指导；三是提供的信息没有针对性，现阶段信息部门提供的信息多是一些表面性很强的资料，实际指导意义并不大，能够紧密联系生产和实际的信息较少。徐娇扬（2009）认为信息部门提供信息种类不齐全、缺乏针对性和深入性等特点，使得农民所获信息并不满意，对信息部门的服务系统和服务人员的服务能力抱有怀疑的态度，这在一定程度上影响了农民对信息部门的信任度。这也就是信息部门在服务过程中客观存在的首因效应、近因效应、晕轮效应对农民的信息需求所产生的影响。以海南为例，尽管每个农业科技110服务站都配有至少一名管理人员，掌握了丰富的农业技术知识及农业生产经验，但普遍因为年龄偏大，对信息技术和计算机知识了解不够，在推广新技术与新成果时仍然按照传统方式进行，难以利用现代信息技术为农户提供及时有效的市场信息和生产技术指导等服务。

6.2.6 信息市场的发育程度

（1）信息市场的定义

信息市场是指信息商品进行交换的场所或流通领域，是信息商品交换关系的总和。随着经济的发展，越来越多的人认识到，信息是一种资源，是一笔财富。信息能够满足人们的某种需要，因而可以形成一种供给，可以通过市场交换来满足人们对于信息商品的需要。也就是说，信息市场是由信息商品的供需关系构成的，供给和需求是信息市场不可分割的两方面，二者缺一不可，离开了信息供需中的任何一方，信息市场也就不存在了。只有通过信息市场，信息使用权才能实现在信息供需双方之间的顺利转移。在流通领域内实现信息供给和需求的衔接，达到"各得其所"的效果。

（2）信息市场的特征

无论信息市场中流通的商品以何种形式出现，其实质都是知识信息，信息商品同其他商品比较，既具有一般商品的共性特征，又有信息商品的特殊性。信息市场同物质商品市场一样，其运行机制包括三方面：供求机制、价格机制、竞争机制。三者相互作用、相互影响、相互制约，成为信息市场运行和发展的基础和依据。然而，信息商品的特殊性决定了信息市场具有特殊性质。

① 信息市场形态的多样性和复杂性。

信息商品的形式不仅包括信息产品，而且包括信息服务，每种信息商品形式都可以从不同角度和层次出发，加之供求具有较强的个性，其结果导致了信息交换范围广、经营形式多种多样、供求关系复杂以及信息市场的管理和协调控制十分困难。

②　信息市场形态的隐蔽性。

由于信息商品的实质是知识和信息，因此，在很多情况下并不能像物质商品一样在货架上出售，交易形式往往不是简单的"货物"易手，而是信息传递，甚至在商品未生产出来的情况下就已确定了交换关系，当商品生产出来并易手后，其交换关系并未结束，要到用户对信息商品使用、开发以后，创造收益的同时向供方支付费用。此外，由于信息商品交易的特殊性，因此有时需要运用法律手段、行政手段和经济手段维护实现正常的交换。这些因素都会使信息市场的形态表现得不明显。

③　信息市场交易不受时空限制。

由于信息市场主要经营信息产品，因而可借助现代化通信技术跨越时空使供需双方之间实现商品交换和转让。信息市场已超越了"场所"的狭义范围，而具有"流通"的含义。

④　信息市场具有双重性。

信息市场既是满足消费需求的、独立的最终产品市场，也是信息商品交换的具体场所，又是满足生产需求、寓于其他市场中的、无形的要素市场，体现着商品的交换关系。因此，信息市场基于其他市场又高于其他市场，具有双重特性。由此，导致了信息市场的高风险性和高投机性。

⑤　信息市场供求关系具有扩张性。

信息市场不同于物质市场，它不为经营者提供物质条件，也不为社会提供最终物质产品，但其运行对其他市场的价格和供求关系产生连带影响，可以看作类似普通商品市场中价格一样配置资源效应，引起物质商品供求关系的扩张。

⑥　信息市场垄断因素的主导性。

这对于一次信息商品市场尤为突出，由于这类信息商品生产具有非重复性，因而商品的独占性决定了垄断因素在信息市场中的主导地位。信息商品经营者可凭借其垄断地位欺行霸市，哄抬物价，因此信息市场的管理尤为重要。

⑦　信息市场的管理更具科学性。

由于信息商品承袭了信息的许多特征，例如，共享性、易复制性、依附性、时效性等，信息商品的交换必须有合理的价格制度和较强的法制系统作为保证。这就是说，信息市场的发育和发展需要有严格的科学管理，又由于信息商品有其物质载体，信息商品的交换往往连同其他非信息的物质商品交换结合进行，这往往会导致定价不合理、交易行为紊乱。又由于信息商品具有共享性，因此它常常容易被没有支付费用的使用者无偿使用。对某些信息商品实行专利价格制度就是为了确保信息商品的生产者和使用者各自的利益。由于信息商品具有时效性，因此，它在一定时间内可能价格较高，而过一段时间就有可能降价。鉴于上述种种情况，需要用一定的法规条例来维护信息商品的交换秩序，保护信息商品买卖双方的利益（金海卫，2006）。

（3）农村信息市场的发展

在建设社会主义新农村的时代背景下，农村信息化已经成为促进农业发展和农村社会进步的一项重要任务。近年来，我国农村信息市场发展较快，但农村信息需求不旺、信息不对称、信息产品质量差、信息市场立法滞后等问题严重影响了农村信息市场的发育。郑红维和商翠敏（2003）认为，我国农村信息市场发展起步较晚，且多以农业部门的农技推广为依托，农村信息市场发展处于起步阶段，政府可加大向农民无偿提供或发布产销信息的力度，帮助农民解决农产品销售困难的问题，或者向农民提供致富信息，让农民能够认识到信息所带来的经济效益，逐步增强农民购买农村信息产品的欲望和动力，使他们成为农村信息市场真正的用户，促进我国农村信息市场的健康发展。

（4）信息市场的发育程度对农民信息需求的影响

如果信息市场发育较好，在信息市场中，信息商品能够有效流通、信息产品质量较好、价格合理，就能够增强农民对与信息市场的信任度，信息需求就会旺盛。反之，如果信息市场不完善，则表现为供求机制、价格机制、竞争机制不完备，必然导致信息市场混乱、信息不对称现象严重、信息产品质量差，虚假信息较多等现象，那么农民对信息的需求意愿就会降低。

如果信息市场比较混乱，信息不对称现象严重、信息产品质量差，虚假信息较多，农民对信息的需求意愿就会降低。

从另一个方面来讲，信息市场是由信息商品的供需关系构成的，离开了信息供需中的任何一方，信息市场也就不存在了。因此信息市场的发育，与农民对信息产品的需求息息相关。农民对信息的需求旺盛，就能够推动信息市场更好更快的发展，反之，如果农民对信息商品的需求缺乏，信息市场发展就会止步不前。

因此，农村信息市场的发育程度与农民信息需求是互相联系、互相促进的。健康有序的信息市场能够激发农民对信息产品的需求，而旺盛的信息需求也能够促进信息市场的快速发展。

（5）海南省农村信息市场发育程度

近年来，海南省农村信息市场发展迅速，广播电视覆盖率都达到了 95% 以上，基本实现全覆盖，互联网也迅速向农村蔓延，农业科技服务 110 信息服务平台在 2009 年实现服务网络覆盖全省。中国移动推出的"农信通"业务于 2009 年在海南省正式启动，"农信通"是中国移动推出的以服务"三农"为目标的信息化服务，通过短信、彩信、语音、手机上网、互联网等多种方式，为广大农民朋友提供政策法规、新闻快讯、农业科技、市场供求、价格行情、农事气象等信息，满足农产品的产供销、农村政务的管理及农民关注的民生问题等信息化需求，让农民朋友们足不出户就能知晓丰富的农业信息。

下面将结合问卷调查的数据，对海南省农村信息市场的发育程度进行分析。在本次调查中，问题的设置如下："您认为限制您获取信息的因素是什么？"通过对问卷数据的总结发现，在被调查的 680 名农民中，49.41 的农民认为害怕假信息是限制信息获取的主要因素，有 20% 的农民认为信息不及时也是限制信息获取的因素。同时，也分别有 13.24% 和 9.71% 的农民认为缺乏信息渠道、缺乏合适的信息也限制了农民对信息的获取。

从以上数据可见，假信息、缺乏合适的信息、信息不及时、缺乏信息渠道，是限制农民信息获取的主要因素，而这些都是信息市场发育不完善的表现。可见，海南省信息市场的发育还很不完善，虽然农技服务 110、农信通这些服务网络已经普及，但是所提供信息的质量、针对性、及时性、可靠性还有待加强，另外，整个信息市场的规范性和法制性还远远不够，这在很大程度上影响了农民对信息的需求和获取。

6.2.7　其他因素

影响农民信息需求的因素非常复杂，涉及诸多原因，周到地分析影响农民信息需求的因素，有利于信息市场需求规律的把握，从而有效地刺激、控制、管理好信息需求，满足农民不同层次、不同类型的各种信息需求。影响农民信息需求的因素，除了上文所述的认知能力、信息意识、文化程度、信息实践、信息部门的服务能力、信息市场的发育程度外，还包括信息商品的价格以及信息消费者的偏好等因素。

（1）信息商品的价格

信息商品价格是在市场交换过程中产生的，是在市场交易中信息商品同存在于它之外的货币商品的交换比例，或者说是在市场交易中形成的表明单位信息商品交换价值的实际货币量，即成交价格。

信息商品的价格形成和作用机制非常复杂，难以确定，信息商品价格的变化对信息需求产生的效应分别是替代效应和收入效应。下面我们来介绍一下收入效应和替代效应。

一种商品的名义价格（nominal price）发生变化后，将同时对商品的需求量发生两种影响：一种是因该种商品名义价格变化，而导致的消费者所购买的商品组合中，该商品与其他商品之间的替代，称为替代效应（substitution effect）。另一种是在名义收入不变的条件下，因一种商品名义价格变化，而导致消费者实际收入变化，而导致的消费者所购商品总量的变化，称为收入效应（income effect）。

如图 6-1 所示，X 商品降价前，X 与 Y 两商品的价格比率由预算线 aj 表示，消费者达到效用最大化的均衡点在 E_0 点，在该点预算线 aj 与无差异曲线 U_1 相切。与该切点相对应的 X 商品的购买量为 q_0，X 商品降价后，预算线由 aj 变为 aj_2 这条新的预算线表示 X、Y 两商品的新的价格比率。新预算线与较高的无差异曲线相切，切点为 E_2 点。E_2 点是降价后消费者达到效用最大化的均衡点。与该点相对应的 X 商品的购买量为 q_2。可见，X 商品降价后，其需求量由 q_0 变到 q_2。

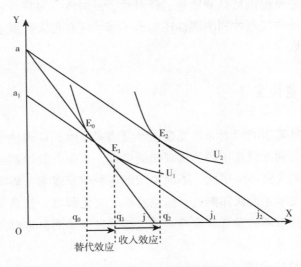

图 6-1　收入效应与替代效应

　　下面，我们根据不同条件下该商品需求量变动的情况，来介绍总效应、替代效应与收入效应。

　　总效应是指当某商品价格变化时，消费者从一个均衡点移动到另一个均衡点，该商品需求量的总变动。在图 6 - 1 中，总效应是 $q_2 - q_0$。

　　替代效应是在商品的相对价格发生变化，而消费者的实际收入不变情况下商品需求量的变化。在图 6 - 1 中，替代效应是 $q_1 - q_0$。

　　这里所说的实际收入不变是指消费者维持在原来的效用水平上，但又要用新的价格比率（由预算线 aj_2 的斜率表示）来度量这一不变的效用水平。降价后，为了使消费者效用水平不变，就必须画一条与预算线 aj_2，相平行、但是与原无差异曲线 U_1 相切的预算线，在图 6 - 1 中，这条预算线是 a_1j_1。a_1j_1 与无差异曲线相切于 E_1 点。与 E_1 点相对应的 X 商品的购买量是 q_1。

　　一种商品价格变化的收入效应是指在其他所有商品的名义价格与名义收入不变的情况下，完全由实际收入而引起的商品需求量的变化。在图 6 - 1 中，收入效应是 $q_2 - q_1$。这纯粹是由实际收入的变化引起的。

　　总效应与收入效应、替代效应之间的关系是，总效应等于收入效应加替代效应。就图 6 - 1 而言 $q_2 - q_0 = (q_1 - q_0) + (q_2 - q_1)$。

　　信息商品价格对信息需求的影响主要是通过收入效应和替代效应这两种方式来实现的。

　　总之，替代效应是指某种信息商品的价格上涨（下降）引起信息消费者增加（减少）购买另一种替代品，收入效应是指信息商品价格上涨（下降）而引起信息消费者感到实际收入的下降（上升），生产成本的增加（减少），从而减少（增大）对信息商品的购买。信息商品价格对信息需求的影响就是以这两种方式来实现的（赵岩红，2004）。

（2）信息消费者偏好

　　消费者偏好是指消费者对一种商品（或者商品组合）的喜好程度。消费者根据自己的意愿对可供消费的商品或商品组合进行排序，这种排序反映了消费者个人的需要、兴趣和嗜好。某种商品的需求量与消费者对该商品的偏好程度正相关；如果其他因素不变，对某种商品的偏好程度越高，消费者对该商品的需求量就越多。消费者对于信息商品的偏好也是如此，消费者的信息偏好极大地影响着消费者对信息产品内容、类型、式样及数量的选择。同一条信息有的消费者偏好从联机数据检索途径获取，有的消费者偏好从参考工具书中获取（罗兴辉，1994）。

（3）信息商品的互补商品

如果两种商品必须组合在一起才能满足人们的某种需要，那么这两种商品就是互补商品。如果两种商品互补，一种商品价格上涨就会使其需求量减少，同时，导致其互补商品需求量减少；反之，一种商品价格下降，需求量增加，同时，导致其互补商品需求量增加。如计算机、通信设备、存储设备等的价格变化也影响着农民的信息需求状况。

农民信息需求的影响因素十分广泛，除了以上所介绍的影响因素外，还有许多其他因素，如爱好与专长、对信息商品的价格预期也影响着农民对信息的需求。作为信息服务部门，要全面分析农民信息需求的影响因素，以便于满足不同层次农民的信息需求。

第 7 章

农民信息需求影响因素计量
模型的建立与分析

7.1
实证模型构建和研究假设

7.1.1 实证模型构建

根据第 6 章讨论的影响海南省农民信息需求的各种因素，我们建立了海南省农民信息需求影响因素的计量模型。即：

农民对各类信息的需求意愿 = f（农民自身因素、社会因素、自然因素、影响信息需求认识与表达的因素）

根据以上描述，我们列出本研究的理论框架图，如图 7-1 所示。

7.1.2 研究假设

根据理论模型，阅读文献和实践调研，本书得出以下研究假设：

农民是理性的经济人，追求个人利益最大化。农民的信息需求意愿是其选择信息的心理动机，涉及其对所需要信息的认知和评价，即对信息的成本—收益的理性计算。按照舒尔茨（T. W. Schultz）农民行为理论的观点，只有农民所需要的信息能给农民家庭带来效用的最大化时他才愿意进行选择①。本书假设农民是理性的经济人，农民是否选择某种信息，是农民预期收益与选择信息的机会成本比较之后的行为选择，是农民对所需要信息能够带来的预期经济效益进行评价的

---

① T. W. 舒尔茨. 改造传统农业 [M]. 梁小民，译. 北京：商务印书馆，1987.

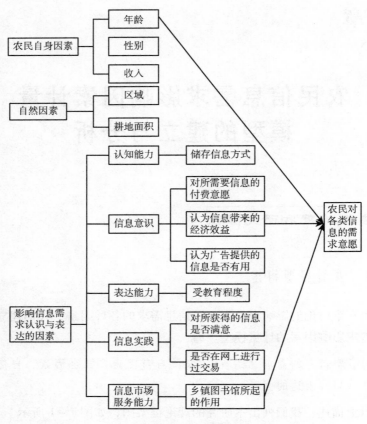

图7-1　研究框架

结果。

可用以下数学式表达：

$$D(R) = P\{(E-C) > R\} \qquad (7-1)$$

其中，E 为农民选择信息的预期收益，C 为农民选择该项信息而放弃其他信息的机会成本，R 为农民当前的经济收益，D（R）为农民信息需求意愿的决策函数。只有当预期收益扣除选择的机会成本后的净收益大于目前收益时，农民才会做出需求选择决定。基于上述分析，农民信息需求的决策模式可以表示为：

$$
\text{是否需要某种信息} =
\begin{cases}
\text{需要，} & \text{当}(E-C) > R \text{ 时}\\
\text{不需要，} & \text{当}(E-C) < R \text{ 时}
\end{cases}
$$

7.2

变量定义和说明

7.2.1　变量的定义

本章对问卷调查所获取的数据进行了实证分析与讨论。主要采用的数据分析方法有描述性统计、相关分析、方差分析和回归分析等。

由于本书所涉及的变量比较多，我们定义变量在统计分析时的简称，下面分析均用该英文命名代替。

表 7 - 1　　　　　　　对因变量（农民信息需求内容）的定义

	因变量	变量赋值	命名
农业信息需求	农技培训信息需求		DEM_1_TRA
	病虫害防治信息需求		DEM_2_INS
	施肥灌溉信息需求		DEM_3_IRR
	农业新技术信息需求		DEM_4_TEC
	市场供求信息需求		DEM_5_MAR
	农产品品种信息需求		DEM_6_VAR
	贷款投资信息需求		DEM_7_LOAN
	气象灾害信息需求		DEM_8_AIR
	农业新闻信息需求		DEM_9_NEW
	别人的致富经验信息需求	0 = 不需要，1 = 需要	DEM_10_EXP
民生信息需求	家庭生活类信息需求		DEM_11_LIFE
	就业信息需求		DEM_12_JOB
	医疗卫生信息需求		DEM_13_MED
	社会保障和养老信息需求		DEM_14_SAFE
	权益维护信息需求		DEM_15_RIG
	子女教育信息需求		DEM_16_EDU
行政管理信息需求	政策文件信息需求		DEM_17_POL
	政治参与信息需求		DEM_18_PAR

表 7 – 2 自变量的定义

影响因素	自变量	变量赋值	命名
自身因素	年龄	1 = 19 岁以下，2 = 20 ~ 29 岁，3 = 30 ~ 39 岁，4 = 40 ~ 49 岁，5 = 50 ~ 59 岁，6 = 60 岁以上	age
	性别	0 = 女，1 = 男	gender
	收入状况	1 = 1 万元以下，2 = 1 万 ~ 3 万元，3 = 3 万 ~ 5 万元，4 = 5 万 ~ 10 万元，5 = 10 万元以上	income
自然因素	区域	1 = 琼中，2 = 文昌，3 = 定安	area
	耕地面积	单位：亩	land
认知能力	储存信息的方式	1 = 丢掉，2 = 记在脑子里，3 = 记在纸上，4 = 记在手机上，5 = 记在电脑上	store
信息意识	对所需要信息的付费意愿	0 = 不愿意，1 = 愿意	if_ pay
	认为信息带来的经济效益	1 = 反作用，2 = 没有，3 = 较小，4 = 一般，5 = 很大	eco_ benefits
	认为广告提供的信息是否有用	1 = 完全没用，2 = 没用，3 = 不好说，4 = 有点用，5 = 非常有用	if_ ad_ effect
文化程度	受教育程度	1 = 文盲，2 = 小学，3 = 初中，4 = 高中，5 = 大专及以上	education
信息实践	对所获得的信息是否满意	0 = 不满意，1 = 满意	if_ satisfy
	是否在网上进行过交易	1 = 没试过，2 = 发不过信息，3 = 成功尝试过，4 = 经常使用	if_ net_ trade
信息部门服务能力	乡镇图书馆所起的作用	1 = 无图书馆，2 = 完全没用，3 = 基本没用，4 = 一般，5 = 很大	if_ library

7.2.2 变量的赋值

本章通过问卷调查所获得的数据大多是离散型的数据，在数据分析中属于定性变量。从定性变量的定义入手，对这些变量合理的赋值，才能正确解释自变量与因变量之间的关系。

定性变量分为分类变量（categorical variable）和有序变量（ordinal variable）两种，前者又称定义变量（nominative variable）或计数资料（numeration data），后者又称等级资料（ranked data）。

（1）有序变量的赋值

如在调查数据中，海南省农民家庭收入状况，分为 1 万元以下、1 万 ~ 3 万元、3 万 ~ 5 万元、5 万 ~ 10 万元、10 万元以上，如果我们在赋值时，有理由认为各水平之间是等距离或者是近似等距离的，各测量结果可以依次赋值以 1、2、3、4。同时，我们还可以根据各水平间合理的距离，分别赋以一定的数值，在此，我们也可以根据收入水平的高低，依次赋值为 1、2、4、8、10。

（2）分类变量的赋值

有些地方将分类变量赋值以 1、2、3、4，这只是为了数据记录的便利而设定的代码，不能由其平均数作为该分类变量的平均水平对资料进行描述，当然也不能直接参与到回归分析等计算中去。在回归分析时，我们应该将这些分类变量派生出哑变量（如果分类变量有 n 类，则派生出 n – 1 个哑变量），这样才能保证自变量间的独立性。

（3）二分变量的赋值

二分变量常用 0 和 1 来编码，这属于分类变量的特例，也可以称为 0 – 1 变量。如对所调查农民性别的统计，0 = 女性，1 = 男性。

7.3

相关分析

7.3.1　相关分析的基本原理

相关分析是研究现象之间是否存在某种依存关系，并对具体有依存关系的现象探讨其相关方向以及相关程度，是研究随机变量之间的相关关系的一种统计方法。

现象与现象直接的依存关系，从数量连续上看，可以分为两种不同的类型，即函数关系和相关关系。

函数关系是从数量上反映现象间的严格的依存关系，即当一个或几个变量取一定的值时，另一个变量有确定值与之相对应。相关关系是现象间不严格的依存关系，即各变量之间不存在确定性的关系。在相关关系中，当一个或几个相互联系的变量取一定数值时，与之相对应的另一变量值也相应发生变化，但其关系值是不固定的，往往按照某种规律在一定的范围内变化。

回归方程的确定系数在一定程度上反映了两个变量之间关系的密切程度，并且确定系数的平方根就是相关系数。但确定系数一般是在拟合回归方程之后计算的，如果两个变量间的相关程度不高，拟合回归方程便没有意义，因此相关分析往往在回归分析前进行。

现象之间的相关关系按照不同的标志有不同的分类。

按照相关的程度划分，现象之间的相关关系可以划分为完全相关、不相关和不完全相关三种。

（1）当一个现象的数量变化完全由另一个现象的数量变化所决定时，称这两种现象间的关系为完全相关；当两个现象彼此互相不影响，其数量变化各自独立时，就成为不相关；当两个现象之间的关系介于完全相关和不相关之间时，就是不完全相关。

完全相关可以以方程的方式呈现，因此，完全相关便转化为一般意义上的函数关系；通常现象都是不完全相关的，这是相关分析的主要研究对象。

（2）按相关的方向划分，现象之间的相关关系可划分为正相关和负相关。

当一个现象的数量由小变大，另一个现象的数量也相应由小变大时，这种相关就成为正相关；反之，则成为负相关。需要注意的是，许多现象的正、负相关的关系仅在一定范围存在。

（3）按相关的形式划分，现象之间的相关关系可划分为线性相关和非线性相关。

相关关系是一种数量关系上不严格的相互依存关系。当两种相关关系之间的关系大致呈现出线性相关时，则称为线性相关；如果两种相关现象之间近似的表现为一条曲线，则称为非线性相关。

（4）按照影响因素的多少划分，现象之间的相关关系可划分为单相关、复相关和偏相关。

单相关是两个变量间的关系，即一个变量对一个变量的相关关系，也叫简相关；复相关是指三个或三个以上变量之间的关系，即一个因变量对两个或两个以上自变量的相关关系，又称多元相关；偏相关是指某一变量与多个变量相关时，假定其他变量不变，其中两个变量的相关关系。

7.3.2 描述相关关系的方法

在统计中，制定相关图或相关表，可以直接判断现象之间大致呈何种形式的关系，还有一个方法为精确描述变量间的相关关系，即计算变量之间的相关系数。由于相关图和相关表只能感性地反映出变量间的相关关系，本书则主要使用相关系数来计算各影响因素对海南省农民信息需求的相关关系。

对不同类型的变量，相关系数的计算公式也不同。在相关分析中，常用的相关系数主要有 Pearson 简单相关系数、Spearman 等级相关系数和 Kendall 秩相关系数和偏相关系数。Pearson 简单相关系数适用于等间隔测度，而 Spearman 等级相关系数和 Kendall 秩相关系数都是非参测度①。

下面我们对海南省农民信息需求内容和各影响因素的相关性作一个分析。

本书所涉的变量主要有分类变量。而在书中常用的 Pearson 相关分析一般比较适用于定距变量，在本书中并不适用。

Spearman 秩相关系数：用于描述分类或等级变量之间、分类或等级变量与连续变量之间的相关关系。Spearman 相关分析可以检测出变量间是否相关，但不能得到两变量之间的相关程度。

Kendall 秩相关系数：用于描述分类或等级变量之间、分类或等级变量与连续变量之间的相关关系。Kendall 秩相关分析不仅可以检测出量分类或定序变量是否相关，还可以计算出两变量间的相关程度。

假设两个随机变量分别为 X、Y（也可以看作两个集合），它们的元素个数均为 N，两个随机变量取的第 i（$1 <= i <= N$）个值分别用 X_i、Y_i 表示。X 与 Y 中的对应元素组成一个元素对集合 XY，其包含的元素为（X_i, Y_i）（$1 \leqslant i \leqslant N$）。当集合 XY 中任意两个元素（$X_i, Y_i$）与（$X_j, Y_j$）的排行相同时（也就是说当出现情况 1 或 2 时；情况 1：$X_i > X_j$ 且 $Y_i > Y_j$，情况 2：$X_i < X_j$ 且 $Y_i < Y_j$），这两个元素就被认为是一致的。当出现情况 3 或 4 时（情况 3：$X_i > X_j$ 且 $Y_i < Y_j$，情况 4：$X_i < X_j$ 且 $Y_i > Y_j$），这两个元素被认为是不一致的。当出现情况 5 或 6 时（情况 5：$X_i = X_j$，情况 6：$Y_i = Y_j$），这两个元素既不是一致的也不是不一致的。

Kendall 秩相关系数利用变量秩计算一致对数目 U 和非一致对数目 V，采用非参数检验的方法度量定类变量之间的线性相关关系，其计算公式如式（7-2）所示：

$$\tau = (U - V) \frac{2}{n(n-1)} \qquad (7-2)$$

---

①　陈胜可. SPSS 统计分析从入门到精通 [M]. 北京：清华大学出版社，2010：215-216.

肯德尔相关系数的取值范围在 -1 到 1 之间, 当 τ 为 1 时, 表示两个随机变量拥有一致的等级相关性; 当 τ 为 -1 时, 表示两个随机变量拥有完全相反的等级相关性; 当 τ 为 0 时, 表示两个随机变量是相互独立的。

因此, 本研究决定采用 Kendall 相关分析。

7.3.3　各影响因素与农民对各类信息需求的相关性分析

根据调查问卷所获取的数据, 将海南省农民对各类信息的需求意愿与各影响因素, 运用 SPSS20 软件进行 Kendall 秩相关分析, 下面相关性分析结果。

表 7 - 3　　　　　　　　　　相关分析结果 (一)

信息需求		客观因素				
		gender	age	income	area	land
DEM_1_TRA	Kendall tau_b	0.051	0.157 **	-0.063	-0.213 **	0.208 **
	Sig. (双侧)	0.181	0	0.077	0	0
	N	680	680	680	680	680
DEM_2_INS	Kendall tau_b	0.185 **	0.134 **	-0.055	-0.206 **	0.215 **
	Sig. (双侧)	0	0	0.122	0	0
	N	680	680	680	680	680
DEM_3_IRR	Kendall tau_b	0.087 *	0.084 *	-0.047	-0.195 **	0.229 **
	Sig. (双侧)	0.023	0.015	0.186	0	0
	N	680	680	680	680	680
DEM_4_TEC	Kendall tau_b	0.014	-0.094 **	0.219 **	0.125 **	0.038
	Sig. (双侧)	0.722	0.006	0	0.001	0.232
	N	679	680	680	680	680
DEM_5_MAR	Kendall tau_b	0.039	-0.125 **	0.103 **	-0.092 *	0.028
	Sig. (双侧)	0.311	0	0.004	0.011	0.381
	N	680	680	680	680	680
DEM_6_VAR	Kendall tau_b	0.046	-0.006	0.057	-0.048	-0.02
	Sig. (双侧)	0.235	0.859	0.113	0.189	0.539
	N	680	680	680	680	680

续表

信息需求		客观因素				
		gender	age	income	area	land
DEM_7_LOAN	Kendall tau_b	0.023	− 0.093 **	0.131 **	0.194 **	− 0.054
	Sig.（双侧）	0.548	0.007	0	0	0.092
	N	680	680	680	680	680
DEM_8_AIR	Kendall tau_b	− 0.001	− 0.086 *	0.115 **	0.074 *	− 0.027
	Sig.（双侧）	0.973	0.013	0.001	0.042	0.401
	N	680	680	680	680	680
DEM_9_NEW	Kendall tau_b	0.038	− 0.011	0.115 **	0.106 **	0.017
	Sig.（双侧）	0.326	0.758	0.001	0.003	0.586
	N	679	680	680	680	680
DEM_10_EXP	Kendall tau_b	0.047	− 0.099 **	0.033	0.154 **	− 0.038
	Sig.（双侧）	0.220	0.004	0.35	0.000	0.240
	N	679	680	680	680	680
DEM_11_LIFE	Kendall tau_b	− 0.076 *	− 0.001	− 0.028	0.091 *	− 0.029
	Sig.（双侧）	0.049	0.979	0.431	0.013	0.360
	N	679	680	680	680	680
DEM_12_JOB	Kendall tau_b	− 0.076 *	− 0.271 **	0.013	0.203 **	− 0.147 **
	Sig.（双侧）	0.047	0	0.722	0	0
	N	679	680	680	680	680
DEM_13_MED	Kendall tau_b	− 0.136 **	0.157 **	− 0.108 **	− 0.090 *	− 0.031
	Sig.（双侧）	0.000	0	0.003	0.013	0.338
	N	679	680	680	680	680
DEM_14_SAFE	Kendall tau_b	− 0.164 **	0.238 **	− 0.168 **	− 0.02	− 0.001
	Sig.（双侧）	0	0	0	0.582	0.971
	N	679	680	680	680	680
DEM_15_RIG	Kendall tau_b	0.019	− 0.019	− 0.05	− 0.150 **	0.056
	Sig.（双侧）	0.619	0.587	0.164	0.000	0.081
	N	679	680	680	680	680
DEM_16_EDU	Kendall tau_b	− 0.029	− 0.056	− 0.054	0.125 **	− 0.058
	Sig.（双侧）	0.45	0.105	0.132	0.001	0.068
	N	679	680	680	680	680

信息需求		客观因素				
		gender	age	income	area	land
DEM_17_POL	Kendall tau_b	0.035	0.012	−0.015	0.031	0.02
	Sig.（双侧）	0.368	0.734	0.680	0.393	0.536
	N	679	680	680	680	680
DEM_18_PAR	Kendall tau_b	−0.027	−0.033	0.009	0.071	−0.015
	Sig.（双侧）	0.487	0.336	0.799	0.052	0.645
	N	679	680	680	680	680

表 7 − 4　　　　　　　　相关分析结果（二）

信息需求		影响认识和表达的因素（1）			
		store	if_pay	eco_benefits	if_ad_effect
DEM_1_TRA	Kendall tau_b	0.023	−0.002	0.098 **	0.101 **
	Sig.（双侧）	0.52	0.963	0.005	0.004
	N	680	680	680	680
DEM_2_INS	Kendall tau_b	0.052	−0.015	0.197 **	0.137 **
	Sig.（双侧）	0.153	0.693	0	0
	N	680	680	680	680
DEM_3_IRR	Kendall tau_b	0.104 **	−0.067	0.204 **	0.204 **
	Sig.（双侧）	0.004	0.08	0	0
	N	680	680	680	680
DEM_4_TEC	Kendall tau_b	0.063	0.021	−0.059	−0.008
	Sig.（双侧）	0.081	0.585	0.095	0.81
	N	680	680	680	680
DEM_5_MAR	Kendall tau_b	−0.002	0.024	0.037	0.021
	Sig.（双侧）	0.948	0.528	0.288	0.541
	N	680	680	680	680
DEM_6_VAR	Kendall tau_b	−0.071	−0.058	−0.037	0.051
	Sig.（双侧）	0.051	0.134	0.288	0.143
	N	680	680	680	680

续表

信息需求		影响认识和表达的因素（1）			
		store	if_pay	eco_benefits	if_ad_effect
DEM_7_LOAN	Kendall tau_b	0.047	0.095 *	0.085 *	− 0.040
	Sig.（双侧）	0.193	0.014	0.016	0.257
	N	680	680	680	680
DEM_8_AIR	Kendall tau_b	0.066	0.071	0.097 **	− 0.038
	Sig.（双侧）	0.067	0.064	0.006	0.274
	N	680	680	680	680
DEM_9_NEW	Kendall tau_b	0.015	0.007	− 0.023	− 0.044
	Sig.（双侧）	0.688	0.859	0.509	0.207
	N	680	680	680	680
DEM_10_EXP	Kendall tau_b	− 0.024	0.135 **	0.051	− 0.003
	Sig.（双侧）	0.507	0	0.147	0.936
	N	680	680	680	680
DEM_11_LIFE	Kendall tau_b	− 0.048	0.111 **	0.088 *	− 0.081 *
	Sig.（双侧）	0.185	0.004	0.012	0.020
	N	680	680	680	680
DEM_12_JOB	Kendall tau_b	0.056	0.047	0.008	− 0.041
	Sig.（双侧）	0.12	0.222	0.815	0.245
	N	680	680	680	680
DEM_13_MED	Kendall tau_b	− 0.167 **	− 0.031	0.064	− 0.135 **
	Sig.（双侧）	0.000	0.413	0.071	0
	N	680	680	680	680
DEM_14_SAFE	Kendall tau_b	− 0.150 **	− 0.171 **	0.195 **	0.130 **
	Sig.（双侧）	0	0.000	0.000	0
	N	680	680	680	680
DEM_15_RIG	Kendall tau_b	− 0.024	0.032	0.140 **	− 0.146 **
	Sig.（双侧）	0.514	0.409	0.000	0.000
	N	680	680	680	680
DEM_16_EDU	Kendalltau_b	0.065	0.121 **	0.073 *	0.034
	Sig.（双侧）	0.074	0.002	0.037	0.333
	N	680	680	680	680

我国农民信息需求特征及其影响因素研究

续表

信息需求		影响认识和表达的因素（1）			
		store	if_pay	eco_benefits	if_ad_effect
DEM_17_POL	Kendalltau_b	0.019	0.043	0.028	0.001
	Sig.（双侧）	0.593	0.268	0.434	0.985
	N	680	680	680	680
DEM_18_PAR	Kendalltau_b	0.061	0.109 **	−0.034	−0.018
	Sig.（双侧）	0.093	0.004	0.335	0.615
	N	680	680	680	680

表7−5 相关分析结果（三）

信息需求		影响认识和表达的因素（2）			
		education	if_satisfy	if_net_trade	if_library
DEM_1_TRA	Kendall tau_b	−0.056	0.211 **	−0.072 *	0.197 **
	Sig.（双侧）	0.116	0	0.049	0
	N	680	680	680	680
DEM_2_INS	Kendall tau_b	−0.036	0.187 **	−0.053	0.184 **
	Sig.（双侧）	0.314	0	0.147	0
	N	680	680	680	680
DEM_3_IRR	Kendall tau_b	−0.025	0.277 **	0.003	0.207 **
	Sig.（双侧）	0.478	0	0.938	0
	N	680	680	680	680
DEM_4_TEC	Kendall tau_b	0.108 **	0.065	0.038	0.052
	Sig.（双侧）	0.003	0.089	0.304	0.141
	N	680	680	680	680
DEM_5_MAR	Kendall tau_b	0.108 **	−0.033	−0.029	0.090 **
	Sig.（双侧）	0.003	0.392	0.426	0.01
	N	680	680	680	680
DEM_6_VAR	Kendall tau_b	0.024	−0.069	−0.101 **	0.039
	Sig.（双侧）	0.497	0.071	0.006	0.264
	N	680	680	680	680

· 190 ·

续表

		影响认识和表达的因素（2）			
		education	if_satisfy	if_net_trade	if_library
DEM_7_LOAN	Kendall tau_b	0.099 **	0.007	0.108 **	0.031
	Sig.（双侧）	0.006	0.857	0.003	0.374
	N	680	680	680	680
DEM_8_AIR	Kendall tau_b	0.085 *	0.026	0.059	0.002
	Sig.（双侧）	0.018	0.506	0.107	0.947
	N	680	680	680	680
DEM_9_NEW	Kendall tau_b	0.107 **	0.070	0.015	0.02
	Sig.（双侧）	0.003	0.069	0.69	0.574
	N	680	680	680	680
DEM_10_EXP	Kendall tau_b	0.034	0.021	0.102 **	− 0.055
	Sig.（双侧）	0.342	0.588	0.006	0.115
	N	680	680	680	680
DEM_11_LIFE	Kendall tau_b	0.082 *	− 0.116 **	0.003	− 0.061
	Sig.（双侧）	0.022	0.003	0.926	0.081
	N	680	680	680	680
DEM_12_JOB	Kendall tau_b	0.117 **	− 0.037	0.081 *	0.073 *
	Sig.（双侧）	0.001	0.338	0.027	0.036
	N	680	680	680	680
DEM_13_MED	Kendall tau_b	− 0.024	− 0.058	− 0.186 **	0.028
	Sig.（双侧）	0.503	0.133	0	0.429
	N	680	680	680	680
DEM_14_SAFE	Kendall tau_b	− 0.174 **	− 0.180 **	− 0.197 **	0.190 **
	Sig.（双侧）	0.000	0.000	0.000	0
	N	680	680	680	680
DEM_15_RIG	Kendall tau_b	0.065	− 0.085 *	− 0.042	0.036
	Sig.（双侧）	0.072	0.027	0.257	0.299
	N	680	680	680	680
DEM_16_EDU	Kendall tau_b	− 0.002	0.059	0.056	0.002
	Sig.（双侧）	0.951	0.122	0.129	0.947
	N	680	680	680	680

		影响认识和表达的因素（2）			
		education	if_satisfy	if_net_trade	if_library
DEM_17_POL	Kendall tau_b	0. 046	0. 057	0. 054	− 0. 020
	Sig. （双侧）	0. 196	0. 135	0. 142	0. 574
	N	680	680	680	680
DEM_18_PAR	Kendall tau_b	0. 023	− 0. 035	0. 032	− 0. 031
	Sig. （双侧）	0. 525	0. 356	0. 391	0. 382
	N	680	680	680	680

注：** 在置信度（双测）为 0. 01 时，相关性是显著的。
* 在置信度（双测）为 0. 05 时，相关性是显著的。

从以上数据可知，性别和农民病虫害信息、施肥灌溉信息显著正相关。也就是说男性农民比女性农民对农业技术信息中的病虫害信息和施肥灌溉信息的需求更大。同时，我们也可以看出，性别和农民的家庭生活类、就业、医疗卫生、社会保障和养老等民生信息需求呈现出显著负相关。这就意味着，从总体上来说，女性比男性更关注这类民生信息，需求意愿更强。

从年龄这一影响因素来看，年龄与农技培训、病虫害防治、施肥灌溉等农业技术信息需求以及医疗卫生、社会保障和养老等民生信息需求显著正相关。而年龄与农业新技术、市场供求、贷款投资、气象灾害、别人的致富经验、就业等信息需求显著负相关。这说明，年龄较大的农民比年轻农民更加关注与传统农业生产息息相关的技术信息，以及和自身生活密不可分的民生信息。而年纪较轻的农民更加倾向于选择显著提高农业生产效率的新技术信息和关系到农产品销售的市场供求信息以及能够帮助扩大生产规模的贷款投资信息等，同时，年轻人也更有不断完善自身的意识，比较关注别人的致富信息，从而帮助自己致富。年轻农民野心勃勃，不再满足于农业生产带来的收益，他们更加向往走进城市，因而更加关注就业信息。

收入与农民的新技术信息、市场供求信息、贷款投资信息、气象灾害信息、农业新闻信息显著正相关。

耕地面积与农民的技术培训信息、病虫害防治信息、施肥灌溉信息显著正相关。这说明，拥有耕地面积越大的农民，越倾向于选择能够有效提高农作物产量的技术信息。

付费意愿与贷款投资信息、别人的致富经验、家庭生活类信息、子女教育信息和政治参与信息需求显著正相关。

信息带来的经济效益与农民技术培训信息、病虫害防治信息、施肥灌溉信息、贷款投资信息、气象灾害信息等显著正相关。也就是说，认为信息带来经济效益越大的农民，对这些信息的需求意愿越强烈。

广告提供信息的有用性与农民技术培训信息、病虫害防治信息、施肥灌溉等信息需求显著正相关。

农民的文化程度与农业新技术、市场供求、贷款投资、气象灾害、农业新闻、家庭生活类、就业、社会保障和养老等信息显著相关。这说明，文化程度越高的农民有较高的文化素养，不仅注重农业生产的效率，同意也注重自身的生活质量。他们在关注农业技术信息、市场信息以外，还倾向于对民生信息的选择。

农民对获取信息的满意与否几乎与每种信息需求都是正相关的。这就意味着，曾经获得过信息并对所获得信息越满意的农民，对信息的需求越大。

图书馆的有用性与农技培训、病虫害防治、施肥灌溉等信息需求显著正相关。这也在一定程度上说明，图书馆所起的作用对农民的信息需求有显著影响。

7.4

回归分析

7.4.1　回归分析的基本原理

回归分析是研究一个因变量与一个或多个自变量之间的线性或非线性关系的一种统计分析方法。回归分析通过规定因变量和自变量来确定变量之间的因果关系，建立回归模型，并根据实测数据来估计模型的各个参数，然后评价回归模型是否能够很好地拟合实测数据，并进行相应的预测，反映统计变量之间的数据变化规律，为研究者准确把握自变量对因变量的影响程度和方法提供有效的方法。

回归分析中，当研究的因果关系只涉及因变量和一个自变量时，叫作一元回归分析；当研究的因果关系设计因变量和两个或两个以上自变量时，叫作多元回归分析。此外，回归分析中，又依据描述自变量和因变量之间因果关系的函数表达式是线性还是非线性的，分为线性回归分析和非线性回归分析。通常线性回归分析法是最基本的分析方法，遇到非线性回归问题可以借助数学手段化为线性回归问题处理。

7.4.2　回归模型的引入

前面我们已经提到，本书的因变量为二分类变量，自变量大多数为定序变量，一般的多元线性回归在这里并不适用。Logistic 回归为概率型非线性回归模型，是研究分类变量结果与一些影响因素之间关系的一种多变量分析方法。Logistic 回归要求因变量取值为分类变量（两分类或多个分类），自变量称为危险因素或暴露因素，可为连续变量、等级变量、分类变量。这与本书的变量类型符合，因此本书采用 Logistic 回归。

为检验农民信息需求的影响因素，进一步明确其影响程度和显著性，本书建立农民信息需求影响因素的多元 Logistic 回归模型，应用 680 名农民样本进行分析。

本书将农民的需求意愿看作以上各变量的函数，即 y = f（客观因素，影响认识与表达的因素）+ 随机扰动项。

本书以农民对信息的需求意愿作为因变量，将选择需要某种信息定义为 y = 1，将选择不需要某种信息定义为 y = 0。设 y = 1 的概率为 p，则 y 的分布函数为：

$$f(y) = p^y (1-p)^{(1-y)} \qquad y = 0,1 \qquad (7-3)$$

本书因变量为二分变量，农民在需要与不需要某种信息之间进行选择的概率与农民的客观因素和影响信息需求认识与表达的因素所决定。将因变量取值限制在 [0, 1] 范围内，通过采用最大似然法（maximum likelihood estimation）对模型参数进行估计。最大似然法的基本思想是先建立似然函数与对数似然函数，在通过使对数自然函数最大求解相应的参数值，所得到的估计值就成为参数的最大似然估计值。

因变量为二分变量原则上是无法做回归的，在回归方程中的因变量实质上是概率，而不是变量本身。对于这种问题建立回归模型，通常要先对因变量，即农民选择需要某种信息的概率 P 进行 logit 变换。事件发生概率与未发生概率之比的自然对数，称为 P 的 logit 变换，记作 logit（P）。概率 P 的取值范围在 0 – 1 之间，而 logit（P）取值是没有界限的。

$$logit(p) = \ln\left(\frac{p}{1-p}\right) \qquad (7-4)$$

则多变量的 Logistic 回归模型方程的线性表达为：

$$\text{logit}(p) = \ln\left(\frac{p}{1-p}\right) = \beta_0 + \beta_1 x_1 + \beta_2 x_2 + \cdots + \beta_m x_m \qquad (7-5)$$

则 Logistic 回归模型可表示为：

$$p(y = 1/x_1, x_2, \cdots, x_k) = \frac{1}{1 + e^{-(\alpha + \beta_0 + \beta_1 x_1 + \cdots + \beta_k x_k + \mu)}} \qquad (7-6)$$

式（7-6）中，p 表示农民选择需要某种信息的概率，β_0，$\cdots$，β_k 表示各影响因素的回归系数，k 表示影响这一概率的因素个数，x_0，$\cdots$，x_k 表示各影响因素，是自变量，α 表示回归截距，μ 为误差项。

Logistic 回归模型的整体质量用 Hosmer and Lemeshow 模型拟合度检验（Hosmer and Lemeshow Model Fit Test）来判断模型与数据的整体拟合程度。这与通常报告出的似然比率检验（Likelihood Ratio Test）是不一样的。似然比率检验只是能笼统地检验模型中的所有自变量放在一起是否对因变量有显著的影响，相当于对普通线性回归模型中进行的 F 检验。Hosmer and Lemeshow 模型拟合度检验才是真正检验模型是否与数据相拟合的检验方法。然而，Hosmer and Lemeshow 模型拟合度检验的虚拟假设是模型与数据相拟合，因此如果检验结果是显著的则意味着要推翻此假设，也就是说模型与数据不拟合（农村信息服务需求影响因素研究）。

7.4.3　回归分析结果

用 SPSS 20 软件分析所得结果如下：

表 7-6　　　　　　　　　回归分析结果（一）

因变量	DEM_1_TRA		DEM_2_INS		DEM_3_IRR	
自变量	B	Sig.	B	Sig.	B	Sig.
age	0.247	0.003	0.233	0.015	0.162	0.14
income	0.015	0.771	−0.108	0.087	−0.076	0.301
gender（1）	0.091	0.642	−0.889	0.000	−0.21	0.424
area		0.001		0.052		0.159
area（1）	0.964	0.001	0.662	0.042	0.723	0.058
area（2）	0.912	0.001	0.091	0.768	0.509	0.147

因变量	DEM_1_TRA		DEM_2_INS		DEM_3_IRR	
自变量	B	Sig.	B	Sig.	B	Sig.
land	0.087	0.000	0.089	0.000	0.080	0.002
store	-0.007	0.939	0.055	0.629	0.018	0.892
if_pay	-0.217	0.289	-0.025	0.911	-0.732	0.006
eco_benefits	0.094	0.212	0.053	0.555	0.174	0.146
if_ad_effect	0.148	0.124	0.143	0.196	0.314	0.026
education	-0.16	0.181	-0.088	0.519	-0.293	0.077
if_satisfy	0.66	0.001	0.449	0.059	1.143	0.000
if_net_trade	-0.069	0.582	0.003	0.985	0.163	0.305
if_library	0.368	0.000	0.265	0.012	0.310	0.021
常量	-4.214	0.000	-3.893	0.000	-5.410	0.000
	Hosmer 和 Lemeshow 检验		Hosmer 和 Lemeshow 检验		Hosmer 和 Lemeshow 检验	
df	卡方	Sig.	卡方	Sig.	卡方	Sig.
8	7.02	0.535	15.098	0.057	8.801	0.359

表7-7　　　　　　　　回归分析结果（二）

因变量	DEM_4_TEC		DEM_5_MAR		DEM_6_VAR	
自变量	B	Sig.	B	Sig.	B	Sig.
age	-0.068	0.533	-0.381	0.000	-0.087	0.418
income	0.22	0	0.157	0.003	0.081	0.188
gender（1）	0.059	0.812	-0.353	0.115	-0.269	0.300
area		0.089		0.000		0.094
area（1）	-0.612	0.080	1.281	0.000	0.456	0.19
area（2）	-0.663	0.04	0.209	0.494	-0.218	0.54
land	0.032	0.233	-0.006	0.799	-0.038	0.208
store	0.141	0.269	-0.053	0.626	-0.243	0.062
if_pay	-0.176	0.493	0.522	0.025	0.012	0.965
eco_benefits	0.195	0.082	-0.122	0.149	0.15	0.152
if_ad_effect	-0.19	0.103	0.115	0.287	-0.265	0.023
education	0.192	0.201	0.069	0.600	0.053	0.724

续表

因变量	DEM_4_TEC		DEM_5_MAR		DEM_6_VAR	
自变量	B	Sig.	B	Sig.	B	Sig.
if_satisfy	0.399	0.117	−0.136	0.565	−0.192	0.481
if_net_trade	−0.106	0.468	−0.252	0.071	−0.363	0.057
if_library	−0.208	0.064	−0.391	0.000	−0.100	0.363
常量	−2.103	0.013	0.666	0.377	0.165	0.851
	Hosmer 和 Lemeshow 检验		Hosmer 和 Lemeshow 检验		Hosmer 和 Lemeshow 检验	
df	卡方	Sig.	卡方	Sig.	卡方	Sig.
8	3.059	0.931	17.056	0.03	8.761	0.363

表 7-8　　　　　回归分析结果（三）

因变量	DEM_7_LOAN		DEM_8_AIR		DEM_9_NEW	
自变量	B	Sig.	B	Sig.	B	Sig.
age	−0.162	0.21	0.294	0.008	0.196	0.372
income	0.023	0.722	0.066	0.286	0.166	0.062
gender（1）	−0.281	0.338	−0.402	0.134	−0.128	0.804
area		0.002		0.987		0.053
area（1）	−3.676	0.001	−0.03	0.937	−2.848	0.017
area（2）	−0.076	0.825	0.021	0.95	−0.250	0.671
land	0.044	0.236	−0.028	0.339	0.052	0.349
store	0.033	0.811	0.069	0.586	−0.031	0.894
if_pay	0.226	0.443	−0.423	0.112	−0.756	0.127
eco_benefits	0.111	0.347	0.038	0.69	0.120	0.588
if_ad_effect	0.066	0.653	−0.029	0.812	0.288	0.276
education	0.278	0.114	0.124	0.412	0.722	0.015
if_satisfy	−0.21	0.469	−0.352	0.2	0.786	0.112
if_net_trade	0.131	0.387	0.000	0.999	−0.162	0.578
if_library	−0.139	0.297	−0.005	0.967	−0.088	0.726
常量	−2.652	0.008	−2.971	0.001	−7.648	0.000

续表

因变量	DEM_7_LOAN		DEM_8_AIR		DEM_9_NEW	
自变量	B	Sig.	B	Sig.	B	Sig.
	Hosmer 和 Lemeshow 检验		Hosmer 和 Lemeshow 检验		Hosmer 和 Lemeshow 检验	
df	卡方	Sig.	卡方	Sig.	卡方	Sig.
8	3.881	0.868	5.468	0.707	4.769	0.782

表 7 - 9　　　　　　回归分析结果（四）

因变量	DEM_10_EXP		DEM_11_LIFE		DEM_12_JOB	
自变量	B	Sig.	B	Sig.	B	Sig.
age	-0.110	0.31	-0.016	0.891	-0.65	0.000
income	0.025	0.669	0.018	0.806	-0.132	0.054
gender（1）	-0.561	0.028	0.424	0.104	0.026	0.917
area		0.006		0.182		0.009
area（1）	-0.80	0.031	-0.793	0.078	-1.249	0.002
area（2）	-1.042	0.002	-0.147	0.691	-0.442	0.171
land	-0.044	0.210	-0.025	0.496	-0.114	0.016
store	-0.085	0.489	-0.174	0.207	0.116	0.349
if_pay	0.441	0.086	0.776	0.008	0.014	0.959
eco_benefits	-0.249	0.006	-0.003	0.973	-0.076	0.467
if_ad_effect	-0.091	0.442	-0.184	0.155	0.128	0.347
education	0.096	0.529	-0.216	0.196	0.318	0.049
if_satisfy	-0.047	0.852	-0.954	0.001	-0.283	0.297
if_net_trade	0.267	0.045	0.055	0.73	-0.103	0.46
if_library	0.188	0.105	0.328	0.013	-0.267	0.024
常量	-0.445	0.608	-1.346	0.182	1.416	0.125
	Hosmer 和 Lemeshow 检验		Hosmer 和 Lemeshow 检验		Hosmer 和 Lemeshow 检验	
df	卡方	Sig.	卡方	Sig.	卡方	Sig.
8	13.726	0.089	11.441	0.178	5.586	0.694

表 7 - 10 回归分析结果（五）

因变量	DEM_13_MED		DEM_14_SAFE		DEM_15_RIG	
自变量	B	Sig.	B	Sig.	B	Sig.
age	0. 334	0. 002	0. 416	0	- 0. 175	0. 246
income	- 0. 05	0. 496	- 0. 121	0. 095	0. 052	0. 565
gender（1）	1. 014	0. 000	1. 002	0. 000	- 0. 27	0. 447
area		0. 287		0. 088		0. 000
area（1）	0. 611	0. 114	- 0. 454	0. 222	1. 97	0. 001
area（2）	0. 385	0. 311	0. 232	0. 482	0. 254	0. 677
land	- 0. 081	0. 013	- 0. 008	0. 78	- 0. 025	0. 53
store	- 0. 305	0. 014	- 0. 024	0. 845	0. 184	0. 275
if_pay	0. 158	0. 550	- 0. 288	0. 253	0. 733	0. 045
eco_benefits	0. 023	0. 798	- 0. 181	0. 039	- 0. 479	0. 000
if_ad_effect	- 0. 292	0. 013	0. 169	0. 164	- 0. 185	0. 218
education	0. 292	0. 052	- 0. 138	0. 351	0. 316	0. 109
if_satisfy	0. 170	0. 538	- 0. 067	0. 8	- 0. 348	0. 371
if_net_trade	- 0. 637	0. 004	- 0. 609	0. 005	- 0. 229	0. 326
if_library	0. 111	0. 336	- 0. 434	0. 000	0. 001	0. 997
常量	- 2. 049	0. 029	0. 015	0. 986	- 1. 77	0. 148
	Hosmer 和 Lemeshow 检验		Hosmer 和 Lemeshow 检验		Hosmer 和 Lemeshow 检验	
df	卡方	Sig.	卡方	Sig.	卡方	Sig.
8	11. 969	0. 153	11. 143	0. 194	4. 748	0. 784

表 7 - 11 回归分析结果（六）

因变量	DEM_16_EDU		DEM_17_POL		DEM_18_PAR	
自变量	B	Sig.	B	Sig.	B	Sig.
age	- 0. 082	0. 447	0. 007	0. 964	0. 353	0. 466
income	- 0. 182	0. 013	- 0. 036	0. 675	0. 103	0. 62
gender（1）	0. 141	0. 572	- 0. 225	0. 538	0. 620	0. 511
area		0. 005		0. 036		0. 272
area（1）	- 1. 388	0. 001	- 1. 112	0. 077	- 1. 356	0. 414
area（2）	- 0. 482	0. 14	0. 235	0. 61	- 3. 083	0. 107

续表

因变量	DEM_16_EDU		DEM_17_POL		DEM_18_PAR	
自变量	B	Sig.	B	Sig.	B	Sig.
land	− 0.008	0.814	0.066	0.071	0.044	0.822
store	0.208	0.098	0.186	0.261	0.897	0.139
if_pay	0.405	0.118	0.016	0.964	17.846	0.992
eco_benefits	− 0.028	0.772	− 0.084	0.499	− 0.29	0.425
if_ad_effect	− 0.251	0.036	− 0.146	0.373	− 0.154	0.689
education	0.026	0.867	0.266	0.197	− 0.217	0.712
if_satisfy	0.438	0.095	0.699	0.055	− 1.648	0.072
if_net_trade	0.086	0.554	0.058	0.782	− 0.017	0.97
if_library	0.021	0.855	− 0.099	0.526	− 0.048	0.898
常量	− 0.68	0.432	− 3.3	0.003	− 21.569	0.991
	Hosmer 和 Lemeshow 检验		Hosmer 和 Lemeshow 检验		Hosmer 和 Lemeshow 检验	
df	卡方	Sig.	卡方	Sig.	卡方	Sig.
8	2.554	0.959	2.333	0.969	1.474	0.993

表 7 − 12　　　　　　　　　　　　　　因变量编码

初始值	内部值
不选择	0
选择	1

表 7 − 13　　　　　　　　　　　　　　分类变量编码

分类变量编码				
		频率	参数编码	
			(1)	(2)
area	琼中	177	1.000	0.000
	文昌	302	0.000	1.000
	定安	200	0.000	0.000
gender	女	209	1.000	
	男	470	0.000	

　　由于 Hosmer and Lemeshow 模型拟合度检验做的是虚无假设，假设拟合无偏差。在 5% 的显著性水平下，如果 Sig. 值大于 0.05，说明应该接受结果，即认同拟合方程与真实的方程基本没有偏差，也就是说 Sig. 值越大越好。

　　从以上回归分析的结果，我们可以看出，在 5% 的显著性水平下，DEM_1_TRA、DEM_2_INS、DEM_3_IRR、DEM_4_TEC、DEM_6_VAR、DEM_7_LOAN、DEM_8_AIR、DEM_9_NEW、DEM_10_EXP、DEM_11_LIFE、DEM_12_JOB、DEM_13_MED、DEM_14_SAFE、DEM_15_RIG、DEM_16_EDU 的回归模型基本上是成立的。

　　（1）农技培训信息需求的回归方程：

$$p(\text{DEM\_1\_TRA}=1)$$
$$=\frac{1}{1+e^{-(-4.214+0.247age+0.964area(1)+0.912area(2)+0.087land+0.66if\_satisfy+0.368if\_library)}} \qquad (7-7)$$

　　（2）病虫害防治信息需求的回归方程：

$$p(\text{DEM\_2\_INS}=1)$$
$$=\frac{1}{1+e^{-(-3.893+0.233age-0.889gender+0.089land+0.265if\_library)}} \qquad (7-8)$$

　　（3）施肥灌溉信息需求的回归方程：

$$p(\text{DEM\_3\_IRR}=1)$$
$$=\frac{1}{1+e^{-(-5.41+0.08land+0.314if\_ad\_effect+1.143if\_satisfy+0.31if\_library)}} \qquad (7-9)$$

　　（4）农业新技术信息需求的回归方程：

$$p(\text{DEM\_4\_TEC}=1)=\frac{1}{1+e^{-(-2.103+0.22income)}} \qquad (7-10)$$

　　（5）农产品品种信息需求的回归方程：

$$p(\text{DEM\_6\_VAR}=1)=\frac{1}{1+e^{-(-0.265if\_ad\_effect)}} \qquad (7-11)$$

　　（6）贷款投资信息需求的回归方程：

$$p(\text{DEM\_7\_LOAN}=1)=\frac{1}{1+e^{-(-2.652-3.676area(1)-0.076area(2))}} \qquad (7-12)$$

（7）气象灾害信息需求的回归方程：

$$p(\mathrm{DEM\_8\_AIR}=1)=\frac{1}{1+e^{-(-2.971+0.294\mathrm{age})}} \qquad (7-13)$$

（8）农业新闻信息需求的回归方程：

$$p(\mathrm{DEM\_9\_NEW}=1)=\frac{1}{1+e^{-(-7.648+0.722\mathrm{education})}} \qquad (7-14)$$

（9）别人的致富经验信息需求的回归方程：

$$p(\mathrm{DEM\_10\_EXP}=1)$$
$$=\frac{1}{1+e^{-(-0.561\mathrm{gender}(1)-0.8\mathrm{area}(1)-1.042\mathrm{area}(2)-0.249\mathrm{eco\_benefits}+0.267\mathrm{if\_net\_trade})}} \qquad (7-15)$$

（10）家庭生活类信息需求的回归方程：

$$p(\mathrm{DEM\_11\_LIFE}=1)$$
$$=\frac{1}{1+e^{-(0.776\mathrm{if\_pay}-0.954\mathrm{if\_satisfy}+0.328\mathrm{if\_library})}} \qquad (7-16)$$

（11）就业信息需求的回归方程：

$$p(\mathrm{DEM\_12\_JOB}=1)$$
$$=\frac{1}{1+e^{-(-0.65\mathrm{age}-1.249\mathrm{area}(1)-0.442\mathrm{area}(2)-0.114\mathrm{land}-0.318\mathrm{education}-0.267\mathrm{if\_library})}} \qquad (7-17)$$

（12）医疗卫生信息需求的回归方程：

$$p(\mathrm{DEM\_13\_MED}=1)$$
$$=\frac{1}{1+e^{-(-2.049+0.334\mathrm{age}-0.081\mathrm{land}-0.305\mathrm{store}-0.292\mathrm{if\_ad\_effect}-0.637\mathrm{if\_net\_trade})}} \qquad (7-18)$$

（13）社会保障和养老信息需求的回归方程：

$$p(\mathrm{DEM\_14\_SAFE}=1)$$
$$=\frac{1}{1+e^{-(0.416\mathrm{age}+1.002\mathrm{gender}(1)-0.181\mathrm{eco\_benefits}-0.609\mathrm{if\_net\_trade}-0.434\mathrm{if\_library})}} \qquad (7-19)$$

（14）权益维护信息需求的回归方程：

$$p(\mathrm{DEM\_15\_RIG}=1)$$
$$=\frac{1}{1+e^{-(1.97\mathrm{area}(1)+0.254\mathrm{area}(2)+0.733\mathrm{if\_pay}-0.479\mathrm{eco\_benefits})}} \qquad (7-20)$$

（15）子女教育信息需求的回归方程：

$$\mathrm{p(DEM\_16\_EDU=1)}$$

$$=\frac{1}{1+e^{-(-0.182income-1.388area(1)-0.482area(2)-0.251if\_ad\_effect)}} \qquad (7-21)$$

（16）政策文件信息需求的回归方程：

$$\mathrm{p(DEM\_17\_POL=1)}=\frac{1}{1+e^{-(-3.3-1.112area(1)+0.235area(2))}} \qquad (7-22)$$

从以上回归模型可以看出：

在农技培训信息的需求上，农民对农技培训信息的需求与农民的年龄、耕地面积、对所获得信息的满意度以及当地图书馆发挥的作用呈正相关，根据回归方程中的系数，农民对所获得信息的满意度对农技培训信息需求影响程度明显高于其他因素。另外，从回归方程还可以看出，琼中和文昌农民对农技培训信息的需求明显高于定安。

从病虫害防治信息的需求来看，年龄、耕地面积、当地图书馆起到的作用与病虫害防治信息正相关。在这三个影响因素中，按照对病虫害防治信息需求影响程度由低到高依次是耕地面积、年龄、图书馆所起的作用。可见，图书馆的作用对于当地农民病虫害防治信息的需求有非常大的影响。同时，我们也可以看出，农民的性别与这种信息的需求负相关，根据表 7 - 13 分类变量编码，也即是说男性农民更偏好于对病虫害防治信息的需求，这与男性农民是农业生产的主力这一现象是相符合的。

在施肥灌溉信息的需求上，对所获得信息满意的农民对信息的需求意愿更强。同时，耕地面积、广告、图书馆的作用也与农民对施肥灌溉信息的需求正相关，但是从其影响程度来看，仍然是所获信息的满意度影响最大，而耕地面积的影响程度最小。

家庭收入水平较高的农民更加重视农业新技术信息的获得。

从贷款投资信息来看，定安县农民对贷款投资信息的需求意愿最强烈，琼中县农民的需求意愿最弱。这可能与区域间农业金融的发展有一定的关系。

在气象灾害信息的需求上，年龄较大的农民更容易关注气象灾害信息，他们习惯了靠天吃饭的传统生产模式，也更擅长于根据天气的变动来改变农业生产活动。

受教育程度越高的农民对于农业新闻信息的需求意愿越强烈。

就别人的致富经验来说，男性农民比女性农民更加关注，同时，网上信息实践经验越丰富的农民越关注别人的致富经验，他们积极的学习别人的新的交易手段和致富方法。然而，认为信息带来经济效益越大的农民对别人的致富经验的需求意愿越低，而那些认为信息带来经济效益较小的农民对别人的致富经验关注度更高，这些人不单单信赖与农业生产经验相关的信息，更倾向于从"村能人"那里学习他们的致富手段。

从就业信息的需求来说，年龄是影响这一信息需求的最主要因素，年纪较轻的农民比年长的农民更加关注就业信息。另外，耕地面积较小的农民对就业信息的需求意愿也更强，因为他们的农业生产任务并不是很繁重，就有更多的精力出去打工，从而就会更多的关注就业信息。同时，从以上方程我们还可以看出，定安县农民对就业信息的需求意愿较其他两个县更强。这可能与定安县所在的地理位置也有一定的联系。而农民的受教育程度和当地图书馆发挥的作用与就业信息需求负相关。

在医疗卫生信息的需求上，年龄越大的农民对这种信息的关注越多，因为随着年龄的增大，农民的身体素质越来越差，他们越来越少的投入到农业生产劳动中，他们逐渐频繁的与医疗卫生打交道，因此对医疗卫生的关注度较高。

对于社会保障和养老信息来说，女性农民比男性的需求意愿更高，并且从方程中的性别这一因子的系数来看，性别是影响农民对社会保障和养老信息需求的重要因素。

从公式（7-20）可以看出，农民对权益维护信息的需求具有很大的地域差异，琼中县农民对权益维护信息的需求最高，定安县的这类信息需求则最低。同时，农民的付费意愿也与权益维护信息需求正相关，也就是说，愿意花钱来获取信息的农民具有较强的信息意识，他们对权益维护信息的关注度更高。

农民对子女教育信息的需求与收入以及广告提供信息的有用性负相关，也就是说收入较低的农民把希望更高的寄托在子女身上，他们更重视对子女的教育，因此对此类信息的关注度较高。同时，从公式（7-21）我们也可以看出，认为广告提供的信息用处越小的农民，对子女教育信息的关注度越高。此外，子女教育信息需求也存在一定的地域差异。

根据公式（7-22），我们可以看出，农民对政策文件信息的需求也存在地域差异，文昌市农民对政策文件信息的需求意愿最强，其次是定安县，而琼中县农民对此类信息的需求意愿最弱。

7.5

实证结果与讨论

7.5.1　假设检验结果

以上研究利用相关和回归分析来对研究假设进行了验证，但从研究结果中，我们发现存在相关关系的变量之间并非都存在明显的线性回归关系，这种差异是由两种分析方法的性质决定的，相关反映变量之间存在相互关系以及密切程度，是一种双向变化的关系。回归是反映两个变量的依存关系，一个变量的改变会引起另一个变量的变化，是一种单向关系。在应用的时候，相关主要是对两个变量之间的关系进行描述，更类似于一种定性描述。回归是对两个变量作定量描述，已知一个变量值可以预测出另一个变量值，可以得到定量结果。因为农民信息需求影响因素研究从本质上而言更是一种定性研究，研究目的是为政府及有关信息服务部门提供指导方案，所以本书在假设检验中综合参考相关分析和回归分析结果对研究假设进行论证。

假设验证的情况参见表 7 - 14。

表 7 - 14　　　　　　　研究假设、检验结果与论证方法

编号	研究假设	检验结果	论证方法
	年龄对信息需求有显著的影响		
H1a	年龄对农技培训信息需求存在着正相关关系的影响	支持	相关和回归证实
H1b	年龄对病虫害防治信息需求存在着正相关的影响	支持	相关和回归证实
H1c	年龄对施肥灌溉信息需求存在着正相关的影响	中等支持	相关证实，回归部分证实
H1d	年龄对农业新技术信息需求存在着负相关的影响	中等支持	相关证实，回归部分证实
H1e	年龄对市场供求信息需求存在着负相关的影响	支持	相关和回归证实
H1f	年龄对农产品品种信息需求存在着负相关的影响	不支持	相关和回归证伪
H1g	年龄对贷款投资信息需求存在着负相关的影响	中等支持	相关证实，回归部分证实
H1h	年龄对气象灾害信息需求存在着正相关的影响	不支持	相关证伪
H1i	年龄对农业新闻信息需求存在着正相关的影响	不支持	相关和回归证伪
H1j	年龄对别人的致富经验信息需求存在着负相关的影响	中等支持	相关证实，回归部分证实

编号	研究假设	检验结果	论证方法
H1k	年龄对家庭生活类信息需求存在着负相关的影响	不支持	相关和回归证伪
H1l	年龄对就业信息需求存在着负相关的影响	支持	相关和回归证实
H1m	年龄对医疗卫生信息需求存在着正相关的影响	支持	相关和回归证实
H1n	年龄对社会保障和养老信息需求存在着正相关的影响	支持	相关和回归证实
H1o	年龄对权益维护信息需求存在着负相关的影响	不支持	相关和回归证伪
H1p	年龄对子女教育信息需求存在着负相关的影响	不支持	相关和回归证伪
H1q	年龄对政策文件信息需求存在着正相关的影响	不支持	相关和回归证伪
H1r	年龄对政治参与信息需求存在着负相关的影响	不支持	相关和回归证伪
	性别对信息需求有显著的影响		
H2a	性别对农技培训信息需求存在着正相关关系的影响	不支持	相关和回归证伪
H2b	性别对病虫害防治信息需求存在着正相关的影响	支持	相关和回归证实
H2c	性别对施肥灌溉信息需求存在着正相关的影响	中等支持	相关证实，回归部分证实
H2d	性别对农业新技术信息需求存在着正相关的影响	不支持	相关和回归证伪
H2e	性别对市场供求信息需求存在着正相关的影响	不支持	相关和回归证伪
H2f	性别对农产品品种信息需求存在着正相关的影响	不支持	相关和回归证伪
H2g	性别对贷款投资信息需求存在着正相关的影响	不支持	相关和回归证伪
H2h	性别对气象灾害信息需求存在着负相关的影响	不支持	相关和回归证伪
H2i	性别对农业新闻信息需求存在着正相关的影响	不支持	相关和回归证伪
H2j	性别对别人的致富经验信息需求存在着正相关的影响	不支持	相关和回归证伪
H2k	性别对家庭生活类信息需求存在着负相关的影响	中等支持	相关证实，回归部分证实
H2l	性别对就业信息需求存在着负相关的影响	中等支持	相关证实，回归部分证实
H2m	性别对医疗卫生信息需求存在着负相关的影响	支持	相关和回归证实
H2n	性别对社会保障和养老信息需求存在着负相关的影响	支持	相关和回归证实
H2o	性别对权益维护信息需求存在着正相关的影响	不支持	相关和回归证伪
H2p	性别对子女教育信息需求存在着负相关的影响	不支持	相关和回归证伪
H2q	性别对政策文件信息需求存在着正相关的影响	不支持	相关和回归证伪
H2r	性别对政治参与信息需求存在着负相关的影响	不支持	相关和回归证伪
	收入对信息需求有显著的影响		
H3a	收入对农技培训信息需求存在着正相关关系的影响	不支持	相关和回归证伪
H3b	收入对病虫害防治信息需求存在着负相关的影响	不支持	相关和回归证伪
H3c	收入对施肥灌溉信息需求存在着负相关的影响	不支持	相关和回归证伪

续表

编号	研究假设	检验结果	论证方法
H3d	收入对农业新技术信息需求存在着正相关的影响	支持	相关和回归证实
H3e	收入对市场供求信息需求存在着正相关的影响	支持	相关和回归证实
H3f	收入对农产品品种信息需求存在着正相关的影响	不支持	相关和回归证伪
H3g	收入对贷款投资信息需求存在着正相关的影响	中等支持	相关证实，回归部分证实
H3h	收入对气象灾害信息需求存在着正相关的影响	中等支持	相关证实，回归部分证实
H3i	收入对农业新闻信息需求存在着正相关的影响	中等支持	相关证实，回归部分证实
H3j	收入对别人的致富经验信息需求存在着正相关的影响	不支持	相关和回归证伪
H3k	收入对家庭生活类信息需求存在着负相关的影响	不支持	相关和回归证伪
H3l	收入对就业信息需求存在着负相关的影响	不支持	相关和回归证伪
H3m	收入对医疗卫生信息需求存在着负相关的影响	中等支持	相关证实，回归部分证实
H3n	收入对社会保障和养老信息需求存在着负相关的影响	中等支持	相关证实，回归部分证实
H3o	收入对权益维护信息需求存在着负相关的影响	不支持	相关和回归证伪
H3p	收入对子女教育信息需求存在着负相关的影响	中等支持	相关部分证实
H3q	收入对政策文件信息需求存在着负相关的影响	不支持	相关和回归证伪
H3r	收入对政治参与信息需求存在着正相关的影响	不支持	相关和回归证伪
	区域对信息需求有显著的影响		
H4a	区域对农技培训信息需求存在着负相关关系的影响	支持	相关和回归证实
H4b	区域对病虫害防治信息需求存在着负相关的影响	中等支持	相关证实，回归部分证实
H4c	区域对施肥灌溉信息需求存在着负相关的影响	中等支持	相关证实，回归部分证实
H4d	区域对农业新技术信息需求存在着正相关的影响	中等支持	相关证实，回归部分证实
H4e	区域对市场供求信息需求存在着负相关的影响	支持	相关和回归证实
H4f	区域对农产品品种信息需求存在着负相关的影响	不支持	相关和回归证伪
H4g	区域对贷款投资信息需求存在着正相关的影响	支持	相关和回归证实
H4h	区域对气象灾害信息需求存在着正相关的影响	中等支持	相关证实，回归部分证实
H4i	区域对农业新闻信息需求存在着正相关的影响	中等支持	相关证实，回归部分证实
H4j	区域对别人的致富经验信息需求存在着正相关的影响	中等支持	相关证实，回归部分证实
H4k	区域对家庭生活类信息需求存在着正相关的影响	中等支持	相关证实，回归部分证实
H4l	区域对就业信息需求存在着正相关的影响	支持	相关和回归证实
H4m	区域对医疗卫生信息需求存在着负相关的影响	中等支持	相关证实，回归部分证实
H4n	区域对社会保障和养老信息需求存在着负相关的影响	不支持	相关和回归证伪
H4o	区域对权益维护信息需求存在着负相关的影响	中等支持	相关证实，回归部分证实

编号	研究假设	检验结果	论证方法
H4p	区域对子女教育信息需求存在着正相关的影响	支持	相关和回归证实
H4q	区域对政策文件信息需求存在着正相关的影响	不支持	相关和回归证伪
H4r	区域对政治参与信息需求存在着正相关的影响	不支持	相关和回归证伪
	耕地面积对信息需求有显著的影响		
H5a	耕地面积对农技培训信息需求存在着正相关关系的影响	支持	相关和回归证实
H5b	耕地面积对病虫害防治信息需求存在着正相关的影响	支持	相关和回归证实
H5c	耕地面积对施肥灌溉信息需求存在着正相关的影响	支持	相关和回归证实
H5d	耕地面积对农业新技术信息需求存在着正相关的影响	不支持	相关和回归证伪
H5e	耕地面积对市场供求信息需求存在着正相关的影响	不支持	相关和回归证伪
H5f	耕地面积对农产品品种信息需求存在着负相关的影响	不支持	相关和回归证伪
H5g	耕地面积对贷款投资信息需求存在着负相关的影响	不支持	相关和回归证伪
H5h	耕地面积对气象灾害信息需求存在着负相关的影响	不支持	相关和回归证伪
H5i	耕地面积对农业新闻信息需求存在着正相关的影响	不支持	相关和回归证伪
H5j	耕地面积对别人的致富经验信息需求存在着负相关的影响	不支持	相关和回归证伪
H5k	耕地面积对家庭生活类信息需求存在着负相关的影响	不支持	相关和回归证伪
H5l	耕地面积对就业信息需求存在着负相关的影响	支持	相关和回归证实
H5m	耕地面积对医疗卫生信息需求存在着负相关的影响	中等支持	相关部分证实
H5n	耕地面积对社会保障和养老信息需求存在着负相关的影响	不支持	相关和回归证伪
H5o	耕地面积对权益维护信息需求存在着正相关的影响	不支持	相关和回归证伪
H5p	耕地面积对子女教育信息需求存在着负相关的影响	不支持	相关和回归证伪
H5q	耕地面积对政策文件信息需求存在着正相关的影响	不支持	相关和回归证伪
H5r	耕地面积对政治参与信息需求存在着负相关的影响	不支持	相关和回归证伪
	储存信息的方式对信息需求有显著的影响		
H6a	储存信息的方式对农技培训信息需求存在着正相关关系的影响	不支持	相关和回归证伪
H6b	储存信息的方式对病虫害防治信息需求存在着正相关的影响	不支持	相关和回归证伪
H6c	储存信息的方式对施肥灌溉信息需求存在着正相关的影响	中等支持	相关证实，回归部分证实
H6d	储存信息的方式对农业新技术信息需求存在着正相关的影响	不支持	相关和回归证伪
H6e	储存信息的方式对市场供求信息需求存在着负相关的影响	不支持	相关和回归证伪

续表

编号	研究假设	检验结果	论证方法
H6f	储存信息的方式对农产品品种信息需求存在着负相关的影响	不支持	相关和回归证伪
H6g	储存信息的方式对贷款投资信息需求存在着正相关的影响	不支持	相关和回归证伪
H6h	储存信息的方式对气象灾害信息需求存在着正相关的影响	不支持	相关和回归证伪
H6i	储存信息的方式对农业新闻信息需求存在着正相关的影响	不支持	相关和回归证伪
H6j	储存信息的方式对别人的致富经验信息需求存在着负相关的影响	不支持	相关和回归证伪
H6k	储存信息的方式对家庭生活类信息需求存在着负相关的影响	不支持	相关和回归证伪
H6l	储存信息的方式对就业信息需求存在着正相关的影响	不支持	相关和回归证伪
H6m	储存信息的方式对医疗卫生信息需求存在着负相关的影响	中等支持	相关证实，回归部分证实
H6n	储存信息的方式对社会保障和养老信息需求存在着负相关的影响	中等支持	相关证实，回归部分证实
H6o	储存信息的方式对权益维护信息需求存在着正相关的影响	不支持	相关和回归证伪
H6p	储存信息的方式对子女教育信息需求存在着正相关的影响	不支持	相关和回归证伪
H6q	储存信息的方式对政策文件信息需求存在着正相关的影响	不支持	相关和回归证伪
H6r	储存信息的方式对政治参与信息需求存在着正相关的影响	不支持	相关和回归证伪
	付费意愿对信息需求有显著的影响		
H7a	付费意愿对农技培训信息需求存在着正相关关系的影响	不支持	相关和回归证伪
H7b	付费意愿对病虫害防治信息需求存在着正相关的影响	不支持	相关和回归证伪
H7c	付费意愿对施肥灌溉信息需求存在着正相关的影响	不支持	相关和回归证伪
H7d	付费意愿对农业新技术信息需求存在着正相关的影响	不支持	相关和回归证伪
H7e	付费意愿对市场供求信息需求存在着正相关的影响	中等支持	回归证实
H7f	付费意愿对农产品品种信息需求存在着正相关的影响	不支持	相关和回归证伪
H7g	付费意愿对贷款投资信息需求存在着正相关的影响	中等支持	相关证实，回归部分证实
H7h	付费意愿对气象灾害信息需求存在着正相关的影响	不支持	相关和回归证伪

编号	研究假设	检验结果	论证方法
H7i	付费意愿对农业新闻信息需求存在着正相关的影响	不支持	相关和回归证伪
H7j	付费意愿对别人的致富经验信息需求存在着正相关的影响	中等支持	相关证实，回归部分证实
H7k	付费意愿对家庭生活类信息需求存在着正相关的影响	支持	相关和回归证实
H7l	付费意愿对就业信息需求存在着正相关的影响	不支持	相关和回归证伪
H7m	付费意愿对医疗卫生信息需求存在着正相关的影响	不支持	相关和回归证伪
H7n	付费意愿对社会保障和养老信息需求存在着正相关的影响	不支持	相关和回归证伪
H7o	付费意愿对权益维护信息需求存在着正相关的影响	中等支持	回归证实
H7p	付费意愿对子女教育信息需求存在着正相关的影响	中等支持	相关证实，回归部分证实
H7q	付费意愿对政策文件信息需求存在着正相关的影响	不支持	相关和回归证伪
H7r	付费意愿对政治参与信息需求存在着正相关的影响	中等支持	相关证实，回归部分证实
	对信息经济效益的认知对信息需求有显著的影响		
H8a	对信息经济效益的认知对农技培训信息需求存在着正相关关系的影响	中等支持	相关证实，回归部分证实
H8b	对信息经济效益的认知对病虫害防治信息需求存在着正相关的影响	中等支持	相关证实，回归部分证实
H8c	对信息经济效益的认知对施肥灌溉信息需求存在着正相关的影响	中等支持	相关证实，回归部分证实
H8d	对信息经济效益的认知对农业新技术信息需求存在着正相关的影响	不支持	相关和回归证伪
H8e	对信息经济效益的认知对市场供求信息需求存在着正相关的影响	不支持	相关和回归证伪
H8f	对信息经济效益的认知对农产品品种信息需求存在着正相关的影响	不支持	相关和回归证伪
H8g	对信息经济效益的认知对贷款投资信息需求存在着正相关的影响	中等支持	相关证实，回归部分证实
H8h	对信息经济效益的认知对气象灾害信息需求存在着正相关的影响	中等支持	相关证实，回归部分证实
H8i	对信息经济效益的认知对农业新闻信息需求存在着正相关的影响	不支持	相关和回归证伪
H8j	对信息经济效益的认知对别人的致富经验信息需求存在着负相关的影响	中等支持	回归证实
H8k	对信息经济效益的认知对家庭生活类信息需求存在着负相关的影响	中等支持	相关证实，回归部分证实

编号	研究假设	检验结果	论证方法
H8l	对信息经济效益的认知对就业信息需求存在着正相关的影响	不支持	相关和回归证伪
H8m	对信息经济效益的认知对医疗卫生信息需求存在着正相关的影响	不支持	相关和回归证伪
H8n	对信息经济效益的认知对社会保障和养老信息需求存在着负相关的影响	支持	相关和回归证实
H8o	对信息经济效益的认知对权益维护信息需求存在着负相关的影响	支持	相关和回归证实
H8p	对信息经济效益的认知对子女教育信息需求存在着负相关的影响	中等支持	相关证实，回归部分证实
H8q	对信息经济效益的认知对政策文件信息需求存在着正相关的影响	不支持	相关和回归证伪
H8r	对信息经济效益的认知对政治参与信息需求存在着正相关的影响	不支持	相关和回归证伪
	对广告有用性的认知对信息需求有显著的影响		
H9a	对广告有用性的认知对农技培训信息需求存在着正相关关系的影响	中等支持	相关证实，回归部分证实
H9b	对广告有用性的认知对病虫害防治信息需求存在着正相关的影响	中等支持	相关证实，回归部分证实
H9c	对广告有用性的认知对施肥灌溉信息需求存在着正相关的影响	支持	相关和回归证实
H9d	对广告有用性的认知对农业新技术信息需求存在着正相关的影响	不支持	相关和回归证伪
H9e	对广告有用性的认知对市场供求信息需求存在着正相关的影响	不支持	相关和回归证伪
H9f	对广告有用性的认知对农产品品种信息需求存在着负相关的影响	中等支持	回归证实
H9g	对广告有用性的认知对贷款投资信息需求存在着正相关的影响	不支持	相关和回归证伪
H9h	对广告有用性的认知对气象灾害信息需求存在着正相关的影响	不支持	相关和回归证伪
H9i	对广告有用性的认知对农业新闻信息需求存在着正相关的影响	不支持	相关和回归证伪
H9j	对广告有用性的认知对别人的致富经验信息需求存在着正相关的影响	不支持	相关和回归证伪

编号	研究假设	检验结果	论证方法
H9k	对广告有用性的认知对家庭生活类信息需求存在着负相关的影响	中等支持	相关证实，回归部分证实
H9l	对广告有用性的认知对就业信息需求存在着正相关的影响	不支持	相关和回归证伪
H9m	对广告有用性的认知对医疗卫生信息需求存在着负相关的影响	支持	相关和回归证实
H9n	对广告有用性的认知对社会保障和养老信息需求存在着负相关的影响	不支持	回归证伪
H9o	对广告有用性的认知对权益维护信息需求存在着负相关的影响	中等支持	相关证实，回归部分证实
H9p	对广告有用性的认知对子女教育信息需求存在着负相关的影响	中等支持	相关和回归部分证实
H9q	对广告有用性的认知对政策文件信息需求存在着负相关的影响	不支持	相关和回归证伪
H9r	对广告有用性的认知对政治参与信息需求存在着正相关的影响	不支持	相关和回归证伪
	受教育程度对信息需求有显著的影响		
H10a	受教育程度对农技培训信息需求存在着正相关关系的影响	不支持	相关和回归证伪
H10b	受教育程度对病虫害防治信息需求存在着正相关的影响	不支持	相关和回归证伪
H10c	受教育程度对施肥灌溉信息需求存在着正相关的影响	不支持	相关和回归证伪
H10d	受教育程度对农业新技术信息需求存在着正相关的影响	中等支持	相关证实，回归部分证实
H10e	受教育程度对市场供求信息需求存在着正相关的影响	中等支持	相关证实，回归部分证实
H10f	受教育程度对农产品品种信息需求存在着正相关的影响	不支持	相关和回归证伪
H10g	受教育程度对贷款投资信息需求存在着正相关的影响	中等支持	相关证实，回归部分证实
H10h	受教育程度对气象灾害信息需求存在着正相关的影响	中等支持	相关证实，回归部分证实
H10i	受教育程度对农业新闻信息需求存在着正相关的影响	支持	相关和回归证实
H10j	受教育程度对别人的致富经验信息需求存在着正相关的影响	不支持	相关和回归证伪
H10k	受教育程度对家庭生活类信息需求存在着负相关的影响	中等支持	相关证实，回归部分证实
H10l	受教育程度对就业信息需求存在着正相关的影响	支持	相关和回归证实

续表

编号	研究假设	检验结果	论证方法
H10m	受教育程度对医疗卫生信息需求存在着负相关的影响	不支持	相关和回归证伪
H10n	受教育程度对社会保障和养老信息需求存在着负相关的影响	中等支持	相关证实，回归部分证实
H10o	受教育程度对权益维护信息需求存在着正相关的影响	不支持	相关和回归证伪
H10p	受教育程度对子女教育信息需求存在着正相关的影响	不支持	相关和回归证伪
H10q	受教育程度对政策文件信息需求存在着正相关的影响	不支持	相关和回归证伪
H10r	受教育程度对政治参与信息需求存在着正相关的影响	不支持	相关和回归证伪
	对获得信息的满意度对信息需求有显著的影响		
H11a	对获得信息的满意度对农技培训信息需求存在着正相关关系的影响	支持	相关和回归证实
H11b	对获得信息的满意度对病虫害防治信息需求存在着正相关的影响	中等支持	相关证实，回归部分证实
H11c	对获得信息的满意度对施肥灌溉信息需求存在着正相关的影响	支持	相关和回归证实
H11d	对获得信息的满意度对农业新技术信息需求存在着正相关的影响	不支持	相关和回归证伪
H11e	对获得信息的满意度对市场供求信息需求存在着正相关的影响	不支持	相关和回归证伪
H11f	对获得信息的满意度对农产品品种信息需求存在着负相关的影响	不支持	相关和回归证伪
H11g	对获得信息的满意度对贷款投资信息需求存在着正相关的影响	不支持	相关和回归证伪
H11h	对获得信息的满意度对气象灾害信息需求存在着正相关的影响	不支持	相关和回归证伪
H11i	对获得信息的满意度对农业新闻信息需求存在着正相关的影响	不支持	相关和回归证伪
H11j	对获得信息的满意度对别人的致富经验信息需求存在着正相关的影响	不支持	相关和回归证伪
H11k	对获得信息的满意度对家庭生活类信息需求存在着负相关的影响	支持	相关和回归证实
H11l	对获得信息的满意度对就业信息需求存在着负相关的影响	不支持	相关和回归证伪
H11m	对获得信息的满意度对医疗卫生信息需求存在着负相关的影响	不支持	相关和回归证伪

编号	研究假设	检验结果	论证方法
H11n	对获得信息的满意度对社会保障和养老信息需求存在着负相关的影响	中等支持	相关证实，回归部分证实
H11o	对获得信息的满意度对权益维护信息需求存在着负相关的影响	中等支持	相关证实，回归部分证实
H11p	对获得信息的满意度对子女教育信息需求存在着正相关的影响	不支持	相关和回归证伪
H11q	对获得信息的满意度对政策文件信息需求存在着正相关的影响	不支持	相关和回归证伪
H11r	对获得信息的满意度对政治参与信息需求存在着负相关的影响	不支持	相关和回归证伪
	网上交易对信息需求有显著的影响		
H12a	网上交易对农技培训信息需求存在着负相关关系的影响	中等支持	相关证实，回归部分证实
H12b	网上交易对病虫害防治信息需求存在着正相关的影响	不支持	相关和回归证伪
H12c	网上交易对施肥灌溉信息需求存在着正相关的影响	不支持	相关和回归证伪
H12d	网上交易对农业新技术信息需求存在着正相关的影响	不支持	相关和回归证伪
H12e	网上交易对市场供求信息需求存在着正相关的影响	不支持	相关和回归证伪
H12f	网上交易对农产品品种信息需求存在着负相关的影响	中等支持	相关证实，回归部分证实
H12g	网上交易对贷款投资信息需求存在着正相关的影响	中等支持	相关证实，回归部分证实
H12h	网上交易对气象灾害信息需求存在着正相关的影响	不支持	相关和回归证伪
H12i	网上交易对农业新闻信息需求存在着正相关的影响	不支持	相关和回归证伪
H12j	网上交易对别人的致富经验信息需求存在着正相关的影响	中等支持	相关证实，回归部分证实
H12k	网上交易对家庭生活类信息需求存在着正相关的影响	不支持	相关和回归证伪
H12l	网上交易对就业信息需求存在着正相关的影响	不支持	回归证伪
H12m	网上交易对医疗卫生信息需求存在着负相关的影响	支持	相关和回归证实
H12n	网上交易对社会保障和养老信息需求存在着负相关的影响	支持	相关和回归证实
H12o	网上交易对权益维护信息需求存在着负相关的影响	不支持	相关和回归证伪
H12p	网上交易对子女教育信息需求存在着正相关的影响	不支持	相关和回归证伪
H12q	网上交易对政策文件信息需求存在着正相关的影响	不支持	相关和回归证伪
H12r	网上交易对政治参与信息需求存在着正相关的影响	不支持	相关和回归证伪
	图书馆所起的作用对信息需求有显著的影响		

编号	研究假设	检验结果	论证方法
H13a	图书馆所起的作用对农技培训信息需求存在着正相关关系的影响	支持	相关和回归证实
H13b	图书馆所起的作用对病虫害防治信息需求存在着正相关的影响	支持	相关和回归证实
H13c	图书馆所起的作用对施肥灌溉信息需求存在着正相关的影响	支持	相关和回归证实
H13d	图书馆所起的作用对农业新技术信息需求存在着负相关的影响	不支持	相关和回归证伪
H13e	图书馆所起的作用对市场供求信息需求存在着负相关的影响	支持	相关和回归证实
H13f	图书馆所起的作用对农产品品种信息需求存在着负相关的影响	不支持	相关和回归证伪
H13g	图书馆所起的作用对贷款投资信息需求存在着负相关的影响	不支持	相关和回归证伪
H13h	图书馆所起的作用对气象灾害信息需求存在着负相关的影响	不支持	相关和回归证伪
H13i	图书馆所起的作用对农业新闻信息需求存在着负相关的影响	不支持	相关和回归证伪
H13j	图书馆所起的作用对别人的致富经验信息需求存在着正相关的影响	不支持	相关和回归证伪
H13k	图书馆所起的作用对家庭生活类信息需求存在着正相关的影响	不支持	相关证伪
H13l	图书馆所起的作用对就业信息需求存在着负相关的影响	支持	相关和回归证实
H13m	图书馆所起的作用对医疗卫生信息需求存在着负相关的影响	不支持	相关和回归证伪
H13n	图书馆所起的作用对社会保障和养老信息需求存在着负相关的影响	支持	相关和回归证实
H13o	图书馆所起的作用对权益维护信息需求存在着负相关的影响	不支持	相关和回归证伪
H13p	图书馆所起的作用对子女教育信息需求存在着正相关的影响	不支持	相关和回归证伪
H13q	图书馆所起的作用对政策文件信息需求存在着正相关的影响	不支持	相关和回归证伪
H13r	图书馆所起的作用对政治参与信息需求存在着正相关的影响	不支持	相关和回归证伪

（1）年龄影响因素

根据上文对变量的定义，年龄与信息需求正相关则表示年龄越大信息需求意愿越强，负相关则表示年龄越大信息需求意愿越弱。

年龄与农业技术信息需求中的农技培训信息、病虫害防治信息、施肥灌溉信息需求有正相关关系，但与农业新技术信息需求负相关。

年龄与农业市场信息需求中市场供求信息和贷款投资信息需求有负相关的关系，但对农产品品种信息需求没有影响作用。

年龄与农业生产相关信息中的别人的致富经验信息需求有负相关关系，但对气象灾害信息和农业新闻信息需求没有影响作用。

年龄对民生信息需求中的医疗卫生、社会保障和养老信息需求有着正相关的关系，但与就业信息需求有负相关关系，对家庭生活类信息、子女教育信息、权益维护信息没有影响作用。

年龄对行政管理信息需求中的政策文件和政治参与信息需求也没有影响作用。

（2）性别影响因素

在此，0表示女性，1表示男性，性别与信息需求正相关则表示男性比女性对信息的需求意愿高，负相关则表示女性比男性的需求意愿高。

性别与农业技术信息需求中的病虫害防治、施肥灌溉信息需求都有正相关的关系，但对农技培训和农业新技术信息需求没有影响作用。

性别对农业市场信息需求中的市场供求、农产品品种、贷款投资信息需求都没有影响作用。

性别对农业生产相关信息需求中的气象灾害农业新闻信息和别人的致富经验信息需求也没有影响作用。

性别与民生信息需求中的家庭生活类信息、就业信息、医疗卫生信息、社会保障和养老信息需求有负相关关系，但是对权益维护信息和子女教育信息需求没有影响作用。

性别对行政管理信息需求中的政策文件和政治参与信息需求没有影响作用。

（3）收入影响因素

根据上文对变量的定义，收入与信息需求正相关则表示收入越高信息需求意愿越强，负相关则表示收入越高信息需求意愿越弱。

收入与农业技术信息需求中的农业新技术信息需求有正相关的关系，但对农技培训、病虫害防治、施肥灌溉信息需求没有影响作用。

收入与农业市场信息需求中的市场供求信息和贷款投资信息需求有正相关关系，但对农产品品种信息需求没有影响作用。

收入与农业生产相关信息需求中的气象灾害信息、农业新闻信息有正相关关系，但是对别人的致富经验信息需求没有影响作用。

收入与民生信息需求中的医疗卫生信息、社会保障和养老信息、子女教育信息需求有负相关关系，但对家庭生活类信息、就业信息和权益维护信息需求没有影响作用。

收入对行政管理信息需求中的政策文件和政治参与信息需求没有影响作用。

（4）区域影响因素

在此，1 表示琼中县，2 表示文昌市，3 表示定安县，区域与信息需求正相关则表明琼中、文昌、定安三县农民对信息需求的意愿依次增强，负相关则表明信息需求意愿依次降低。

区域与农业技术信息需求中的农技培训信息、病虫害防治信息和施肥灌溉信息需求有负相关关系，但与农业新技术信息有正相关关系。

区域与农业市场信息需求中的市场供求信息需求有负相关关系，但与贷款投资信息需求有正相关关系，区域对农产品品种新信息需求不存在影响作用。

区域与农业生产相关信息需求中的气象灾害信息、农业新闻信息、别人的致富经验信息需求有正相关关系。

区域与民生信息需求中的家庭生活类信息、就业信息、子女教育信息需求有正相关关系，与医疗卫生信息、权益维护信息需求则有负相关关系，对社会保障和养老信息需求没有影响作用。

区域与行政管理信息需求中的政策文件信息和政治参与信息需求没有影响作用。

（5）耕地面积影响因素

耕地面积与农业技术信息需求中的农技培训信息、病虫害防治信息和施肥灌溉信息需求有正相关关系，但对农业新技术信息需求没有影响作用。

耕地面积对农业市场信息需求中的市场供求信息、贷款投资信息和农产品品种新信息需求都不存在影响作用。

耕地面积对农业生产相关信息需求中的气象灾害信息、农业新闻信息、别人的致富经验信息需求也都不存在影响作用。

耕地面积与民生信息需求中的就业信息、医疗卫生信息需求有负相关关系，对家庭生活类、社会保障和养老、权益维护、子女教育信息需求没有影响作用。

耕地面积与行政管理信息需求中的政策文件信息和政治参与信息需求没有影响作用。

（6）储存信息的方式

根据以上对存储信息的方式这一变量的定义（1 = 丢掉，2 = 记在脑子里，3 = 记在纸上，4 = 记在手机上，5 = 记在电脑上），储存信息的方式与信息需求正相关则表示，储存信息意识越强的农民对信息的需求意愿越强，反之越弱；负相关则表示，储存信息意识越强的农民对信息的需求意愿越弱，反之越强。

储存信息的方式与农业技术信息需求中的施肥灌溉信息需求有正相关的关系；对农技培训、病虫害防治、农业新技术信息需求没有影响作用。

储存信息的方式对农业市场信息需求中的市场供求信息、农产品品种信息、贷款投资信息需求没有影响作用。

储存信息的方式对民生信息需求中的医疗卫生信息、社会保障和养老信息需求有负相关的关系，对其他民生信息则没有影响作用。

储存信息的方式对行政管理信息需求中的政策文件信息和政治参与信息需求没有影响作用。

（7）付费意愿影响因素

在此，0 表示不愿意花钱购买信息，1 表示不愿意花钱购买信息，付费意愿与信息需求正相关则表示愿意花钱购买信息的农民对信息需求意愿越强，负相关则表示愿意花钱购买信息的农民对信息的需求意愿越弱。

付费意愿对农业技术信息需求中的农技培训、病虫害防治、施肥灌溉和农业新技术信息需求没有影响作用。

付费意愿与农业市场信息需求中的市场供求和贷款投资信息需求有正相关的关系，但是对农产品品种信息需求没有影响作用。

付费意愿与农业生产相关信息需求中的别人的致富经验信息需求有正相关的关系，但是对气象灾害信息和农业新闻信息需求没有影响作用。

付费意愿与民生信息需求中的家庭生活类信息、权益维护信息、子女教育信息需求有着正相关关系，但对就业、医疗卫生、社会保障和养老信息需求没有影响作用。

付费意愿与行政管理信息需求中的政治参与信息需求有正相关关系，但对政策文件信息需求没有影响作用。

（8）对信息经济效益的认知

在对信息经济效益认知进行变量定义时也提到，1 = 反作用，2 = 没有，3 =

较小，4 = 一般，5 = 很大，那么对信息经济效益与信息需求正相关则表明，认为信息带来经济效益越大的农民信息需求意愿越强，负相关则表示认为信息带来经济效益越大的农民信息需求意愿越弱。

对信息经济效益的认知与农业技术信息需求中的农技培训信息、病虫害防治信息和施肥灌溉信息需求有正相关关系，但对农业新技术信息需求没有影响作用。

对信息经济效益的认知与农业市场信息需求中的贷款投资信息需求有正相关关系，但对市场供求信息和农产品品种信息需求没有影响作用。

对信息经济效益的认知与农业生产相关信息需求中的气象灾害信息需求有正相关关系，但与别人的致富经验信息需求有负相关关系，对农业新闻信息需求没有影响作用。

对信息经济效益的认知与民生信息需求中的家庭生活类信息、社会保障和养老信息、权益维护信息、子女教育信息需求有着负相关关系，但对就业、医疗卫生信息需求没有影响作用。

对信息经济效益的认知与行政管理信息需求中的政治参与和政策文件信息需求没有影响作用。

（9）对广告有用性的认知

在对这一变量进行定义时，1 = 完全没用，2 = 没用，3 = 不好说，4 = 有点用，5 = 非常有用，那么对广告有用性的认知与信息需求正相关表示认为广告提供信息越有用的农民对信息需求意愿越强，负相关则表示认为广告提供信息越有用的农民对信息需求意愿越弱。

对广告有用性的认知与农业技术信息需求中的农技培训信息、病虫害防治信息和施肥灌溉信息需求有正相关关系，但对农业新技术信息需求没有影响作用。

对广告有用性的认知与农业市场信息需求中的农产品品种信息需求有负相关的关系，但对市场供求、贷款投资信息需求没有影响作用。

对广告有用性的认知与农业生产相关信息需求中的气象灾害信息、别人的致富经验信息和农业新闻信息需求没有影响作用。

对广告有用性的认知与民生信息需求中的家庭生活类、医疗卫生、权益维护、子女教育信息需求有负相关关系，但对就业、社会保障和养老信息需求没有影响作用。

对广告有用性的认知与行政管理信息需求中的政治参与和政策文件信息需求没有影响作用。

（10）受教育程度影响因素

根据变量定义，受教育程度与信息需求正相关表示受教育程度越高信息需求意愿越强，负相关则表示受教育程度越高信息需求意愿越弱。

受教育程度与农业技术信息需求中的农业新技术信息需求有正相关关系，但对农技培训信息、病虫害防治信息和施肥灌溉信息需求没有影响作用。

受教育程度与农业市场信息需求中的市场供求信息和贷款投资信息需求有正相关关系，但对农产品品种信息需求没有影响作用。

受教育程度与农业生产相关信息需求中的气象灾害和农业新闻信息需求有正相关关系，但对别人的致富经验信息需求没有影响作用。

受教育程度与民生信息需求中的家庭生活类、社会保障和养老信息需求有负相关关系，但与就业信息需求有正相关关系，对医疗卫生、权益维护和子女教育信息需求没有影响作用。

受教育程度对行政管理信息需求中的政治参与和政策文件信息需求没有影响作用。

（11）对获得信息的满意度

在此，0表示对所获得信息不满意，1表示满意，那么对获得信息的满意度与信息需求正相关表示对获得信息满意的农民信息需求意愿较强，负相关则表示对获得信息满意的农民信息需求意愿较弱。

对获得信息的满意度与农业技术信息需求中的农技培训信息、病虫害防治信息和施肥灌溉信息需求有正相关关系，但对农业新技术信息需求没有影响作用。

对获得信息的满意度对农业市场信息需求中的市场供求信息、农产品品种信息、贷款投资信息需求没有影响作用。

对获得信息的满意度对农业生产相关信息需求中的气象灾害、农业新闻、别人的致富经验信息需求没有影响作用。

对获得信息的满意度与民生信息需求中的家庭生活类信息、社会保障和养老信息、权益维护信息有负相关关系，但是对就业、医疗卫生、子女教育信息需求没有影响作用。

对所获得信息的满意度对行政管理信息需求中的政治参与和政策文件信息需求没有影响作用。

（12）网上交易影响因素

根据变量定义，网上交易与信息需求正相关表示网上交易经验越丰富的农民信息需求意愿越强，负相关则表示网上交易经验越丰富的农民信息需求意愿越弱。

网上交易与农业技术信息需求中的农技培训信息需求有负相关关系，但对施肥灌溉、病虫害防治、农业新技术信息需求没有影响作用。

网上交易与农业市场信息需求中的贷款投资信息需求有正相关关系，但与农产品品种信息需求有负相关关系，对市场供求信息需求没有影响作用。

网上交易与农业生产相关信息需求中的别人的致富经验信息需求有正相关关系，但对气象灾害信息和农业新闻信息没有影响作用。

网上交易与民生信息需求中的医疗卫生、社会保障和养老信息需求有正相关关系，但对家庭生活类、就业、权益维护、子女教育信息需求没有影响作用。

网上交易对行政管理信息需求中的政治参与和政策文件信息需求没有影响作用。

（13）乡镇图书馆所起的作用

根据以上对变量的定义，乡镇图书馆所起的作用与信息需求正相关表示，认为乡镇图书馆所起的作用越大的农民对信息需求的意愿越强，负相关则表示认为乡镇图书馆所起的作用越大的农民对信息的需求意愿越弱。

图书馆所起的作用与农业技术信息需求中的农技培训信息、病虫害防治信息和施肥灌溉信息需求有正相关关系，但对农业新技术信息需求没有影响作用。

图书馆所起的作用与农业市场信息需求中的市场供求信息需求有负相关的关系，但是对农产品品种信息、贷款投资信息需求没有影响作用。

图书馆所起的作用对农业生产相关信息需求中的气象灾害信息、农业新闻信息、别人的致富经验信息需求没有影响作用。

图书馆所起的作用与民生信息需求中的就业信息、社会保障和养老信息需求有负相关关系，但是，对家庭生活类、医疗卫生、权益维护、子女教育信息需求没有影响作用。

图书馆所起的作用对行政管理信息需求中的政治参与和政策文件信息需求没有影响作用。

7.5.2　实证结果讨论

综合以上的统计分析，我们最后得到海南省农民信息需求的总体情况如下：

（1）从海南省农民信息需求的内容来看，信息需求的内容日趋多样化

但是，农民最需要的仍然是与农业生产经营息息相关的农业技术信息、市场信息等。这表明，农业生产销售方面的信息对于农民来说是非常重要的，是农村信息服务提供信息的重要组成部分。

（2）从海南省农民获取信息的渠道来看，农民最常用的信息渠道是电视、广播以及朋友邻居间的口传

互联网作为信息化推广的重要媒介，其在海南省农村普及和使用的情况对农村信息化建设起着举足轻重的影响，但是当前在海南省农村，互联网的普及和使用率还很低。家庭收入较高和文化程度较高的农民的互联网的使用率相对较高。

（3）客观因素对海南省农民信息需求的影响

① 年龄对海南省农民信息需求的影响。年龄越大的农民越多的关注农技培训、病虫害防治、施肥灌溉以及医疗保障、社会保障和养老信息，但是越少的关注农业新技术、市场供求、贷款投资、别人的致富经验以及就业信息。可能的原因是年龄越大的农民习惯于日常的劳作，关注自己从事的农业事业，维持家庭日常开销，追求平淡、健康的生活，而对新技术、风险投资持谨慎态度。

② 性别对海南省农民信息需求的影响。男性农民更关注农业信息，而女性农民则更关注民生信息，这也与中国农村"男主外，女主内"的传统习惯相符合。

③ 收入对海南省农民信息需求的影响。家庭收入越高的农民越关注农业新技术信息、市场供求信息、贷款投资信息以及气象灾害信息、农业新闻信息等农业信息。家庭收入水平越高的农民，获取信息时所承受的经济限制越少，其对信息的需求意愿则会相应较强。

④ 耕地面积对海南省农民信息需求的影响。家庭拥有耕地面积越大的农民越关注农技培训、病虫害防治、施肥灌溉信息。一般获取农业信息时只需要支付固定成本，耕地面积越大，分摊到单位面积耕地的农业信息成本越低，信息给农业生产带来的效益越大，农民对农业信息的需求意愿也相应较强。

（4）影响信息需求认识与表达的因素

① 付费意愿对海南省农民信息需求的影响。愿意花钱购买信息的农民比不愿意花钱购买信息的农民更关注市场供求信息、贷款投资信息、别人的致富经验以及家庭生活类信息、权益维护信息、子女教育信息和政治参与信息。

② 对信息经济效益的认知对海南省农民信息需求的影响。认为信息带来经济效益越大的农民越关注农技培训信息、病虫害防治信息、施肥灌溉信息、贷款投资信息和气象灾害信息。

农民对信息的付费意愿和对信息经济效益的认知都属于表征农民信息意识的

变量，以上实证分析表明，信息意识越强的农民对信息的需求意愿也越强烈。

③ 受教育程度对海南省农民信息需求的影响。受教育程度越高的农民，越关注农业新技术信息、市场供求信息、贷款投资信息、气象灾害和农业新闻信息以及就业信息。较高文化程度农民有利于识别和把握市场信息中蕴含的盈利机会，同时能降低获取和利用信息的经济成本及代价，同时，较高文化程度的农民能够更好地表达自身对信息的需求，因此其信息需求意愿较强。

④ 对所获得信息的满意度对海南省农民信息需求的影响。对所获得信息满意的农民比不满意的农民更关注农技培训信息、病虫害防治信息、施肥灌溉信息。对信息满意度高的农民，说明信息确实给这些农民带来了实惠，提高了农业生产效益，提升了收入水平，进而对信息服务机构所提供的信息更加信赖，同时也说明这部分农民有一定的信息实践经验，其对信息的需求意愿更强。

⑤ 网上交易对海南省农民信息需求的影响。网上交易经验越丰富的农民，越关注贷款投资信息、别人的致富经验、医疗保障信息、社会保障和养老信息。农民为了获得最大收益，积极搜寻市场信息，以最高价格完成网上交易。

农民对获得信息的满意度和网上交易都在上文被定义为反映农民信息实践情况的因素，从以上分析我们可以看出，信息实践对农民的信息需求有着积极的影响。

⑥ 乡镇图书馆所起的作用对海南省农民信息需求的影响。乡镇图书馆所起的作用越大，农民越关注农技培训信息、病虫害防治信息和施肥灌溉信息。乡镇图书馆是农村信息的重要来源，也是反映当地农村信息市场服务能力的重要因素，农民可以从图书馆获得大量与农业、农村发展有关的信息，乡镇图书馆发挥的作用，对农民的信息需求有着正向的影响，在其他条件一定的情况下，农民所在乡镇图书馆发挥的作用越大，农民认识和表达信息需求的能力就越强，也越容易发现信息的价值。但是，由于市场供求信息具有较强的时效性，部分乡镇图书馆的信息更新较慢以及图书缺乏针对性，因此农民较少从图书馆获取市场供求信息。

以上因素对海南省农民的信息需求有着不同程度的影响，这与本书的预期假设相符。但是也存在一些因素，如对广告有用性的认知，对农民信息需求的影响并不显著，这与预期假设不符。广告所提供的信息中虚假信息较多，农民不信任广告提供的信息，这也是很多农民认为广告提供信息有用性不强的一个原因。

第 *8* 章

发达国家满足农民信息需求的
措施及启示

在农业信息化发展过程中，发达国家一直走在前列，有效满足了农民对信息资源的需求，促进了农业经济的增长。美国、欧盟、日本、韩国等发达国家和地区在满足农民信息需求的政策措施方面有不少成功经验和做法。其中，在农业信息服务、信息收集发布方式及利益分配机制等方面，这些国家有着明显的共同之处。

8.1
发达国家满足农民信息需求的措施

8.1.1 建立了多元化的农民信息服务主体，为农民提供多元化的信息服务

由于生产者、经营者的信息需求多种多样，这就要求有多元信息服务主体。发达国家已经形成了多元化农民信息服务主体共存的局面，虽然在服务内容上有所侧重，服务对象和群体规模也各有不同，但彼此之间具有良好的互补性。

美国是农业信息化程度很高的发达国家，全国有一个高效的农业信息化行政管理系统，从联邦政府到各州、各县政府都十分注重在组织上加强对农业信息工作的协调与管理。美国农业部门的主要任务是搭建公共信息服务平台和制定农业政策；科研机构主要进行农业技术应用和开发研究，并承担培养农业人才的责任；农村社会化服务组织不仅要为当地农民提供技术、财务、法律等信息咨询服务，还要担当起农民与政府之间信息链接的桥梁；专业合作组织联合信息服务媒体与农业加工企业，为农民提供技术信息以及产前、产后供销信息服务。美国已

经构建了以政府为主体，以国家农业统计局、经济研究局、世界农业展望委员会、农业市场服务局和外国农业局等信息机构为主线的国家、地区、州三级农业信息网，形成了完整、健全、规范的农业信息服务体系。

在法国，农业信息化问题备受政府关注，为了方便农民获得各种信息政府曾免费为他们提供可以用于查询气象预报、电话号码、交通信息以及许多行业及商业数据的迷你电脑。法国农业信息化的发展特点是多元信息服务主体共存，主要有国家农业部门、农业商会、研究与教学系统、各种行业组织和专业技术协会及民间信息媒体等组成（雷明，2013）。在法国，具有代表性的涉农网站差不多有1000 个，这些网站的侧重点及服务对象各有不同（霍韵婷，2012）。总之，法国农业信息服务在法国农业部的《农业网站指导》中收录的具有代表性的涉农网站就有 700 多个。在服务内容上，有各自的侧重点，在服务对象上，有各自的群体，形成了具有良好的互补性，成为推动本国农业信息化的主要动力（肖黎和刘纯阳，2011）。

在日本，农业市场信息服务主要由"农产品中央批发市场联合会"主办的市场销售信息服务系统和"日本农协"自主统计发布的全国 1800 个"综合农业组合"组成的各种农产品的生产数量和价格行情预测系统组成。每个农户都可以通过以上两个信息系统提供的精确市场信息对国内市场及国际市场价格、农产品的生产数量了如指掌，并可以根据自身的实际能力确定和调整生产品种及产量，使生产和销售处于高度有序的状态。

在韩国，政府坚持农业信息化及农业信息服务的公益性原则，即政府主导、各级组织和企业共同参与，形成了从中央、道、市郡、邑四级信息服务组织体系。为了推动农业信息化的发展，韩国启动"信息化村"建设。2001 年 3 月，由农林部、信息通信部、行政自治部等政府部门组成"信息化村企划团"，开始筹划和试点，由行政自治部具体负责总体运营，农林部负责具体实施。每个信息化村都有建立自己的主页，并通过综合主页把 305 个村的网页集合起来。每个村的网页，根据当地农民的需要，收集有关政策、医疗卫生、文化教育、金融、商业、市场等方面信息，农民还可以通过网页进行电子商务，实现网上购物。这种从行政自治部到地方政府再到自然村的自上而下信息化村建设运行体系，满足了农民的信息需求，提高了农民的信息使用能力，有效地推动了韩国农业信息化的发展。

8.1.2 建立健全了农业信息收集发布机制，为农民提供准确及时、公开透明的信息服务环境

为了加强全国农业信息工作，提高农业信息服务质量，发达国家先后都建立健全了农业信息收集、分析、发布、利益分配、资源的深层次开发等方面的机制。

美国建立了完善的农业统计体系，形成了以美国农业部（USDA）及其所属的国家农业统计局（NASS）、经济研究局（ERS）、世界农业展望委员会（WAOB）、海外农业局（FAS）、农业市场服务局（AMS）、农场服务局（FSA）、首席信息办公室等机构为主体的信息收集、分析、发布工作体系。美国农业部与全国44个州的农业部门合作，设立了100多个信息收集办事处并配备专职的市场报告员，负责收集、审核和发布全国农产品在直销、拍卖、集散、加工、批发等市场环节的信息，然后通过卫星系统传到全国各地的接收站，再通过广播、电视、计算机网络和报纸传递给公众。其提供的市场信息涉及120多个国家和地区、60多个品种，涵盖主要农产品的全球与国内产量、价格与供求变化等情况，并在法定的日子进行公布，农民可以通过网络、电话和邮寄等方式，得到完整的市场信息。

在信息收集体系中，美国通过农业市场法案授权规定，凡享受政府补贴的农民和农业生产者，都有义务向政府提供农产品产销信息，用立法的形式实现信息资源共享。为了统一信息调查方案，美国实行联邦和州两级立法与议会、政府和联邦行政机关多层次立法的体制，确保全国农业统计在调查项目、调查方法、调查口径、调查时间等方面的权威性、一致性、唯一性、可比性。例如，农业部对每一种调查工作，都统一编写了工作手册，规定调查内容，说明收集方法、适用性和局限性以及对历史信息利用和折算的方法，并且制定了规范的农业信息处理和严格的农业信息发布制度，增强信息的可信度。信息调查程序规范，调查内容全面而翔实，涵盖农业资金平衡情况、劳动力及其工资情况、土地价值与土地使用情况，农牧产品价格、支出，种植业与畜牧业生产测算，农场合作组织情况，农业生产与效率、收入、成本与开支、消费与利用情况，国外农业情况，市场新闻等12个系列，涉及农业生产、经营管理、宏观政策、微观市场、国内国外等各个方面的农业信息。

在农业信息分析机制中，美国农业部建立了农产品供需平衡表制度，对相关

信息采取定性与定量相结合的预报分析，规范的信息处理。在农业信息发布机制中，对农业信息发布的时间、程序等都有着严格的制度和规定，确保信息发布的权威性。如规定来自农业部各部门的专家，必须在每个月的第二周特定时间进入全封闭的会议室，将国内各州送来的生产调查资料开封，结合全球市场产销态势，审定各产品的预测数字，最后达成代表农业部的官方预测，以报告的形式对外公布。在信息的发布过程中还重视信息发布快速和途径多样，以及信息预报后偏差的评估与用户反馈。在信息的利益分配机制中，体现信息使用兼顾公益性和市场化，调动市场在提供有效信息的积极性。农业部及其所属相关机构等官方组织向社会发布的政策法规、统计数据、市场动态等方面的信息是免费的，由财政支持。其他非政府公共服务职能部门，如农业信息和咨询公司提供的信息绝大多数都是有偿的，且信息的价值大小取决于信息的指导性和有用性。

不少发达国家还十分重视农业信息资源的深层次开发，注意信息分析工作。如在法国，财政经济事务司的统计研究调查处负责农业、农业食品和农业经济形势的统计分析，农渔部生产和贸易司的市场信息处负责报价和物价推广，经济分析和金融事务处负责农业远景展望，档案信息司则主要负责文件公告、档案资料、视听资料等信息资源的提供和管理。

8.1.3　建立较完备的农业信息化法律法规，维护农民获取信息的权益

为确保农业信息化健康、有序地发展，发达国家从宏观和微观两个层面着手，通过制定相应的法规、制度，注重监督效率，依法保证信息质量真实性、有效性和知识产权，维护农业信息主体的权益，积极促进信息资源共享，对规范网络起到了重要作用。

美国在农业信息管理上，从信息资源采集到发布都进行立法管理，并不断完善形成体系。从 1848 年第一次颁布《农业法》开始，就对农业技术信息服务作了规定，在 1946 年《农业市场法案》授权规定，凡享受补贴的农民和企业，都有义务向政府提供农产品产销信息。美国还制定了《电信法》《1966 年信息自由法案》《2002 年电子政府法案》《联邦信息安全管理法案》，CNN 网站明确规定，在"留言板"上发表意见、参与讨论，不得偏离主题。如果违反规定，言论将被删除。

德国为了防止人为恶意攻击网络通过了《信息安全法》和《信息与通信服

务法》，新加坡广播管理局制定了《互联网络管理法规》。这些法律内容具体，涉及面广，注重可操作性，是网络用户维护网上合法权益的利器。其中，德国的《信息与通信服务法》是世界上第一部针对电子空间行为的专门立法，涵盖了电信服务、电信服务数据保护、数字签名等诸多内容，所确立的网络传播自由与责任并重的原则和措施对许多国家的网络传播管理产生了广泛而深刻的影响，这一系列法律为各国农业信息化规范发展提供了法律支撑。

法国有关法规规定，所有社会产品的生产和经营者都有义务如实填报自己的生产经营情况，为国家提供准确的生产经营信息，违者按偷税行为处罚（肖黎和刘纯阳，2011）。

日本各地的农产品批发市场均为经营性的特殊法人。政府为批发市场的运行制定了一套严密的法律。根据这些法律规定，批发市场有义务及时地将每天的各种农产品的销售及进货数量、价格上网公布。日本政府在农业信息化方面的首要职责就是抓好信息市场规则及发展政策的制定，并根据农业生产的市场运营规律的要求，建立了若干个专门咨询委员会，制定了一系列制度性规则和运行性规则，约束市场各方的行为规范，促进市场的有序运行。

8.1.4 从资金和政策上促进农业信息化建设，为农民信息获取提供保障

各发达国家在促进农业信息化发展方面均出台了很多优惠政策。美国政府以其雄厚的经济实力，从农业信息技术应用、农业信息网络建设和农业信息资源开发利用等方面，全方位推进农业信息化建设。在农业信息化建设上，采取政府投入与资本市场运营相结合的投资模式。政府围绕市场建立强大的政府支撑体系，为农业信息化创造发展环境，通过政府辅助、税收优惠和政府担保等提供一系列优惠政策，推动农业信息化快速发展。政府对农业信息的投入比例高，约占农业行政事业经费的10%，每年约有10亿美元的经费用于支持农业信息系统的运行。政府还给予农业大量的补贴和财政转移支付，不再直接用于补贴农产品生产，而是以加强农业信息化建设的方式，让农民受益增收。以政府为主体构建了庞大、完善、规范的农村信息服务体系，如美国国家农业数据库、国家海洋与大气管理局数据库等规模化、影响大的涉农信息数据中心（库），对农业发展起到了很好的推动作用。政府拥有和政府资助建设的数据库，实行"完全与开放"的共享政策。此外，美国还通过政府辅助、政府担保等措施刺激资本市场运作，推动农

业信息化的快速发展。

在法国，官方提供的农业信息服务不收费。国家农业部、大区农业部门和省农业部门，负责向社会定期或不定期发布政策信息、市场动态、统计数据等。法国农业合作联盟、全国青年农业工作者中心、小麦及其他粮食生产者总会等行业组织和专业技术协会，负责收集对本组织有用的技术、市场法规、政策信息，供组织本身及其成员使用，一般只收取成本费。粮食生产合作社、葡萄生产合作社等营利性机构提供的农业信息服务，通常在生产者价格和社会平均利润的范围内收费。信息网络和产品制造商在推动农业信息化进程中也发挥了重要作用。制造商以优惠价格和周到服务鼓励农民购买信息产品及网络设备，还以投资形式改善农村的信息基础设施条件。

在日本，政府负责投资各地域的农业信息服务系统，农产品电子商务由企业运作，精确农业则采取官、产、学三方合作的方式，共同进行信息农业技术的研究。政府详细制定了 21 世纪农村信息化战略计划，其基本思路是大力充实农村的信息通信基础设施，如铺设光缆等，以建立发达的通信网络。为了进一步提高农村的社会信息化程度，计划制定了具体的政策，比如普及因特网；向农村提供国立农业科研机构的研究开发成果等有用的信息；促进电子商务的发展；向消费者提供充分的农产品商品的信息；提高农村地区的通信便利程度；提高农业资源的管理水平等。韩国政府不断完善农业信息化发展战略，加大对信息网络基础设施的投入与建设。早在 1986 年，韩国政府在建设信息网络领域的资金投入高达20 亿美元，占政府投资总额的 7.7%。到 1994 年，又颁布了《农渔业振兴计划》和《农业政策改革计划》等两部重要法规，以加强信息技术的综合应用（肖黎和刘纯阳，2011）。德国政府始终致力于农业信息化的基础设施建设、政策与环境的改善、农业信息数据库建设以及资金支持等。

8.1.5　重视新型职业农民的培养与教育，提升农民获取信息的能力

发达国家非常重视新型职业农民培养教育，把农民培训与证书制度有机结合起来，培养知识化、现代化的职业农民，职业农民的培育已经成为推动农业信息化发展的核心力量。

（1）国家立法保障

目前，农业职业教育均受到各国政府的高度重视，一般通过颁布法律法规的

形式来保证农业职业教育所需的人力、物力、财力，为农业职业教育工作的顺利开展提高了坚实的基础。

美国是一个法制健全的国家，在对农民的职业教育方面也不例外。1862年的《莫里尔赠地法》，以赠地形式建立起州立农工学院，对美国后来的高等农业教育，甚至整个职业教育系统都产生了重要影响，体现着美国政府对农业职业教育的高度重视。1887年颁布的《哈奇法》，规定由联邦政府每年向各州拨款1.5万美元，用以资助各州建立农业试验站，加强赠地学院的研究功能，形成了农业教育、科研、推广相结合的体系。1914年，美国国会颁布《史密斯—利弗法案》，明确规定由联邦政府资助，农业部和赠地学院合作，在各州的农工学院建立农业推广站（中心），负责组织、管理和实施基层的农业技术推广工作。1929年，又通过了《乔治—里德法案》，联邦政府决定1930～1934年，每年拨款150万美元，用以资助赠地学院的农业和家政教育。1934年，又颁布了《乔治—埃雷尔法案》，规定联邦政府为各州赠地学院的有关农业的专业学科提供300万美元的拨款。1935年，美国国会通过《班克黑德—琼斯法案》，规定每年增加100万美元农业研究拨款，5年后达到每年500万美元，以推动农业科研工作的展开。1936年，美国国会又颁布了《乔治—迪尔法案》，规定联邦政府为各州农工学院拨款1400万美元。2012年美国农业法草案系统地提出了培养新型职业农民的政策措施，新农业法草案规定，2013～2017年每年提供5000万美元用于新型职业农民培训（李国祥和杨正周，2013）。在健全的法律保障下，美国政府出台了一系列的农民培训优惠政策，美国的新型职业农民教育获得雄厚的资金支持，培养了大批农业生产人才、技术人才和管理人才，在促进农业科技进步，推动农业经济发展方面发挥了举足轻重的作用（倪慧等，2013）。

英国为了加强农民职业教育与技术培训，政府通过颁布专门法规、设立特定机构和制订详细计划来确保教育与培训工作的顺利开展。在立法保障方面，根据社会发展，及时制订和修改相关法律、法规，以支持农民职业教育与技能培训。1601年《济贫法案》规定，凡是贫民子弟，不分性别都要接受学徒培训。从1981～1995年，英国先后发表和颁布了5个与农业职业教育有关的白皮书和政策法规，为英国农业职业教育的健康发展提供了有力保障（程宇航，2011）。1982年，英国颁布了《农业培训法》，加强农民技术培训。1987年又对其进行了修改和补充，规定政府给予农民培训一定的资助，农民教育培训成为英国各产业培训中唯一能得到政府资助的项目。

日本和韩国也高度重视新型职业农民教育的立法。2010 年，日本在新修改的《粮食、农业、农村基本法》中规定，国家积极扶持农业技术教育，对农业学校进行财政补助。韩国政府从 1980 ~ 1990 年先后制定了《农渔民后继者育成基金法》和《农渔民发展特别措施法》，2004 年提出了培养能够引领未来农业的年轻人计划（杨慧芬，2012）。法国先后 7 次通过法令，对农民培训的方针政策以及组织领导的具体措施予以规定。德国也于 2005 年颁布了修订后的《职业教育法》，更加明确了政府、企业和农民在培训中的地位和作用。荷兰将农业教育与基础教育紧密结合，小学高年级阶段就开展预备农业职业教育。

（2）完善农业教育体系

发达国家的职业农民培养教育起步较早、体系成熟，成果显著，已经形成了各级农业科技教育培训中心，农业院校与农业企业，行业协会及农村经济合作组织，农业远程教育网相结合的科学体系，并确保优质农业资源让高素质的农民经营和使用。

英国职业农民培养可以追溯到 1601 年，经过 400 多年的发展，职业农民培训体系十分完善，已经形成了初、中、高三个互为补充的有机系统。英国的农民职业资格证书分为农业职业培训证书和技术教育证书两大系列，提供中等职业农民培训的学校类型多样，学习期限和学制种类灵活，正规教育与业余培训相互补充，提供学位证、毕业证、技术证等满足各类各种教育目标的认证，形成多样化的中等教育培训体系。

自 1862 年《莫里尔法案》颁布以来，美国各州及地区已建立了 100 多所赠地大学和学院，提供各个层次的农业及相关领域的教育和培训，构建了农民培训体系。1887 年，《哈奇法案》颁布后，各州在赠地学院内设立了农业实验站，进行农业领域的各项研究，为农民提供各种新技术和成果，解决农民生产中遇到的问题，目前全美建有 56 个州农业试验站，构建了农业科研体系。1914 年，美国国会正式通过《史密斯—利弗法案》，由联邦政府资助，由农业部和赠地学院合作，在农业部和赠地学院建立了"合作延伸服务"机构，构建了农业推广体系，将农业研究成果和技术用于农业生产的实践中。在美国各州公立院校的农学院、私立院校，以及州农业推广中心和县农业推广站等，均是开展农业教育的主要力量。此外，一些专业协会和农民合作社，如葡萄协会、玉米协会、大豆协会等；教育联合会，例如，全美成人教育联合会等专业团体；民间组织（非政府组织），例如，全国性的"美国未来农民会"（FFA）、全美大学妇女联合会等民间社团组织，开展农民农业职业技术培训，开设农民感兴趣的课程，有针对性地解决农业生产过程中遇到的实际问题。

日本的农业教育已形成农业指导士教育、就农准备校教育、农业高等教育、农业大学校教育、大学本科教育5个层次，每个层次的培养对象、培养目标各有所侧重。在日本的普通教育中也开展农业教育，即所有国民均要接受一定的农业基本常识教育，并把它看作是国民是否具有教养的一部分（石田，1997）。此外，日本也很重视青年农民的教育，全国农村均建有青年俱乐部，对提高农民文化科技素质，活跃农村文化生活起到了积极的推动作用。

法国构建了一个由高等农业教育、中等农业职业技术教育、农民职业培训三部分组成的农业教育体系。高等农业教育的实施主体是独立建制的单科性高等专科学校，其目标是培养高级园艺师和农业机械设计师等。中等农业职业技术教育分培养基层农业技术人员和培训农业生产经营者两种形式。法国的农业职业教育管理体制实行由农业部统一管理。此外，法国实行多元化的农村职业教育办学形式，动员各种社会力量参与农民培训工作，在培训中重视实践教育，并根据农业发展需要及时调整培训目标。

德国虽然是个工业大国，但也高度重视农业职业教育，当前已经形成了高度发达的农业职业教育体系。在众多的农业职业教育培训模式中，以农业实践和理论教学紧密结合的"双元制"模式（见图8-1）最为突出。在"双元制"模式中，要求学徒以农场为依托开展农业生产实践，兼修理论课程学习，学习期限为3~3.5年。采用"双元制"职业教育模式，不仅使学徒能够具备现代农业技术的应用操作能力，而且对农场在生产和经营中的主要需求和面临的问题有更深入的了解（景琴玲，2012）。"双元制"模式中公立职业学校是州一级的国家机构，由各州政府直接管理并提供经费支持。而"双元制"中提供给学徒实践机会的是经过专门认定，具备相应条件的农场。农场在"双元制"职业教育培训中发挥着"三个主体"的作用，即学徒与农场签订培训合同时的法律主体，实施2/3实践教学的办学主体和承担全部培训费用的投资主体。

加拿大不仅有丰富的土地资源、先进的农牧业生产，而且还具有完善的农业职业教育培训制度。20世纪70年代中期，为了使加拿大农业能尽快适应全球一体化趋势，联邦政府为农民提供了专项教育培训资金，提高农民素质，促进农业发展。在联邦政府政策与资金的双重支持下，加拿大各省农业厅也相继启动了"绿色证书培训项目"，目前，"绿色证书培训"已经形成了一整套完善的管理体系和有效的运行机制（见图8-2）。绿色证书培训工作主要由各省农业厅绿色证

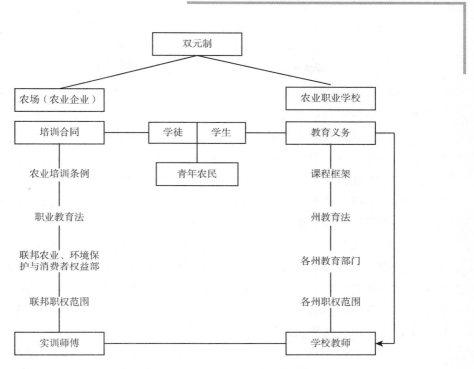

图 8-1　德国"双元制"农业职业教育模式

书培训管理办公室主管,教育部门与农业行业协会等是协助单位。农业部门主要负责制定岗位规范、绿证管理、提供课程参考书籍以及培训期间的工伤保险;教育部门主要负责绿证课程的学籍管理与组织工作(景琴玲,2012)。

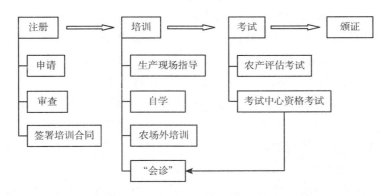

图 8-2　加拿大绿色证书培训过程及环节

（3）教育培训灵活多样，因地制宜

发达国家农民培训形式灵活多样。从培训时间上看，有短期培训和长期培训两种形式。在法国，20小时至120小时的培训称为短期培训，120小时至1200小时的培训称为长期培训。从培训方式看，有不脱产培训、半脱产培训和脱产培训三种类型。从培训对象上看，有农业徒工培训班、农村青年培训班、农村成年妇女培训班和农场主培训班等。从培训的具体目的看，有针对农村无业青年或具有实践经验而无技术职称的农民开展的基础农业培训；有由于科学技术的发展或经营方向的改变，一些受过一定农业培训的农民需要学习新的技术和经营管理方法专业培训；有向从事专业化、商品化生产的农民传授专门知识和技术的专业培训；有为取得较高学历证书而参加的晋升技术职称培训。

在美国农民教育培训方式主要有辅助职业经验培训、"未来美国农民"培训、农技指导三种类型。其中，辅助职业经验培训是正规农民职业培训的一种典型形式，授课者基本上是一些专家学者，主要讲授有关生产管理和农业投融资方面的技巧。"未来美国农民"培训主要是帮助农民培养创业能力、领导能力及团队合作能力，给青壮年农民建立自信，拓宽其在农业领域的就业渠道。

另外，在农忙季节时，农民培训以短期为主，农民每周到培训场所学习1~2天，冬季农闲季节，农民集中进行几个月的脱产学习。培训方式一般以实践训练为主，理论教学为辅。接受培训的级别越高，理论教学成分就越多。

随着农业与经济的不断发展，多数发达国家不断拓展农民培训领域，将培训内容从传统的种植养殖技术扩展到包括园艺、小型动物养殖、海洋生物养殖等新型农业产业，从产中培训拓展到涵盖产前、产后的相关领域，如农产品销售及服务、食品加工、农场管理等，从技术培训拓展到创业、经营和就业技能培训，甚至教授农民如何决策和规避风险，如何应用科学知识和实验方法，如何掌握财金分析理论和商业操作技巧。

日本农业教育内容全面且实用，除了对农民进行系统知识技能教育外，还对农民进行国外农业政策教育和健康长寿问题教育，并且十分注重乡村文化建设。法国农业教育内容全面，注重环境和生态教育，除了开展农产品生产、农产品加工、农业服务、农业管理等传统专业知识教育外，还进行畜牧良种保护和发展、环境保护、森林维护、国土整治等方面的教育。

此外，发达国家的农民培训除了开设与农业科学知识相关的专业课程外，还注意社会需要和市场变化，还根据本地区的农业发展和农村经济结构的需要，以及农业特点开设课程，课程门类多、范围广，具有较强的科学性和实用性。例如，美国、英国、澳大利亚等国的农业培训机构，通常在严格认真的市场调查分析之后，根据用户的特殊需求对口培训，及时开设课程。韩国政府将"4H 教育"用于初等职业农民培训中，主要目标是通过培训课程的讲授，使农民具有聪明的头脑（Head）、较强的动手能力（Hand）、健康的身体（Health）和健康的心理（Heart）。

（4）保障经费投入，鼓励创业

农业职业教育具有准公共产品的性质，资金投入是否稳定持续，直接影响到职业农民培训的质量。因此，政府要承担起农业职业教育培训投资的主要责任。各发达国家在注重发挥政府拨款主渠道作用的同时，也注意多方面筹集经费。

政府通过完善政策与法规，使农民培训的财政投资体系规范化，鼓励企业、协会和农民积极参与培训，使资金投入渠道稳定化和多元化。例如，美国财政每年用于农民教育的经费达 600 亿美元，美国接受中等职业技术教育的学生是免费的，中学教育后的教育层次中，公立教育机构的学生只需支付全部费用的 1/6 左右。英国农民培训经费的 70% 由政府财政提供，德国农民教育投资占国家教育投资的 15.3%。各国还从法律上规定，农民参加培训不仅免费而且还发给培训期间的工资和津贴予以补助。英国法律规定，农场工人参加培训期间的工资由农业培训局政府基金支付，农场主不用支付。法国政府规定，农民或农业徒工在上课期间，由政府或相关农业专业协会组织的培训基金会发给补助费。徒工参加 500 小时以下的培训，由雇主负担 160 小时或前 4 周的工资；培训时间超过 500 小时，雇主负担前 500 小时或 13 周的工资；雇主为此支付的工资占一年工资总数的 1.1%，超出部分由国家补贴。德国法律规定，施训者给予学徒相应的津贴，其数额取决于学徒的年龄，至少每年增加一次；实物津贴按国家《保险法》第 160 条第（2）项作相应的折算，但不得超过津贴总额的 75%；教学时间以外的工作应得到相应的报酬。为鼓励企业和农民积极参与培训，德国和加拿大政府让企业把花费的培训费用计入生产成本，待企业售出产品时对其减免税收（刘艳琴，2013）。

近年来，受到国际经济形势的影响，许多国家出现大学毕业生就业难现象，同时，农村地区青年劳动力极为缺乏，"有技术，会经营"的职业农民更为短缺。在此背景下，一些国家实施了落实安家费、提供优惠贷款、减免税收、提供社会保障等一系列优惠政策鼓励大学毕业生从事农业，并在财政上对大学生面向农村就业创业给予大力支持（许竹青和刘冬梅，2013）。例如，法国政府对年龄在 18 ~ 39 岁的欧盟成员国公民，且已经获得农技师证书及以上文凭，并通过六个月的正规培训及 40 小时的实习，已经为农业经营安置做好充分准备的青年农业继业者实施青年安置优惠政策。相关内容有：法国通过国家和欧盟财政渠道，对到农村进行农业经营安家落户者（农技师及以上文凭的大学生）提供安置费（山区、落后地区以及平原地区最高可分别达到 3.59 万欧元、2.24 万欧元和 1.73 万欧元）；法国为青年农业继业者开展农业创业提供优惠贷款（11 万欧元内），平原地区、落后地区和山区贷款利率递减；青年农业继业者享受社会分摊金减免和税收减免优惠政策。青年农业继业者在五年内享受减免待遇，社会分摊金减免比例逐年递减，同时还享受税收减免政策，主要包括土地税、利润税、房产税等税种的减免。

（5）严格资格准入，获得社会认可

为了保证农民培训质量，大多数发达国家的职业农民都建立了职业准入制度，在农民培训工作中实行严格的证书制度，其中主要是职业资格证书。在法国和英国，农民职业学历教育证书和农民培训的职业资格证书和相互分离，农民职业学历教育对象和农民培训对象所获得的职业资格证书是不一样的。而在德国，二者是相通的，只要农民培训对象和农民职业学历教育对象经过培训达到了相同的能力要求，最后可获得同样的职业资格证书。英国农民培训的职业资格证书分为技术教育证书和农业职业培训证书两大系列，技术教育证书有 4 种，农业职业培训证书有 11 种。法国农民培训与证书制度密切结合，从事农业生产或经营的人员必须参加培训，接受考核并取得资格证书，农民培训的职业资格证书有 4 种，必须拥有了前一级证书所要求达到的能力，才能参加下一级证书培训，证书制度在法国农业教育中占有重要地位。

发达国家职业农民准入制度非常严格，想成为一个合格的农民，要经过严格的实践劳动锻炼和理论学习过程。加拿大各省农业厅也相继启动了"绿色证书培训项目"，不能获得绿色证书就不能成为农民，也不能继承或购买农场。德国联邦法规定，进入农业职业学校的学生，在受教育之初就要与有农业师傅人员管理的农场签订从事农业生产的劳动合同，并按法律要求在农业协会登记备案，在农业师傅的指导下参加农业实践劳动。生产实践和理论学习达到联邦法要求资格后，学生需要参加全德的农业职业资格考试，合格人员取得农业职业资格证书方能成为农业工人。三年的农业职业教育毕业取得初级农民资格后，要经过五年的生产实践并经过国家考试合格才能取得农业师傅资格，成为职业农民并享有政府对农民实行的各种补贴政策（许竹青和刘冬梅，2013）。即德国农民从事农业工作资格的"绿色证书"分为 5 个等级：一级证书是农业职业教育学徒工证书，也

就是说只有一级证书还不是一个合格的农民，需再经过 3 年的农业职业教育，通过结业考试，获得二级证书，才能成为一名合格的农业专业工人；二级证书获得者通过一年制的专科学校或参加农业师傅考试，获得农业师傅证书，即三级证书，此时才有独立经营管理农场和招收学徒的资格；三级证书获得者通过两年制的农业专科学校深造，毕业后获得四级证书，成为农业企业技术员、农业企业领导，之后如果能通过附加考试，便可进入农业高等学校深造，毕业后获得欧盟颁发的五级证书，成为农业工程师。

发达国家对农民培训证书的考试要求都比较严格，由主管部门或机构设立的考试委员会专门负责。考试委员会一般由雇主（农场主）、雇员（农业工人）和教师三方代表组成。例如，英国的"技术能手证书"考试由国家熟练考试委员会主持，全国青年俱乐部协会协助考试。考试委员会由农场主、教师和农场工人代表组成，企业组织和咨询机构，负责对学生进行农、林、园艺等技能的测验。国家熟练考试针对学生进行农事技能测验，不仅要评价学生某一特定工作的能力，而且要看其速度和熟练程度。

德国的"绿色证书"考试规定，考试委员会成员中雇主与雇员的代表人数必须相等，并至少要有一名职业学校的教师。委员会中至少要有 2/3 的成员是雇主与雇员代表。"绿色证书"的结业考试分为企业实践考试及笔试两大部分。通过考试，应试者可获得考试证书、培训合格证书、职业学校毕业证书，一旦获得结业考试证书即可要求全额技术工人工资，并得到全社会的承认。

另外，为保障农业职业教育培训的质量，发达国家还引入了市场机制，对从事农业职业教育与培训的教师素质都有很高的录用标准，并设定了严格的准入制度。例如，德国联邦政府对各种类型农业职业教育培训机构的培训质量，定期进行评估，依据参考各培训机构在劳动力市场的"就业率"与产业部门的"满意率"，对其培训质量做出评价。对于就业率低于 60% 的教育培训机构，国家通过缩减拨款数额的方式予以警告，对于连续几年不能达标的培训机构，政府将撤销其培训资格（张亮，2010）。德国在通过颁布有利于政策促进农业职业教育发展的同时，引入了市场竞争机制，促进各类农业教育培训机构在竞争中发展壮大，并形成了完善的农业职业教育培训体系格局。依靠这种激烈的市场竞争，德国农业职业教育事业才更加健康、良性地发展（景琴玲，2012）。

8.2

发达国家满足农民信息需求的政策措施对我国的启示

8.2.1 培育多元化信息服务主体，为农民提供多层次及个性化的信息服务

农业信息服务是一个涉及多部门、多学科的综合性系统工程。从发达国家的经验来看，政府部门集中统一领导起到了非常重要的作用，是国家农业信息服务体系高效运作的基础。在信息传播上，政府部门是农业信息最主要的传播主体之一。农业信息产品中多数具有公共产品性质，需要由政府提供，才可能建立权威性的农产品市场信息统计、分析与报告制度，为农民提供及时、全面、精确的市场信息和参考资料。在美国、日本、德国、加拿大和法国等发达国家，政府建立了多元化信息服务体系，确定了各部门在农业科技推广和信息服务中的职责，农业信息服务的内容、服务方式和运行机制都与本国经济发展的模式相适应。例如，美国就形成了以农业部及其所属的农业统计局、农业市场服务局、经济研究局、海外农业局世界农业展望委员会等机构为主体的农业信息收集、分析和发布的体系。日本则从中央到地方都建立了一套完整的农业信息服务系统。

在我国广大的农村，农民如何获得更加丰富多彩的农业信息至今仍然是一个比较突出的问题。针对这一情况，政府要在突出抓好基层公益性信息服务机构建设、健全农业公共信息服务体系的同时，还要动员全社会力量大力发展经营性、农民互助性服务组织，积极培育多元化信息服务主体，初步建立起以公共信息服务机构为依托、以合作组织为基础、以龙头农业企业和专业农业服务公司为骨干、其他社会组织为补充的新型农业信息服务体系。不同的服务主体，其服务内容和服务群体的不同，决定了其服务形式的差异。多元化的农业信息服务主体，必然采用更加多样化的信息服务形式。计算机网络、电话、广播、电视、报纸等传统的媒体载体，以及短信息、微博等现代交流方式，正成为农民和农业科技人员获取和传播农业知识、实用技术，开展农业信息咨询和服务的重要途径。

从各国农业和农村信息化工作推广中，我们可以清楚地看到，生产者、经营者的信息需求多种多样，这就需要信息服务主体多元化，信息服务形式多样化，服务内容上有所侧重，服务对象和群体规模上各有不同，具有良好的互补性。不

同层次、不同部门设立的农业信息服务机构（部门），应根据各自的职能和服务对象，确定信息服务的领域和范围。在服务内容上，农业和农村信息服务涵盖农业产前、产中、产后各个环节，包括国家宏观决策、生产者微观决策，法规、政策、市场、技术、气象、灾害等信息。要为政府、企业和农户提供全方位的信息服务，需要建立和完善政府、协会、企业、院校共同参与，多层次的农业信息服务体系，政府部门与各种专业协会和决策咨询机构形成了民间农业社会化服务。此外，各国还积极鼓励开发适农信息产品，利用信息技术提高农村地区广大农民的生活水平，探索开发低成本且宜于在农村推广的信息终端与软件系统，真正做到使广大农民用得起、用得了、用得好。

　　农业生产类型、产品结构等千变万化，农业生产者、经营者在信息需求上也多种多样，政府为主的信息服务在很大程度上难以满足用户的个性化信息需求。要提高农业信息服务的针对性，就需要建立多元化的信息服务主体，各服务主体在服务内容、服务对象和群体上有所侧重，不同服务主体之间形成良好的互补性，才能够提高农业信息服务的针对性和效率。以美国为例，由政府部门设立的网站提供基本的市场信息服务，而由农业网络公司提供电子商务服务。又如欧盟，政府规定官方机构作为农业信息服务的主体，但也鼓励其他市场机构参与农业信息服务，由农业协会、农产品期货和农业保险机构等提供的更加个性化的信息服务，作为官方农业信息服务体系的重要补充。政府要按照"平台上移、服务下延"的思路，加快各地信息平台和基层网络建设，并支持各种农业科技服务组织为广大农村积极开展个性化信息服务。努力建成省级农业信息化综合服务平台，按照"横向布点、纵向连线、区域成网、城乡贯通"的思路，提供点对点直通式服务，方便广大农民通过远程视频、社交网络、移动互联等系统，实现与专家情景式互动沟通。为了适应农业结构多元化、农户需求多样化的特点，积极发展各类中介组织，建立农业科技特派员制度，按照"供需见面、双向选择"的要求，由科技部门组织农技人员与农民对接，以技术、资金入股和技术承包等形式取得合法收益，满足农民个性化农业科技信息的需求。

8.2.2　优化农村信息环境，激发农民信息需求

　　首先，基础设施建设是提高农民信息需求水平的硬件环境，也是满足农民信息需求最基本的保障。从发达国家情况看，政府将农业信息网络建设列为基础性体系建设内容，这种基础投入包括农业信息系统网络建设和配套软件开发所需的

资金及农业信息系统日常运行所需的费用。例如，美国政府对农业信息化资金投入比例非常高，政府对农业信息化的投入比例占农业行政事业经费的10%，每年约有10亿美元的农业信息经费支持，更有大量基础建设投入用于农业信息系统的硬件建设。欧盟将官方提供的农业信息服务设定为公益性质，所需的资金投入主要来源于政府财政支持，仅向信息使用者收取较低的成本费用或者不收取任何费用。美国精准农业的快速发展就是最好的例子，其精准农业就是信息技术与农业生产全面结合的一种新型农业，主要由10个系统组成，即全球定位系统、农田遥感监测系统、农田地理信息系统、农业专家系统、环境监测系统、智能化农机具系统、网络化管理系统、系统集成和培训系统。其中，遥感技术已被欧洲、美国、日本和澳大利亚等国家广泛应用于农业资源调查、作物产量预报、农业生态环境评价和农林牧灾害监测等各个方面，以航空为主的遥感技术也开始应用于农田信息采集。一些特大型农场已经形成了"计算机集成自适应生产"模式，即将市场信息、生产参数信息（土壤、气候、农机、能源、种子、化肥、农药等）、资金信息、劳力信息等集中在一起，经优化运算，帮助农民选定最佳种植方案。我国农村信息化经过这么多年的建设，已经取得了一定的成就。早在2011年3月，我国就实现了行政村100%"村村通电话"；"农村通信网""农村信息网"和"农村营销网"工程建设在大力推进中，为农业信息化筑起了广阔的技术平台；"三电合一"的电话、电视、电脑全国农业信息入户项目，有效提升了农村信息综合服务平台。农业信息化是一项高效工程和长效工程，需要政府不断地有资金投入。

其次，服务环境是提高农民信息需求的软环境。农业信息服务在很大程度上属于公益性质，其发展需要国家政策的鼓励和支持，因此，政府一方面要通过制定优惠政策、筹建农业专业合作社、组织技能培训和技术示范户等方式来优化服务环境，引导农民信息行为；另一方面，要通过完善相关法规，强化信息化立法、监督，提高信息的真实性、有效性，促进信息资源共享。

再次，政府还要增强信息服务意识，为优化农村信息环境奠定思想基础。当前，在农村信息化建设过程中，相关单位或多或少存在着一定认识上的误区和不足，要加强对农民信息需求的研究工作，并针对农民信息需求制定服务对策，刺激农民产生更大、更为深入的信息需求。

最后，政府还要肩负着制止信息垄断、打击虚假信息，确保信息的丰富性、真实性和科学性的重任。在现实生活中不少农民有过被虚假信息欺骗的经历，这些不良经历使得他们或多或少地存在不敢再相信外来信息和不愿意主动去外面寻求信息的心理状态。政府要坚决打击虚假信息，不能因为虚假信息导致农民故步自封且丧失对新信息的渴望与需求。同时，政府还要防止信息垄断现象的发生，使农民能够接受到多样化的信息，而不因单一的信息误导农民，净化农民信息接受环境。

8.2.3　建立健全农民培训体系，创新培训内容和形式，培育新型农民，提升农民信息素质

文化程度与信息需求有着密切的关系。文化程度越高的人，对信息的需求程度更高，对于网络等先进信息传播途径也更为了解，而文化程度越低的人则反之。而农民作为信息需求的主体，其文化程度的高低直接决定着信息需求的程度的大小。一些发达的国家就是通过提高农民科学文化水平，强化农民的信息主体意识，让其产生主观能力性，调动其学习热情来提升农民信息需求。

发达国家农民培训课程的设置及其授课方式日益灵活，呈现出多样化趋势，在提升农民信息获取能力方面做出了巨大的贡献。当前，我们要向发达国家学习，把构建和完善我国农民培训体系与机制作为提高农民信息素质的重要任务来抓。

我国政府要建立布局科学、结构合理、层次分明、开放有序的农业科研院所、农业院校、农业技术推广中心、农业企业和农民合作组织相结合的多层次、多形式、多渠道灵活有效的高、中、初农民培训体系与机制。农业科研院所、农业院校拥有雄厚的专家优势和师资力量，具有先进的科研和教学条件，可以有农民培训和农业科技推广人员继续教育方面发挥关键作用。农业技术推广中心，组织举办新型农民培训班，深入到田间地头零距离地为农民释疑解惑。涉农企业、农村合作经济组织、农业产业化组织、中介组织等广泛参与，形成具有中国特色的多元化的农民农业技术培训体系。

此外，农业培训内容直接关系到农民培训的有效性。随着经济的不断发展，农业生产科技化、规模化、机械化、信息化的要求越来越高，农民培训的内容越来越广，专业划分越来越细，农民培训工作不仅要普及农业科学知识，还要向科技化、系统化、信息化方向发展，其中，信息化是农民培训形式的发展方向。尤其是要开展关于信息技术和网络技能的培训，促使农民从封闭保守的意识中解放思想，以提升农民对各种信息的需求。此外，要注重课堂教学与走进田间地头相结合的培训方式，注重培训内容的科学性、实用性和灵活性。除了讲授专业课程

外，还要切实考虑到农民的特殊情况，依据农产品参与市场竞争的需要，根据本地区农业生产的特点以及农业发展和农村经济结构的实际需要开设相关专题，注重农业科学知识的普及与提高，注重农民培训的实效性。农民培训应具有理论联系实际、以市场为导向的特点，要针对不同地区、不同产业和不同类型的农民采取适应其需求的培训形式，以提高农民培训的效果，使农民培训活动能更好提升农民信息素质，推动农村经济发展，增加农民收入。

8.2.4 重视农业科研、教育、推广三结合，促进农民信息需求与满足的良性循环

市场经济模式是以需求促发展，生产中农民的信息需求是农业科技信息服务平台最大的可持续发展推动力。农民的信息需求是动态的，不同时期会提出不同的需求，这为农业科技信息服务的发展开拓了广阔的空间。科研、教育和推广有机衔接，又能为农业科技信息服务平台推动农业经济发展提供切实保障。发达国家农业科技信息服务平台的主要特征是：以信息资源为桥梁，以数据网络为基础、以服务热线为纽带、以农业技术人员和科研院所及高校农业科技专家为支撑推动科技信息在广大农村的低成本、高效率传播能使广大农民在信息化时代能够获取更廉价、更有效、更快捷的农业科技信息，实现科技为农民增收致富中的快速反应和零距离服务功能。其中，最突出和值得借鉴的特征是政府把农业科研院所、高等教育机构纳入农业科学技术推广体系，并由其联合其他农业机构来完成科研成果的示范推广工作，农业科技成果的创造者同时也成为农业科技推广的主力军。例如，在美国，农业合作推广中心和农业试验站在组织上都隶属于州农业大学，便利于农业教学、科研、推广紧密结合，互相促进。农业教育为农业推广和农业科研培养了人才，农业推广和农业科研的成果丰富了教材和教育内容，促进了农业教育。农业科研成果能及时地推广运用农业生产之中，而农业生产中急需解决的问题又迅速地反馈于科研部门—农业试验站，由农业科研工作者进一步研究解决。这个三角形关系是有机结合，互相依赖，互相促进，良性循环。研、产结合既是科研院所、高校农业科技工作立题的必然选择，也是农业产业发展的需求；科学技术是第一生产力，没有农业科技进步的农业产业就没有持续发展的潜力；反之，农业科学研究必须面向农业和农民生产实际，对于农业科技这一应用性很强的学科而言，离开农民和农业生产实际的研究是没有意义的。学、产结合拉近了农业高校教育与生产实际的距离，让高校培养的农业人才更深刻地领悟

和感受农村、农业、农民的实际问题，更准确地掌握农业科技知识的要领和重点，培养出更多能够服务农民，满足农民信息需求的综合性、实用型的人才。

因此，农业科研、教育、推广三结合是满足农民信息需求的必然选择。农业科研院所和高校科研人员直接参与农业科技推广，可以在满足农民信息需求的同时，获得更多农民在需求方面的新信息，这既是农业科研的延伸和继续，也是新的研究课题产生的源泉和动力，还能促进农民信息需求进入良性循环，缩短农业科技成果推广周期，不断拓展农民科技研究新领域。

第 *9* 章

推进农业信息化发展满足农民信息需求的思路与对策

农业信息化的发展对促进农业经济协调发展，加速农民增收，促进中国现代农业科研成果和农业科学技术的迅速推广和普及，加快农业现代化进程有着积极的推动作用。

9.1

推进农业信息化发展满足农民信息需求的思路

9.1.1 充分发挥各级政府和职能部门在农业信息化建设中的主导作用

农业信息化推进是跨部门、跨行业、跨地区和多种技术集成的系统工程，需要在政府统一领导下，统一规划，分工合作，才能顺利实施。各级领导要充分认识到农业信息资源的战略价值和农业信息技术对解决"三农"问题的重大作用。加快制定国家层面的农业信息化发展总体规划，建立符合行政体制改革方向、分工合理、责任明确的农业信息化推进协调体系，具体如图 9 – 1 所示。

专门设立农业信息化工作部门，召集相关专家、管理人员共同组成农业信息化工作领导小组，督促各级地方政府要配合搞好农业信息化建设，建立、健全农业信息化法规体系，加强信息服务职能，保证农业信息化建设朝着健康的轨道发展。加大信息基础设施建设投入，降低通信费用，创造广大农民用得上、用得起、用得好的以人为本的信息化发展环境。

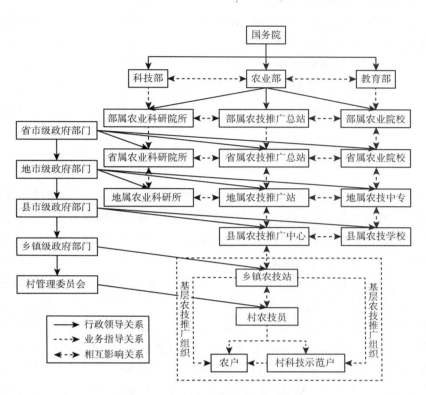

图 9 - 1　农业信息化推进协调体系

9.1.2　努力探索信息服务及信息技术推广新模式，满足不同层次农民多样化信息需求

把缩小城乡数字鸿沟作为统筹城乡经济社会发展的重要内容，逐步在行政村和城镇社区设立免费或低价接入互联网的公共服务场所，提供电子政务、教育培训、医疗保健、养老救治等方面的信息服务。

整合服务资源，发挥综合服务效能。包括农业部在信息网络、农技推广、广播电视、报纸杂志、农民远程教育服务中的信息资源和服务渠道，也包括中组部正在开展的党员教育试点、教育系统建设中的农村校校通工程，以及气象、水利、林业、文化、卫生、科技等涉农部门在各自职能范围向农村、农民提供的多种形式的信息服务，应整合这些服务资源，发挥综合服务效能。

通过国家农业科技园区、农业科技城、海峡两岸农业合作试验区、模范农场、示范农村等示范基地以及高新适用农业信息技术等示范技术、农业科技能人和种养大户等示范人物的选择培育农业信息技术示范典型，以点带面，层层辐射，形成示范与辐射相结合的推广应用机制。

总之，多措并举，最大限度满足不同层次农民多样化信息需求，创造机会均等、协调发展的社会环境。

9.1.3 探索农业信息服务长效运行机制

信息的公用性、互通性和共享性，要求打破部门、行业间信息封闭的陈旧观念和体制，建立有利于信息资源共享和促进信息资源开发利用的管理、服务机制和体制，提高信息资源的完整性、系统性以及数据库化、网络化程度，为领导和管理部门宏观决策提供多样化的信息服务，为广大用户提供生产经营性的信息产品和服务。推进面向"三农"的信息服务，重点要建设县级农业信息服务平台和乡镇信息服务站，增强其信息采集和服务功能。尽快建立农村信息普遍服务基金制度，通过国家投资补助和地方财政支持，加强包括电信、电视、计算机网络和移动电话等农村信息与通信技术（ICT）基础设施建设。利用公共网络，采用多种接入手段和信息终端，以农民普遍能够承受的价格，提高农村网络普及率。鼓励引导电信运营企业、各类 SP 服务商（内容提供商）、软件企业开发农村特色信息内容，整合涉农信息资源，规范和完善公益性信息中介服务，建设城乡统筹的信息服务体系，以多种形式、多种途径为农民提供适用的市场、科技、教育、卫生保健等信息服务，支持农村富余劳动力的合理有序流动，实现信息与服务共享。比如通过科技特派员制度、农业专家大院模式、农业科技服务 110 模式等创新机制把有关科技成果推广到生产中，加速农业科技成果转化；与电视传播媒体相结合，制作农业电视信息栏目；与通信公司相结合，拓展电话服务内容，构建信息交流平台；与农民专业合作经济组织相结合，探索解决信息服务"最后一公里"问题；与农产品销售网络相结合，在建立市场信息源的基础上探索市场促销网络，全面推进我国农业信息服务体系建设。沿着农业信息产业化的发展主线，打造"四个平台"，即通过加强农业信息资源建设，做强农业信息化数据支持平台；加强软件开发和系统集成能力建设，做优农业信息化技术支持平台；加强农业咨询专家队伍整合和从业资格拓展，做大农业咨询服务平台；加强媒体的编制和推广，建立覆盖全国各层次的信息服务体系，做活农业媒体出版经营平台，开创农业信息服务新局面。

9.1.4 加快农业信息化人才队伍建设，提升农民信息素质

利用学校教育、继续教育和社会办学等途径，构建以学校教育为基础，在职培训为重点，基础教育与职业教育相互结合，公益培训与商业培训相互补充的信息化人才培养体系，培养各种类型的农业信息化人才。我国农业信息化发展归根到底是要依靠农业劳动力素质的提高。农业信息化需要一大批既懂现代信息技术和现代化农业技术，又善于经营的现代农业信息技术高级专业人才。目前，我国现有的信息人才远远不够，而面向 21 世纪需求的高标准、高水平和一专多能的复合型人才更是奇缺。因此，加快建立人尽其才、才尽其用的激励机制和竞争机制，培养具有国际水平的信息人才、建设庞大的农村信息员队伍和提高我国农民信息素质是当务之急。一是充分发挥现有信息人才的作用，造就一批高水平的信息专家队伍。二是加强对现有人才的培训。在职培训和短期专题或专业技能培训等继续教育方式将是提高信息人员素质的一种有效形式。三是要多渠道培养复合型人才。除在高校开设相应的专业培养信息人才外，还可以通过设置双学位或在各专业开设有关信息理论和技术的普及性课程等方式，培养复合型人才。同时，发挥市场机制在人才资源、信息技术、信息资源配置中的决定性作用，尊重信息化人才成长规律，以信息化项目为依托，培养高级人才、创新型人才和复合型人才。四是邀请国内外专家座谈或外出考察学习，开展经常性的农业信息技术交流和研讨活动，集思广益，促进当地农业信息化的发展。五是通过抓好农村义务教育、农业科技培训、农业技术推广、职业教育、科学普及等途径提高农民的科学文化素质。六是配合现代远程教育工程，组织志愿者深入老少边穷地区从事信息化知识和技能服务。七是普及中小学信息技术教育，开展形式多样的信息化知识和技能普及活动，提高农村青少年信息素质和能力。八是加强农村信息员队伍建设。抓住社会主义新农村建设机遇，加大培训力度，提高农村信息员的整体素质，达到每个行政村有一名合格的农村信息员。重点加强对农业产业化龙头企业、农民专业合作经济组织、中介组织的信息服务人员和农业生产经营大户、农村经纪人的培训，通过培训要达到会收集、会分析、会传播信息的"三会"要求。九是加强信息技术应用培训，通过农村综合信息服务体系和涉农远程教育系统，提高农民信息能力，消除和缩小"数字鸿沟"。

9.1.5 加强农业技术推广信息系统建设研究,破解信息服务"最后一公里"瓶颈

我国多年来形成了以种植业、畜牧兽医、水产、农机化、经营管理五个系统为主体的农技推广服务体系。农业部组织一些地区,依托现有的农技推广服务体系,进行综合利用电脑、电视、电话"三电合一"开展信息服务工作,并取得了一定成效。

为了充分发挥农业技术推广系统的协同作用,就必须科学整合科研、推广和应用力量,努力提高科研、推广和应用系统的协同效应。要重点建设一个门户系统和一个网络支持服务系统。前者包括农业监测预警系统(含农产品监测预警系统、动物疫情监测预警系统)和农村市场与科技信息服务系统(含农村市场供求信息联播服务子系统、农产品批发市场价格信息服务子系统、农业科技信息联合服务子系统)。后者包括国家级及省市县级农业科教机构、农垦系统、国家级及省市级农业科技园区、各级农业推广部门和基层推广机构、农村信息服务网络延伸工程、农村信息员队伍建设工程。

同时,要围绕区域特色农业产业化发展,按照各类特色农业产业进行信息组网,根据信息用户所从事的专业,针对性地提供专业信息;而且,每一个地方区域站要根据其所辖地的产业特色而设立,在信息的采集、发布、反馈以及技术服务等方面必须要重点突出其区域特色和产业特色。重点建设六个网络应用系统:(1)农产品市场信息收集及发布系统;(2)农村科技信息传播服务系统;(3)农业科技信息加工提供系统;(4)涉农企业信息化支持系统;(5)农业技术推广管理与服务自动化系统;(6)远程教育培训系统。建设七个重点特色信息资源板块:(1)特色农业板块;(2)农产品加工板块;(3)农业市场信息及电子商务板块;(4)农业专家系统板块;(5)农业基础数据与灾害预报板块;(6)农村社会生活;(7)新闻与热点。

最后,还要充分发挥省级及各市县乡农技站、农经站和农广校的作用,依靠村组干部、农村经纪人等的作用,及时收集、传播、反馈信息,有效解决信息服务"最后一公里"问题。

9.1.6　加快推进城乡一体化发展，激发和满足农民多样化信息需求

党的十八届三中全会提出，城乡二元结构是制约城乡发展一体化的主要障碍。必须健全体制机制，形成以工促农、以城带乡、工农互惠、城乡一体的新型工农城乡关系，让广大农民平等参与现代化进程、共同分享现代化成果。要加快构建新型农业经营体系，赋予农民更多财产权利，推进城乡要素平等交换和公共资源均衡配置，完善城镇化健康发展体制机制①。

城乡二元结构阻碍了城乡一体化的进程，也阻碍了我国农村信息化的发展。城乡一体化建设能够极大地推进农村信息化的发展。首先，城乡一体化能够促进城乡公共基础服务均等化，可使有限的农村信息化资源得到最有效的利用；城乡一体化有利于农村信息化效果的实现；城镇化是信息化的主要载体和栖身之地，改革开放36 年来，中国已初步形成以大城市为中心、中小城市为骨干、小城镇为基础的多层次城镇体系，以城乡统筹的思路引导城镇化健康发展，同时在城镇化的过程中加强区域协调，充分发挥城乡规划对城镇化和城镇建设的引导和调控作用，充分利用农村城镇化的契机来促进农村信息化建设，有利于农村信息服务的发展，实现农村现代化；全面推进城乡一体化可以有效缩小城乡"数字鸿沟"，促进城乡文化交融和农民思想观念的更新，促使我国农民信息意识的不断提高和信息获取手段的逐步多元化，面向农民的信息服务业将得到快速发展；另外城乡一体化步伐的加快，能够使农民职业变换日益频繁，职业身份的交替变化，农民对信息需求的内容也会更加广泛，需求意愿更加强烈，国家新型城镇化规划（2014～2020 年）针对农民工职业技能培训需求，做出了详细规划和部署，具体如表 9－1 所示。

表 9－1　　　　　　　　　　　全国农民工职业技能培训

就业技能培训
　对转移到非农产业务工经商的农村劳动者开展专项技能或初级技能培训。依托技工院校、中高等职业院校、职业技能实训基地等培训机构，加大各级政府投入，开展政府补贴农民工就业技能培训，每年培训1000 万人次，基本消除新成长劳动力无技能从业现象。对少数民族转移就业人员实行双语技能培训

岗位技能提升培训
　对与企业签订一定期限劳动合同的在岗农民工进行提高技能水平培训。鼓励企业结合行业特点和岗位技能需求，开展农民工在岗技能提升培训，每年培训农民工 1000 万人次

① 中国共产党第十八届中央委员会第三次全体会议公报 ［EB/OL］. http：//news. xinhuanet. com.

高技能人才和创业培训
对符合条件的具备中高级技能的农民工实施高技能人才培训计划，完善补贴政策，每年培养 100 万高技能人才。对有创业意愿并具备创业条件的农民工开展提升创业能力培训

劳动预备制培训
对农村未能继续升学并准备进入非农产业就业或进城务工的应届初高中毕业生、农村籍退役士兵进行储备性专业技能培训

社区公益性培训
组织中高等职业院校、普通高校、技工院校开展面向农民工的公益性教育培训，与街道、社区合作，举办灵活多样的社区培训，提升农民工的职业技能和综合素质

职业技能培训能力建设
依托现有各类职业教育和培训机构，提升改造一批职业技能实训基地。鼓励大中型企业联合技工院校、职业院校，建设一批农民工实训基地。支持一批职业教育优质特色学校和示范性中高等职业院校建设

因此，从医疗卫生、教育事业、公共文化、公共交通、基础设施、就业和社会保障、生态环境保护等方面全面推进城乡一体化，对于激发和满足农民的信息需求，促进农村经济发展和农民增收起着至关重要的作用。

9.2
满足农民信息需求的对策建议

9.2.1 重视信息资源整合，加强农业信息基础设施和服务网络建设

进一步整合各涉农部门的网络系统、信息资源和科技服务体系，形成一个比较完善的、综合的、系统的信息网络，实现信息共享、互联互通，信息进村入户。

第一，实行"部委协作""厅际协作"工作机制，将多个涉农部委及部门信息资源进行整合，专门成立由副总理、省级领导挂帅的协调领导小组。

针对各部委、各部门的业务流程，统一规划、统一业务标准、统一开发应用系统，整合各个部门的信息资源，统一进行需求分析，采用统一规划，分层分阶段逐步实施建立农村科技应用系统和数据库资源中心，制定农村信息应用的标准和信息处理的标准，通过对农村信息的标准处理，实现信息的共享和交换。

第二，在市（县）成立专门的农业信息化工作领导小组。协调全市（县）各行各业在网上的业务开展，搞好内外信息的收集、整理、选择、发布及事后处理。在乡镇以农业科技推广站为依托，成立农业信息化工作站，配合县级农业信

息化工作领导小组的业务处理和信息处理，面向广大农户，依靠行业优势提供农业咨询服务和对个别大户、特种种养业大户、名特优新农产品的网上宣传、广告、推广销售业务。通过乡建一个信息室、创办一个信息传递刊物、村设一名信息员和一个方便农民观看的信息栏等"四个一"的辅助手段，切实推进面向农民的信息服务，解决数字鸿沟问题。

第三，本着"政府引导，市场运作，强化监督，稳步推进"、"谁投资、谁所有、谁受益"的原则，政府要把农业信息服务发展资金和运行经费列入基本建设投资计划和财政预算，设立专项资金，为农业信息服务的顺利开展提供有力的资金保障，并且严格资金管理和项目管理，使有限资金按需合理使用，真正发挥实效。尽快制订、出台普遍服务的政策，全面引入有利于竞争、联合和发展的农业信息服务市场化运行机制，引导多种所有制资本进入农业信息服务市场，减少和消除信息软硬设施供给的企业垄断、部门垄断等市场和行政垄断行为。政府还可以积极寻求机会与商业网站、电信部门、通讯公司等开展多形式合作，鼓励和引导社会力量参与网络运营和信息资源开发，通过机制创新加快农村电信、广播、电视基础设施建设，促进农业信息服务业的形成和健康发展[1]，具体如图 9 - 2 所示。

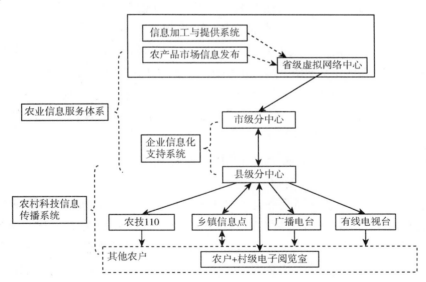

图 9 - 2　省级农村信息化科技示范体系功能结构与信息流向

---

[1]　王亮. 海南省农村信息化建设情况调查与对策研究 ［D］. 硕士论文，2010.

9.2.2 研究出台配套的优惠政策，加强农业应用信息系统和农业信息技术的开发与推广应用

建议政府建立农业信息化技术研发"后补助"制度，对已研发完成并具有重要推广价值和明显社会效益的项目给予一定的资金补助，引导电子企业深入农村进行调研，了解农民真正的信息需求，研发和推广适应农村特点、方便农民使用、质优价廉的信息终端和软件产品。

在农业科技成果和信息技术的有机结合的基础上，加强农业应用信息系统和软件的开发研究，积极开发农村村务管理、农村公共事件应急处理、社会保障服务等管理软件和系统，提高农村管理和公共服务水平。加强适于当地应用的实用信息技术的开发研究，进行先进信息技术的系统组装、技术集成和应用开发，高度重视各种高新技术与农业生态技术集成。以各种资源数据库为基础，农业专家系统、多媒体系统和决策支持系统开发工具为平台，面向农村、农民，面向各级领导和农业科技人员，因地制宜地建立各种有关农作物生产、销售的专家系统和农村经济决策支持系统，把农民需要的政策、科技、市场等信息，通过各种途径有效地送到涉农企业和广大农民手中，真正发挥信息资源的巨大价值。因地制宜地建立主要作物的精准施肥、节水灌溉、植物保护、栽培管理专家系统，畜禽、水产饲养管理专家系统，农产品储存保鲜、加工运输专家系统等，以及农村经济、农业经营管理决策支持系统，加快建立无公害标准化生产全程监控系统，提高农业企业生产与管理能力，把专家系统配置到乡、村一级，直接面向基层农技人员及广大科技示范户、种养大户和农民，推动传统农业向现代农业转变。

9.2.3 加快农业信息技术应用示范体系建设

为了使农业信息技术研究符合实际需要，并在应用中不断改进和提高，要以国家农业科技园、农业科技城、高新技术产业示范区和相关市（县）为依托，建立农业信息技术综合研究示范区和农业信息技术应用示范点。重点研究不同农业生产类型对农业信息技术的需求，确定适用的农业信息技术及推广途径，实现农业研究开发与应用推广的紧密结合。

（1）加快国家农业科技园区建设

国家农业科技园区的建设是关系到应对入世、产业结构调整、深化科技改

革、发展区域经济、实现农民增收的一件大事。政府要高度重视园区建设，加大对园区的投入，把园区建设成为集研发、示范、推广于一体的农业科技产业化运作平台。培育特色显著、带动性强、有竞争力的农业产业化龙头企业；积极扶持一批农业科技中介服务机构；发挥辐射、带动作用，促进农民增收；为建设现代农业提供技术成果支持。园区也要不断探索农业信息技术，例如，以信息技术渗透基因工程、遗传育种等领域的农业生物工程技术；以节水装备、温室设施、自动控制等信息技术体系为主的工厂化设施农业工程技术；以运用计算机技术开发的以全球定位系统（GPS）、地理信息系统（GIS）和遥感技术（RS），智能控制农业机械为核心的精准农业技术；以农产品品质无损检测与保障措施、农业资源与环境自动监测等技术体系为主的农业人工智能神经网络技术等，并全面推广和验证农业信息技术研究成果，为提高农业信息化技术的实用化水平提供科学依据，努力成为农业信息化的典范。

（2）加快农业信息技术示范点建设

按照不同农业生产类型和农业发达程度，建立一批农业信息技术应用推广示范区和示范点。建议政府大力扶持跨国网络交易平台，构建各种以商品贸易、技术咨询、投资信息、劳务合作等为主要内容的区域性农业信息网络平台。

探讨不同类型地区对农业信息的需求、实现信息农业的途径。例如，在实现三网（多媒体通信网、有线电视网、电话线网）一体化的地区，开展直接面向农村农民的信息服务，进行信息进村入户工程示范。同时在农业信息化基础较好的市（县），建立市（县）、乡镇和规模化农（场）户不同层次的一批信息农业试点。

① 在农业生产集约化、规模化、商品化程度高的市县建立以农产品市场信息系统为主的信息技术应用示范点，进行农产品电子商务的试验研究。建立地区性农业信息网络中心，并与省农业厅的农业信息网和科技厅的科技信息网相连接，进行以农户为主体的信息农业示范工作，为农户的生产、农产品销售服务。开展不同类型农业产业化龙头企业的农业生产、经营、管理信息技术应用示范，研究企业应用信息技术与订单农户联系机制，为以点带面，推广农业信息技术提供经验。

② 在经济较发达、实行多种经营、信息化程度较高的市县建立农业信息技术示范区，优化各省农业信息网、科技信息网和农业110热线服务中心，实现传统信息技术和网络技术的有机结合。

③ 抓好以农户为主体的农业信息技术的示范工作。在各县市建立农业信息

网络中心，为农户的生产、农产品销售服务。开展农户管理信息系统的研究和试验工作，建立面向不同农户的"个性化"信息服务系统。

④ 在经济较落后的市（县）农村建立示范点，探索降低农村信息服务成本的有效方式，找到农业信息网络与报纸、广播、电视和科技市场的有机结合方式，解决农业信息化"最后一公里"问题。

⑤ 在少数民族地区树立县、乡镇、村（农场）、农户（农民）应用农业信息技术的典范，挖掘少数民族地区农业发展与环境、资源、政策之间的相关关系，研究在少数民族地区发展信息农业的有效途径。

⑥ 探索在"企业＋农户"经营模式下信息技术所发挥的作用，并以点带面，逐步推广。发挥不同类型"龙头企业"在农业生产、经营、管理方面应用信息技术的示范作用。

9.2.4 通过多种途径，加快农业信息化人才队伍建设

信息化的人才资源主要包括3个层次：即对信息化的发展负有组织责任的领导和管理人员、信息技术方面的专业人才以及在经济和社会活动中利用信息技术和信息资源的广大用户（陈海淳，2003）。这三方面人才对农业信息产业的发展和农业信息化建设都非常重要。

目前，我国农村信息人才仍然比较缺乏，人才结构不够合理，搞技术的多、懂经济的少、搞生产的多、懂市场的少。要选拔培养农村信息专业人才，加强业务培训，逐步建立一支专业技术和分析应用相结合、精干高效的农村信息专业队伍，更好地为最广大的农民提供富有成效的信息服务。具体措施如下：

（1）用好现有人才

注意从农村种养大户、营销大户、农民经纪人、农业龙头企业、农产品批发市场、中介组织中选拔事业心强、有经营头脑、掌握一定农业技术的同志作为农民信息员，重点培训他们信息收集、传播方法和经营管理知识、计算机网络应用基本常识。通过这些农民信息员，上传民情民意，下播致富信息，沟通供需，活跃农村市场。

（2）吸纳高级人才

各地要牢固树立和认真落实以人为本，全面、协调、可持续的发展观，创造吸引人才的外在环境和内在环境，制定优惠、灵活的人才引进政策，吸引国内外优秀科技人才参与农业信息技术的开发与应用。

① 转变观念。要走出"唯高学历才算人才""唯正式调入才算引进"的误区，树立"大"人才观，不求所有、但求所用，不求所在、但求所为。

② 积极创新人才引进模式。坚持灵活多样、特事特办的原则，把吸纳科技成果与吸纳人才有机地结合起来，积极探索市场化的人才引进与智力引进相结合的路子。如对愿意把关系调入的农业技术人才，可以与其签订聘用合同，推行年薪制；对不愿把关系调入的，可以通过聘请学术顾问、客座教授等方式与其签订技术指导、兼职顾问等协议，请他们定期来进行技术指导，或通过电话信函、电子邮件等方式随时为农业信息化提供咨询服务；还可以与国内外相关高等院校、科研单位开展农业信息技术合作，通过合作达到招才引智；也可以在国内外建立科研基地，吸引当地人才到基地工作，进行项目研究开发，并将成功后的项目拿回来进行应用生产，借助国内外高层次人才的智慧和力量，推动本地信息农业的发展。

③ 以农业园区为依托，打造理想的高级人才聚集地和科技成果孵化基地。农业园区是农业科研人员、科研单位与实践相结合的窗口，是农业高科技转化为现实生产力的载体。近几年的实践证明，各类科技园、示范区，促进了我国农业科技与农村经济的紧密结合，加快了农业信息化建设步伐。

（3）坚持开发人才

① 探索多种形式的联合办学，加快农业信息化人才培养步伐。

第一，跨学院、跨系联合培养具有复合型知识结构的农业信息化专业人才；

第二，校校联合、校所联合，共同培养农业信息技术方面的硕士、博士研究生。

第三，高校农垦联合培养。可以采取高校与农场合作的方式，宣传普及农业信息技术，培养壮大信息技术服务队伍，为其培养对口的农业信息技术人才。

第四，跨国联合培养。利用国外先进的农业信息技术、优越的实验设备和良好的农业信息技术实践基地，同国外高校联合培养农业信息科学与信息技术专业的博士、硕士研究生。

② 开展继续教育，为农业信息化人才提供智力支持。

信息农业的发展，关键是人才，基础是教育。人才资源的再生性和投资性的需求，决定了人才队伍的继续教育和终身教育。针对目前海南在职农业科技人才知识老化、专业缺损等现状，开展多种形式继续教育，使其在知识、能力与技能等方面都能有效适应社会的需求和发展信息农业的需要。

农业科技人员继续教育的内容可分为以下三种：

第一，补缺型继续教育。在职农业科技人才专业基础不同，补缺内容也不一样。如对于刚走上工作岗位的农业科技人员，一般具备了一定外语及计算机基础知识，但较缺乏与农业领域相关的农学知识和相关的实践经验；对于参加工作较早的农业科技人员，虽然具有一定的理论知识和实践经验，但外语和计算机知识有待于进一步加强。他们应根据实际工作需要，通过进修、自学、培训等方式进行知识补缺。因此，搞好农业科技人员的培训、轮训工作，做到职前教育和职后教育相结合意义重大。

第二，更新型继续教育。当今社会，科学技术发展日新月异，各门学科都处在发展和变化之中。虽然农业科技人员本身已经具备了一定的理论与实践知识，但还需要跟踪本学科的发展前沿，吸收新的研究成果，不断进行理论探讨和知识更新，才能适应新形势发展的需要。因此，农业信息化人才的继续教育，应根据信息农业发展的新形势、新技术等，开办提高性质的研修班和短训班。

第三，拓展型继续教育。农业信息化所需要的科学与技术人才的知识结构是多元的，要掌握的知识点很多，如信息管理科学知识、现代信息技术、农业科学知识等。此外还要具备较强的观察力、记忆力、思考力、想象力、人际交往能力、创新能力和社会实践能力，才能更好地在实际工作中发挥聪明才智，有所作为。因此，农业信息化人才的继续教育，不能仅仅限于专业范围和纯学科的知识教育，可通过培训等方式加强其管理学、哲学、社会学、心理学、传播学和系统论等知识教育，提高知识广度和培养实际能力。

由于在职农业科技人员对象的广泛性，存在着个体差异大，年龄差异幅度大、工作类型多等特点。必须因地制宜、因人而异地采取多类型、多途径、多系统的方式开展继续教育。

第一，开展多类型继续教育。多类型的继续教育很多，方式灵活，形式多样。既有针对工作岗位提高某种技术的短训班，又有系统学习业务知识的研讨班；既有经验交流会，又有论文研讨班；既有提高学历的培训班，又有非学历教育研修班；既有国内考察队，又有国外访问团。各种类型的继续教育相得益彰，互为补充，都是农业信息化人才培养的有效途径。

第二，开展多途径的继续教育。可以通过面授、函授、远程电化教育、自学等多种途径对海南农业科技人才开展继续教育。尤其是针对海南少数民族地区和中部山区农业科技人才少，人才培训经费紧张、交通不便等因素，充分利用计算机技术、现代多媒体技术、网络技术，加大远程教育的办学力度。还可以通过国际信息高速公路，与国外一些高校联合办学，实施跨国界农业科技与信息教育。

第三，开展多系统的信息教育。政府要充分发挥各类高校、研究院所、农垦部门、农业厅（局）、科技厅和各类学术团体等多系统单位在农业信息化人才培养中的作用，支持他们举办各种培训班、研讨会、短训班、研究生班等。做到农业推广与农业科研、教育的结合，有效地解决科研、教育、推广相分离，相互间协调困难，难以共同发挥作用的问题。

9.2.5　大力推进科教兴农，提高农民信息素质

所谓"三农"问题，即农业、农村、农民的问题，其关键是农民。舒尔茨在他的《改造传统农业》一书中提出："在解释农业生产的增长量和增长率的差别时，土地的差别是最不重要的，物质资本的差别是相当重要的，而农民的能力的差别是最重要的"。随着信息农业的到来，对农村劳动力的素质提出更高的要求。2001年国务院颁布的《农业科技发展纲要》强调指出，要切实提高亿万农民的科技文化素质，通过农业广播学校、电视大学、技术讲座、专业培训、职业高中、信息网络、远程教育、函授和夜校等多种形式，培养一支有文化、懂技术、善经营的农民技术队伍，培养大批农民技术员，在广大农村营造学科学、用科学的良好氛围。

目前，我国农业信息化建设的人文基础薄弱，一是农民的信息化意识和知识水平有限，存在接受和应用现代信息技术障碍；二是农民教育水平有待提高。农村存在大量剩余劳动力，并且劳动力的素质较低，提高农民的人力资本是非常迫切的任务。大力推进科教兴农，提高农民素质，是转变农村经济增长方式，促进农业信息化的重要措施。

（1）抓好农村义务教育

少数落后地区农民收入增加缓慢，农业生产资料价格高，农村家庭实际可支配收入相当少，加上教育费用明显增加，农民负担过重，儿童失学情况严重。农村中小学的硬件设施建设相对滞后，不少农村中小学既没有电脑、语音教室等先进的设备，也没有图书馆和实验室等培养学生创造性思维的场所。即使有也几乎都是摆设，很少对学生开放。

各级政府要建立义务教育责任制，并作为干部考核的一项重要内容。严禁各地雇佣童工、童商，杜绝中小学乱收费现象，将义务教育落在实处，降低文盲、半文盲率。

（2）开展农民科技培训

利用现有农技站和农科教中心，以乡镇为单位，利用农闲时间，根据生产需

要，定期和不定期对农民进行较为系统的技术培训，同时传递各种生产信息，加强对农民进行市场经济和农业产业化的基本常识的启蒙教育；针对目前县乡村三级科技机构松弛、涣散的现状，应组建一个以县为中心，县乡村互相衔接的三级科技培训体系。采用县帮助乡培训有实践经验的教师，乡帮村培训讲课骨干或科技领头人，村讲课骨干直接对劳动力进行教学。培训时间根据生产的需要，分定期和不定期进行。培训内容主要是农村实用科学技术。集中农民中较高文化水平的人员一起学习，接受信息技术教育，使他们成为农业信息收集、整理、利用、管理的骨干人员；加强科技宣传教育，提高农民的科技文化素质。充分发挥农民文化学校、扫盲夜校、村文化活动室的作用，着力培养农民技术员和技术致富能手，促进科技示范户、示范村建设，激发农户的科技意识和能力；鼓励专业人员和农科毕业的大学生到农村基层工作，这些专业人员和毕业生往往具备深厚的农业科技专业知识和信息检索知识，通过一定的实践和培训，将成为农业信息化建设的支柱人才。

（3）扩大农村职业教育

目前，不少农村学生在初中、高中毕业后，因缺乏生活技能，进城打工无门，从事第二或第三产业没路，面临"升学无望、就业无门、致富无术"的尴尬处境。

政府应把农村职业教育纳入当地经济和社会发展总体规划，从实际出发、通过广播电视学校、电视大学、技术讲座、专题培训函授、夜校等多种形式把现有的职业教育学校延伸到广大农村中去，形成县、乡、村三级培训网络，充分发挥职业学校教育资源的优势，既解决就业问题，又服务了"三农"。

9.2.6 培育农民专业合作经济组织、专业大户和家庭农场，解决农业信息服务"最后一公里"问题

"三农"问题的核心是农民问题，不论是从现代农业的要求还是从应对入世的挑战看，培育农民专业合作经济组织、专业大户和家庭农场非常重要和迫切。因为无组织状态的农民无论是在分享工业化成果和经济增长好处方面，还是在保护自己的合法权益等方面都显示出弱势群体的突出特征。农民专业合作经济组织兼有联合经营的竞争优势和社会优势，既可以保持家庭经营在农业劳动控制方面的效率，又可以在很大程度上将农业产出的不确定性和资产专用性内部化，进而大大降低分散农户的市场交易成本。通过农民专业合作经济组织和农业会员

制的体制，可以扩大农业的共享信息，发挥农业信息的外溢性和规模性，从而降低和克服信息的稀缺性。因此，农民专业合作经济组织具有很强的组织力、渗透力和感召力，在采用信息技术和获取信息上具有天然优势。它们可以通过农民集体的力量，进行农业信息化投资，应用现代信息技术手段，进行信息的采集、加工、分析，通过其专业化的市场信息有针对性地开拓市场，扩大农产品的销售渠道，或引导会员农户科学生产和决策，减少盲目性，将信息成本和风险降到最低限度。也就是说，农民专业合作经济组织用"一个长期契约"代替一系列"短期契约"，可以减少谈判的次数，避免单个农户交易时面临"小数目谈判"所导致的机会丧失和机会主义行为侵害所遭受的损失。

国家要加大对专业大户、家庭农场和农民合作社等新型农业经营主体的支持力度，实行新增补贴向专业大户、家庭农场和农民合作社倾斜政策。鼓励和支持承包土地向专业大户、家庭农场、农民合作社流转，发展多种形式的适度规模经营。

为了充分发挥专业大户、家庭农场和农民专业合作经济组织在农业信息化中的重大作用，政府应采取如下措施。

（1）提高认识，加大政府的扶持力度。加强统筹规划和组织协调，优化财政支农结构，从财政、金融、税收、贷款、保险等方面为专业大户、家庭农场和农民专业合作经济组织的发展提供优惠和扶持，扩大财政支持的示范试点范围。工商管理部门要为专业合作经济组织的注册、登记提供方便，鼓励有条件的地方建立家庭农场登记制度，明确认定标准、登记办法、扶持政策。探索开展家庭农场统计和家庭农场经营者培训工作。推动相关部门采取奖励补助等多种办法，扶持家庭农场健康发展。各有关部门都要积极支持发展专业大户、家庭农场和农民专业合作经济组织。增加公共投入，把扶持重点切实转移到提高农村生产经营主体的信息化水平上来。

（2）增加省级财政对专业大户、家庭农场和农民专业合作组织的专项扶持资金，加强信息技术和网络技术的培训，着力提高合作组织的信息收集、识别、选择、处理、利用能力和创新能力，鼓励专业大户、家庭农场和农民专业合作经济组织主动与大专院校、科研机构挂钩联系，引进、消化、传播、推广最新农业科技成果，加快农业科技成果转化的速度，降低农业科技的推广使用成本，提高农产品的科技含量和经济效益，在推进农业信息化方面起到重要的带动、支撑和辐射作用。

（3）在政策层面上，要向各类合作经济组织适当放权，为其持续、稳定发展提供法律、制度保障，将合作组织建设成具有一定规模、产业性强、专业性强、服务功能完善的农村经济主体，使之成为贯彻国家产业政策的抓手，成为联结政府和农民的桥梁，成为联结市场和生产的纽带，成为应对国际市场风险的主体。

（4）组织农民观摩学习农民专业合作社法，培训出一批合作社辅导员，对形式多种多样的合作组织进行规范引导，逐步加强合作组织的内部管理，不断完善合作组织的运作机制，建立健全合作组织的内部核算体系和分配制度，保障合作组织成员的正当利益，以规范促发展，满足农民不断增长的多样化信息需求。

9.2.7　重视农村文化建设，为农民提供良好的信息接受环境

文化是农村生产力发展的基础和前提，农村文化建设是培养和提高现代农民综合素质的必由之路。搞好农村文化建设，发展农村文化事业，对于丰富农民的文化生活，提高农民的思想道德素质和科学文化素质，满足农民多样化信息需求，对于促进农村经济发展和社会全面进步，具有重要作用。

（1）加强文化设施建设，巩固农村文化阵地，增强农民的科技、信息、市场意识，培育民间信息需求

第一，搞好"两馆一站一室"建设。市（县）级图书馆、文化馆，乡镇文化站及村文化室是农村基层重要的文化工作网络和文化活动阵地，也是农村文化建设中的重点和难点。各省市（县）要把"两馆一站一室"建设列入当地的经济和社会发展总体规划，列入小康目标。对于偏僻的少数民族山区农村，可以联合有关部门共建综合性的文化设施，开发使用多功能流动文化车。

第二，用好现有的文化设施。要充分利用现有的文化场馆开展各种文化活动，举办各种科技培训班和文化科技知识讲座等，普及科学文化知识，提高农民信息素质，帮助农民致富。在经济文化相对落后的少数民族地区，还要利用文化设施举办各类补习班，积极配合农村扫盲工作。

第三，推进广播、电视"进村入户"工程。广播、电视具有覆盖面广、传播迅速、形象生动、老少皆宜等优点，深受广大农民的欢迎。看电视、听广播是广大农民了解党和国家方针政策、学习科学知识、了解外面世界的主要渠道，也是广大农民的主要休闲方式。政府要调动各方力量，推进广播、电视"进村入户"工程，积极推进农村广播、电视公共服务体系建设，满足广大农民精神文化和资讯信息需求。

（2）积极开展科技文化活动，丰富农村科技文化生活，提高农民科技文化素质

第一，开展读书活动。倡导农民读书，传播科学知识，是提高农民的科学文化素质，实施"科教兴国"的需要。要根据本村农民的实际情况，开展各种不同形式的读书活动，支持农民成立群众性读书组织，丰富农民的知识和技能。各级政府要根据文明生态村文化建设的需要，选派有专长的农业科技工作者和业务素质好的图书馆馆员，定期到农村进行读书指导，开展导读活动，激发广大农民的阅读兴趣，避免封建残余文化乘虚而入，引导农民读书致富奔小康。

第二，开展"信息大篷车""科技周""防灾减灾日"等科技进村活动，开设农业适用技术培训班和科普知识讲座，印发科普宣传册，专家现场解疑释惑，普及科技知识，培养农民信息需求意识，提升农民信息接受能力，懂得利用各种信息提高农业生产能力和生活质量。

第三，开展文化下乡活动。文艺团体要坚持送戏（节目）下乡，解决农民看戏难的问题。文化部门要继续联合教育、科技、卫生和共青团、妇联等部门与组织，在农村开展综合性的文化活动。群艺馆、文化馆、图书馆、电影公司等单位要深入到农村去，为农民送书、送电影、送文化科技知识。

9.2.8　用互联网思维改造传统农业，引领、创造和满足农民多样化信息需求

加大对大数据、云计算、移动互联网等网络基础能力的建设，利用大数据、云平台、物联网等互联网技术，整合金融、物流等各类社会资源，搭建 B2B 农产品电商平台、农业互联网金融平台、B2B2C 农资综合电商平台（直接让农民从厂家采购化肥、种子、农药、农机等，并提供农民测土配肥、农技服务、海外购销等多种增值服务）、土地流转综合资讯服务平台、B2B2C 农资分销平台、O2O 农业服务平台（打造兼具专家咨询、农资分销、农资终端服务、农产品销售、金融服务等功能的全链条 O2O 体系），加速移动网、电信网、广电网、互联网"四网合一"，整合各大农业数据库资源，建立易于使用的农业信息专业搜索引擎，并加强搜索引擎技术的研究，探索融合多媒体技术、自然语言识别、人工智能与机器学习、触控硬件等多种技术，推动产品创新，提高信息查全率和查准率，为满足农民信息需求提供技术保障，引领、创造和满足农民多样化信息需求，实现农业产业链去中间化，提升农业生产流通效率。

参 考 文 献

[1] 蔡东宏. 热带区域农业信息化路径与对策研究 [D]. 武汉大学, 2005.

[2] 蔡东宏, 曹晓雪. 农民信息需求现状及对策研究——以海南省农村信息需求现状调查为例 [J]. 农业图书情报学刊, 2012, 24 (07): 97 - 100 + 108.

[3] 蔡桦. 农民科技信息获得的渠道 [J]. 农业网络信息, 2005, (07): 50 - 51 + 61.

[4] 陈海淳. 发达国家农业信息化对我国的启示和借鉴 [J]. 科技进步与对策, 2003, (14): 121 - 123.

[5] 陈红奎, 吴永常. 农户信息服务需求的调查分析 [J]. 中国人口. 资源与环境, 2009, 19 (01): 169 - 172.

[6] 程宇航. 发达国家农民教育培训一瞥 [J]. 老区建设, 2011, (13): 56 - 59.

[7] 邓春梅, 李茂芬, 谢铮辉, 姚伟. 海南农业科技 110 服务站的现状分析及发展思考 [J]. 湖南农业科学, 2015, (07): 117 - 119 + 122.

[8] 邓卫华, 蔡根女, 易明. 农民创业信息需求现状调查与特征探析——基于对 382 个创业者的调查 [J]. 情报科学, 2011, 29 (11): 1714 - 1721.

[9] 邓益成, 吴浪. 偏远地区农民和农村信息服务体系建设现状及对策研究 [J]. 山东图书馆学刊, 2013, (02): 76 - 80.

[10] 杜璟, 张彦军, 李道亮. 基层农业信息内容服务的优先序研究 [J]. 江西农业学报, 2008, 20 (06): 112 - 115.

[11] 方允璋. 乡村知识需求与社会知识援助 [J]. 东南学术, 2007, (04): 111 - 119.

[12] 费孝通. 乡土中国, 生育制度 [M]. 北京: 北京大学出版社, 2004.

[13] 丰永红. 2013 中央一号文件再议 "三农" 开拓农村信息市场需把握关键点 [J]. 通信世界, 2013, (05): 30.

[14] 高建民. 中国 "农民" 的概念探析 [J]. 社会科学论坛 (学术研究

卷），2008，（09）：65-68.

[15] 戈黎华，罗润东．大城市周边农民人力资本形成特征分析——以天津蓟县毛家峪村农民认知调查为例 [J]．天津商学院学报，2007，27（05）：34-39.

[16] 郭彩，陈建国，张玉玮，田晓艳．以农民信息需求为导向探讨面向农村的信息服务新举措 [J]．天津农业科学，2012，18（05）：81-83.

[17] 郭鲁钢，李娟，张红．北京地区农民科技信息需求分析 [J]．安徽农业科学，2011，39（10）：6102-6103.

[18] 郭作玉．农村信息化及农村市场信息服务 [J]．中国信息界，2009，（1）：61-71.

[19] 韩军辉，李艳军．农户获知种子信息主渠道以及采用行为分析——以湖北省谷城县为例 [J]．农业技术经济，2005，（01）：31-35.

[20] 韩丽风．试论数字图书馆的信息参考服务 [J]．中国图书馆学报，2005，31（155）：61-64.

[21] 韩永昌．心理学 [M]．华东师范大学出版社，第5版，2009.

[22] 何其义，徐德明．当前农民需求信息调查 [J]．安徽农学通报，2007，13（06）：5-6.

[23] 何艳群，刘援军，李小丽，徐险峰．湘鄂渝黔边欠发达地区农户科技信息意识现状及其影响因素 [J]．图书馆学研究，2011，（22）：64-68+63.

[24] 何艳群，徐险峰．湘鄂渝黔边欠发达地区不同类型农户科技信息需求分析及服务策略 [J]．高校图书馆工作，2012，32（02）：73-75.

[25] 贺文慧．农户信息服务支付能力分析及实证研究 [J]．消费经济，2008，24（02）：45-48.

[26] 洪秋兰．国内外农民信息行为研究综述 [J]．情报资料工作，2007，（06）：27-30.

[27] 胡木贵，郑雪辉．接受学导论．[M]．辽宁教育出版社，1989.

[28] 胡圣方．甘肃农民对网络信息的需求调查 [J]．甘肃农业，2010，（04）：44-46.

[29] 胡晓丽，李萍．增强农民信息意识的途径和实践 [J]．宿州师专学报，2003，（04）：97.

[30] 华永刚．杭州地区农业大户的信息需求特征分析 [J]．农业网络信息，2006，（12）：53-54.

[31] 宦伟. 论信息意识培养 [J]. 图书馆, 1999, (02): 28-31.

[32] 黄清芬. 用户信息需求探析 [J]. 情报杂志, 2004, 23 (07): 38-40.

[33] 黄睿, 张朝华. 农户农业科技信息需求的优先序及其影响因素分析——来自广东的调查 [J]. 广东商学院学报, 2011, (02): 68-74.

[34] 黄友兰. 对"政府+市场"农村信息服务供给模式的思考 [J]. 农业经济, 2009, (02): 56-58.

[35] 霍韵婷. 从国外经验谈如何实现中国农业信息化 [D]. 吉林大学, 2012.

[36] 金海卫. 信息管理的理论与实践 [M]. 高等教育出版社, 2006.

[37] 金宏. 长春市农民信息需求影响因素实证研究 [D]. 吉林大学, 2012.

[38] 景琴玲. 我国农业职业教育发展模式研究 [D]. 西北农林科技大学, 2012.

[39] 井水. 陕西农民信息需求现状及影响因素分析 [J]. 西北农林科技大学学报 (社会科学版), 2013, 13 (05): 72-77.

[40] 雷明. 农村信息化模式选择与路径依赖: 广东德庆县农村信息化调查与分析 [M]. 北京: 经济科学出版社, 2013.

[41] 雷娜. 农业信息服务需求与供给研究 [D]. 河北农业大学, 2008.

[42] 雷娜, 赵邦宏. 农户信息需求与农业信息供需失衡的实证研究——基于河北省农户信息需求的调查 [J]. 农业经济, 2007, (03): 37-39.

[43] 雷娜, 赵邦宏, 杨金深, 谷岩. 农户对农业信息的支付意愿及影响因素分析——以河北省为例 [J]. 农业技术经济, 2007, 26 (03): 108-112.

[44] 李道亮. 农产品市场信息最受关注 [N]. 中国计算机报, B03, 2007-05-21.

[45] 李枫林, 徐静. 我国农村信息需求与供给的不对称及改进措施 [J]. 农业图书情报学刊, 2006, 18 (09): 33-36.

[46] 李光学. 基于农户信息需求的供给服务研究 [D]. 华中农业大学, 2009.

[47] 李国祥, 杨正周. 美国培养新型职业农民政策及启示 [J]. 农业经济问题, 2013, (05): 93-97+112.

[48] 李红琴. 彝族地区农民信息需求调查分析与对策研究——以凉山彝族自治州布拖县农村为例 [J]. 图书馆学研究, 2012, (18): 68-72.

[49] 李华红．人口双向流动中的西部地区农民科技信息需求与服务研究——基于贵州的调查 [J]．贵州社会科学，2011，(06)：92－96.

[50] 李静．西部欠发达地区农村居民信息需求与行为分析——以陕南为例 [J]．图书馆学研究，2012，(16)：55－58＋78.

[51] 李静．陕西农村信息服务现状分析及对策研究——基于农村居民需求 [J]．图书馆论坛，2014，(03)：53－59.

[52] 李小丽，徐险峰，何艳群．欠发达地区不同职业农民信息需求分析——以湘鄂渝黔边区为例 [J]．农业图书情报学刊，2012，24 (12)：120－124.

[53] 李小龙，陈华，薛姝．北京市粮食种植农户农机信息需求特点及对策 [J]．农业工程，2014，(4)：27－30＋33.

[54] 李习文，张玥，张玉梅．宁夏农民信息意识、信息需求、信息能力现状分析 [J]．宁夏社会科学，2008，(06)：71－75.

[55] 李霞，余国新．基于 Logistic 模型的新疆农户对信息内容的需求影响因素分析 [J]．贵州农业科学，2013，41 (03)：176－181.

[56] 林毅夫．中国农业在要素市场交换受到禁止下的技术选择，制度、技术与中国农业发展 [M]．上海：上海三联书店、上海人民出版社，1994，159－175.

[57] 刘冬青，孙耀明．以信息需求为导向的农村信息服务 [J]．情报科学，2008，26 (07)：1003－1006.

[58] 刘婧．农村信息服务体系建设亟待解决的问题——来自革命老区农民信息需求调查报告 [J]．图书情报知识，2008，(04)：70－75＋53.

[59] 刘敏，邓益成，何静，刘玉娥．农民信息需求现状及对策研究——以湖南省农民信息需求现状调查为例 [J]．图书馆杂志，2011，(05)：44－48＋62.

[60] 刘明新．论信息意识及其培养 [J]．考试周刊，2009，(44)：161－162.

[61] 刘艳琴．发达国家农民职业培训对中国的启示 [J]．世界农业，2013，(08)：165－167.

[62] 刘一民，余国新．农户信息需求的影响因素分析——基于新疆发达地区 206 户样本调查 [J]．农村经济与科技，2014，25 (10)：140－142＋151.

[63] 罗兴辉．信息市场的供需分析 [J]．情报资料工作，1994，(02)：

16 - 17.

[64] 马振. 安徽农户信息需求与获取途径的实证研究 [D]. 安徽大学, 2010.

[65] 茆意宏, 彭爱东, 黄水清. 农民信息需求与行为的区域比较研究——以江苏省为例 [J]. 图书情报工作, 2012, 56 (12): 49 - 53 + 80.

[66] 倪慧, 万宝方, 龚春明. 新型职业农民培育国际经验及中国实践研究 [J]. 世界农业, 2013, (03): 134 - 137.

[67] 农少林, 唐献平. 浅议新时期广西农民科技教育培训体系建设 [J]. 广西农学报, 2006, (04): 67 - 70.

[68] 彭超. 实现农民现代化 迫切需要信息化 [N]. 人民邮电, 2006 - 03 - 17, 006.

[69] 彭光芒. 农村社区意见领袖在科技传播中的作用 [J]. 科技进步与对策, 2002, 19 (07): 104 - 105.

[70] 彭文梅. "信息行为"与"信息实践"——国外信息探求理论的核心概念述评 [J]. 情报资料工作, 2008, (05): 33 - 36.

[71] 綦群高, 赵明亮, 谷辈. 新疆南疆三地州农牧民农业信息需求意愿实证研究 [J]. 天津农业科学, 2009, 15 (04): 56 - 60.

[72] 覃子珍, 蔡东宏, 毛彧. 海南省农民信息需求现状调查分析 [J]. 江苏农业科学, 2012, 40 (10): 406 - 408.

[73] 施静, 肖友国, 魏太亮, 龚雪艳. 10 年来我国农民信息需求特征及其影响因素研究: 回顾与反思 [J]. 安徽农业科学, 2013, (07): 3220 - 3222 + 3232.

[74] 石田. 国外加强农业教育与提高农民素质做法 [J]. 世界农业, 1997, (2): 35 - 37.

[75] 宋军, 胡瑞法, 黄季. 农民的农业技术选择行为分析 [J]. 农业技术经济, 1998, (06): 37 - 40 + 45.

[76] 孙贵珍. 河北省农村信息贫困问题研究 [D]. 河北农业大学, 2010.

[77] 谭英, 王德海, 谢咏才, 彭媛. 贫困地区不同类型农户科技信息需求分析 [J]. 中国农业大学学报 (社会科学版), 2003, (03): 34 - 40.

[78] 谭英. 欠发达地区不同类型农户科技信息需求与服务策略研究 [D]. 中国农业大学, 2004.

[79] 唐锟. 农村市场信息服务模式构建的相关因素研究 [J]. 图书与情报, 2008, (04): 117 - 120.

[80] 唐素勤，钟智. 学生认知能力的评估 [J]. 广西科学院学报，2002，18 (04)：281 – 284.

[81] 陶丽. 农户的市场信息需求与供给研究 [D]. 四川农业大学，2008.

[82] 陶冶. 关于农产品市场信息服务的几个问题 [J]. 软科学，2001，15 (02)：47 – 49.

[83] 汪红梅，余振华. 提高我国农业技术需求的有效途径——基于社会资本视角的分析 [J]. 农村经济，2009，(10)：86 – 88.

[84] 王虹，李京芬，王春梅. 少数民族地区农民信息需求差异探析 [J]. 图书馆学刊，2010，32 (07)：66 – 67 + 75.

[85] 王洪俊. 农民信息意识对农民行为的影响研究 [D]. 中国农业大学，2005.

[86] 王俊杰，陈晓萍. 农村市场信息供给失衡中的政府行为理性分析 [J]. 情报杂志，2010，29 (06)：186 – 190.

[87] 王丽萍，张朝华. 基层农业信息供给状况与农户信息需求倾向调查——以广东珠海为例 [J]. 特区经济，2012，29 (12)：147 – 148.

[88] 王栓军，孙贵珍. 基于信息需求状态的农民信息不对称分析 [J]. 河北软件职业技术学院学报，2012，(04)：7 – 11.

[89] 王小宁. 农村居民接受信息服务行为的实证分析 [J]. 西安石油大学学报（社会科学版），2011，20 (05)：49 – 55.

[90] 王玄文. 中国农民对农业技术服务需求意愿的研究 [D]. 中国农业科学院，2003.

[91] 王艳霞，张梦，李慧. 中国农业信息服务系统建设 [M]. 北京：经济科学出版社，2013.

[92] 韦志扬，程二平，甘立，李云祥，韦燕萍，邓世杰. 农民对农业技术偏好与信息需求实证研究 [J]. 西南农业学报，2011，24 (03)：1178 – 1183.

[93] 魏学宏，朱立芸. 西北地区农户信息需求的表现及再选择——以甘肃景泰县调查为例 [J]. 开发研究，2015，(01)：53 – 56.

[94] 邬焜. 信息哲学——理论、体系、方法 [M]. 北京：商务印书馆，2005.

[95] 吴漂生. 江西省农民信息需求调查 [J]. 国家图书馆学刊，2011，20 (01)：46 – 49.

[96] 肖洪安，陶丽. 农户对市场信息的需求意愿及影响因素探析——基于

四川省雅安市雨城区的调查 [J]. 农业经济问题, 2008, (09): 40-44.

[97] 肖黎, 刘纯阳. 发达国家农业信息化建设的成功经验 [J]. 新农村, 2011, (09): 37-38.

[98] 熊倩. 基于实证的我国农民信息需求与信息行为研究 [D]. 华中师范大学, 2013.

[99] 徐娇扬. 论用户信息需求的表达 [J]. 图书馆论坛, 2009, 29 (01): 36-38.

[100] 徐仕敏. 论农民的信息意识 [J]. 情报杂志, 2001, 20 (07): 67-68.

[101] 徐险峰. 湘鄂渝黔欠发达地区农村信息需求研究 [J]. 图书情报工作, 2012, 56 (1): 90-93.

[102] 许静. 传播学理论 [M]. 北京: 清华大学出版社, 2007.

[103] 许竹青, 刘冬梅. 发达国家是怎样培养职业农民的 [N]. 经济参考报, 2013-08-06, 005.

[104] 杨春. 河北省农民信息需求调查与特性分析 [J]. 河北科技图苑, 2011, (01): 48-49+88.

[105] 杨慧芬. 培育新型职业农民: 日韩经验及对我国的思考 [J]. 高等农业教育, 2012, (04): 94-95.

[106] 杨玲玲. 需求品位提升实用要求更高 [N]. 人民邮电, 2006-03-17, 007.

[107] 杨玲玲. 多样化综合化简易化 [N]. 人民邮电, 2006-03-22, 007.

[108] 杨旭. 仁寿县农户信息需求影响因素研究 [D]. 四川农业大学, 2013.

[109] 杨沅瑷, 黄水清, 茆意宏. 2007-2012年国内农村信息服务研究述评 [J]. 情报杂志, 2013, 32 (7): 171-174.

[110] 杨沅瑷, 茆意宏, 黄水清. 近十年国内农民信息行为研究述评 [J]. 图书情报工作, 2010, 54 (9): 132-135.

[111] 杨沅瑷, 黄水清, 彭爱东. 中东部地区农民信息行为比较研究 [J]. 图书馆, 2013, (3): 56-60.

[112] 阳毅. 南充市农民信息需求影响因素的实证研究 [D]. 西南财经大学, 2013.

[113] 于良芝, 罗润东, 郎永清, 戈黎华. 建立面向新农民的农村信息服务

体系：天津农村信息服务现状及对策研究 [J]. 中国图书馆学报，2007，33（06）：30 – 35 + 40.

[114] 原小玲，贾君枝，朱丹. 山西省农民信息需求调查研究 [J]. 情报科学，2009，27（08）：1194 – 1198.

[115] 岳奎. 种田农民代际更替背景下的农民信息需求述论 [J]. 山东社会科学，2014（S1）：140 – 141.

[116] 张爱民. 农民信息需求的识别与确定研究 [J]. 晋图学刊，2012（1）：68 – 71.

[117] 张博，宋立荣. 农业科技信息共享中信息质量需求分析 [J]. 中国农学通报，2010，26（10）：343 – 346.

[118] 张德. 组织行为学 [M]. 北京：高等教育出版社，2008.

[119] 张会田，吴新年. 农村居民信息认知与信息行为分析 [J]. 情报资料工作，2011，（06）：88 – 93.

[120] 张晋平. 我国农业信息需求及农业信息服务体系 [J]. 农业网络信息，2014，（05）：119 – 123.

[121] 张蕾，陈超，展进涛. 农户农业技术信息的获取渠道与需求状况分析——基于 13 个粮食主产省份 411 个县的抽样调查 [J]. 农业经济问题，2009，（11）：78 – 84 + 111.

[122] 张亮. 我国新型农民培训模式研究 [D]. 河北农业大学，2010.

[123] 张绍晨. 林农信息需求研究 [D]. 北京林业大学，2010.

[124] 张晓兰，何国莲，朱昭萍. 西部地区农民信息需求现状分析——以甘肃庆阳为例 [J]. 农业图书情报学刊，2014，26（03）：96 – 98.

[125] 张义. 有关当前我国农民概念界定的几个问题 [J]. 农业经济问题，1994，（08）：12 – 17.

[126] 张永强，张泽浩，王刚毅，单宇. 城乡一体化进程下农户信息需求影响因素分析——基于黑龙江西格木乡的实证研究 [J]. 中国农学通报，2015，31（28）：285 – 290.

[127] 章志光. 心理学 [M]. 北京：人民教育出版社，第 3 版，2002.

[128] 赵洪亮，张雯，侯立白. 新农村建设中农民信息需求特性分析 [J]. 江苏农业科学，2010，（01）：391 – 392.

[129] 赵丽霞. 基于农户信息需求的内蒙古农牧业信息体系建设 [D]. 内蒙古农业大学，2007.

［130］赵卫利，刘冠群，程俊力，郝晓蔚．我国农业信息需求及来源的探索 ［J］．内蒙古科技与经济，2011，（07）：61 -62 +72.

［131］赵文祥．农村科技信息需求与服务策略研究——以山东省昌乐县为例 ［D］．中国农业大学，2007.

［132］赵岩红．河北省农户信息需求分析 ［D］．河北农业大学，2004.

［133］郑红维，商翠敏．如何发展农村信息市场 ［J］．农村工作通讯，2003，（10）：24.

［134］钟义信．信息科学原理 ［M］．北京：北京邮电大学出版社，1996.

［135］周爱军．农村科技信息需求现状分析及服务策略研究 ［D］．中国农业科学院，2006.

［136］朱姝姗．乐山农民科技信息需求影响因素研究 ［D］．四川农业大学，2013.

［137］朱水林，朱长超，崔建国．论信息意识 ［J］．毛泽东邓小平理论研究，1997，（04）：58 -62.

［138］朱希刚，赵绪福．贫困山区农业技术采用的决定因素分析，农业经济技术．1995，（5）：18 -26

［139］Adeola, R. G., J. G. Adewale and O. O. Adebayo. Information Needs of Cowpea Farmers in Ibadan/Ibarapa Agricultural Zone of Oyo State, Nigeria ［J］. International Journal of Agricultural Economics & Rural Development, 2008, （2）: 78 -83.

［140］Akanda, A. K. M. Eamin Ali and Md. Roknuzzaman. Agricultural Information Literacy of Farmers in the Northern Region of Bangladesh ［J］. Information & Knowledge Management, 2012, 2 (6): 1 -11.

［141］Adomi, Esharenana E, Ogbomo, Monday O., Lnoni, O. E. Gender factor in crop farmers'access to agricultural information in rural areas of Delta State, Nigeria ［J］. LibraTY Review, 2003, 52 (8): 388 -393.

［142］Ashraf, S., G. A. Khan, S. Ali, S. Ahmed, M. Iftikhar. Perceived effectiveness of information sources regarding improved practices among citrus growers in Punjab Pakistan ［J］. *Pakistan Journal of Agricultural Sciences*, 2015, 52 (3): 861 -866.

［143］Baah, F. Meeting the information needs of Ghanaian cocoa farmers: are farmer field schools the answer? ［J］. Journal of Science and Technology, 2007, 27

(3): 163 – 173.

[144] Babu, S. C. , C. J. Glendenning, & K. Asenso-okyere. Farmers' information needs and search behaviors: Case study in Tamil Nadu, India, (December): 2011, 1 – 53.

[145] Chisenga, J. , C. Entsua-Mensah, and J. Sam. Impact of globalization on the information needs of farmers in Ghana: A case study of small-scale poultry farmers. in 73RD IFLA General Conference and Council. Durban: World Library Information Congress, 2007.

[146] da Silva, A. P. , A. J. C. V. E. Silva and P. G. Ribeiro. Farmers' Demand for Information about Agribusiness [J]. International Farm Management Association, 2005, 321 – 326.

[147] Dey, Bidit Lal; Prendergast, Renee; and Newman, David. How can ICTs be used and appropriated to address agricultural information needs of Bangladeshi farmers? . GlobDev 2008. Paper 21. http: //aisel. aisnet. org/globdev2008/21, 2008.

[148] Doss, R. C. and L. M. Morris. How does gender affect the adoption of agricultural innovations? The case of improved maize technology in Ghana [J]. Agricultural Economics, 2000, 25: 27 – 29.

[149] Elly, T. and E. E. Silayo. Agricultural information needs and sources of the rural farmers in Tanzania: A case of Iringa rural district [J]. Library Review, 2013, 62 (8), 547 – 566.

[150] Gunawardana, A. M. A. P. G and VP. Sharma. Personal Characteristics of Farmers Affecting the Information Seeking Behavior on Improved Agricultural Practices in Udaipur District Rajasthan, India [J]. *Tropical Agricultural Research*, 2007.

[151] Hollifield, C. A. and J. F. Donnermeyer. Creating demand: influencing information technology diffusion in rural communities [J]. Government Information Quarterly, 2003, 20 (2): 135 – 150.

[152] Irivwieri, J. W. Information needs of illiterate female farmers in Ethiope East Local Government Area of Delta State [J]. Library Hi Tech News, Vol. 2007, 24: 9/10, 38 – 42.

[153] Jones, E. , M. T. Batte and G. D. Schnitkey. The impact of economic and socioeconomic factors on the demand for information: a case study of Ohio commercial farmers [J]. Agribusiness, 1989, 5 (6): 557 – 571

［154］Jiyane, Veli. Anex. Ploratory study of information availability and exploita-tionby the rural women of Melmoth, K Wa Zulu-Natal ［J］. South African Journal of Li-braries and Information seience, 2004, 70 (1): 1 – 8.

［155］Kaliba A. R. M., Featherstone A. M. and Norman D. W. A Stall-feeding Management for Imporved Cattle in Semiarid Central Tanzania: Factors Influencing Adoption ［J］. Agricultural Economics, 1997, 1. 17 (2 – 3).

［156］Kiondo, E. Access to gender and development information by rural women in the Tanga region, Tanzania ［D］. *Pietermaritzburg*: University of Natal, 1998.

［157］Kool, M., M. T. G. Meulenberg and D. F. Broens. Extensiveness of farmers' buying process ［J］. *Agribusiness*, 1997, 13: 310 – 318.

［158］Leckie, Gloria J. Female farmers and the social construction of access to agricultural information ［J］. Library and Information Science Research, 1996, 18 (4): 297 – 322.

［159］Lesaoana-Tshabalala BV. Agricultural information needs and resources available to agriculturalists and farmers in developing countries with special reference to Lesoto ［D］. Pretoria: University of Pretoria, 2001.

［160］Lwoga, E. T., P. Ngulube and C. Stilwell. Information needs and infor-mation seeking behaviour of small-scale farmers in Tanzania ［J］. Innovation: Journal of Appropriate Librarianship and Information Work In Southern Africa, 2010, (40): 82 – 103.

［161］M. A. P. M. van Asseldonk. R. B. M. Huirne. A. A. Dijkhuizen. A. J. M. Beulens. A. J. Udink ten Cate. Information needs and information technology on dairy farms ［J］. Computers and Electronics in Agriculture. 1999, 22 (2 – 3): 97 – 107.

［162］Malhan, I. V. and J. Singh, Agriculture information literacy: a sine qua non for Indian farmers to bridge the agriculture knowledge gaps in India. In Information literacy: context, community, culture (pp. 12 – 13), IFLA Information Literacy Section Satellite Meeting, 8 – 9 August 2010, Gothenburg, Sweden, 2010.

［163］Meitei, L. S. and T. P. Devi. Farmers information needs in rural Manipur: an assessment ［J］. Annals of Library and Information Studies, 56, 35 – 40. Mooko, Neo Patricia. 2005. The information behaviors of rural women in Botswana ［J］. Library&Information Science Research, 2009, 27: 115 – 127.

［164］Nyareza, S., A. L. Dick. Use of community radio to communicate agricultural information to Zimbabwe's peasant farmers [J]. *Aslib* Proceedings: New Information Perspectives, 2012, 64 (5): 494 – 508.

[165] Okwu, O. J. and B. I. Umoru. A study of women farmers' agricultural information needs and accessibility: a case study of Apa Local Government Area of Benue State, Nigeria [J]. African Journal of Agricultural Research, 2009, 4 (12): 1404 – 1409.

[166] Ochai A. Library services to the grassroots in developing countries: a revisionist approach. African Journal of Library, Archives and Information Science. 1995, 5 (2): 163.

[167] Otsyina, Joyce A and Rosenberg, Diana. Rural development and women: What are the best approaches to communicating information [J]. Gender and Development. 1999, 7 (2): 45 – 55.

[168] Patrick MUTUGI. K. KIRIMI . Assessment of Women Smallholder Sorghum Farmers Access to Agricultural Information in Mwingi Central District, Kitui County, Kenya [J]. Masters of Science in Agricultural Information Masters of Science in Agricultural Information & Communication Management, 2013.

[169] Ruud B. M. Huirne. Stephen B. Harsh. Aalt A. Dijkhuizen. Critical success factors and information needs on dainy farmsahe farmer's opinion [J]. Livestock Production Science. 1997, (48): 229 – 238.

[170] Sabo, E. Agricultural information needs of women farmers in Mubi region [J]. *Adamawa State Journal of Tropical Agriculture*, 2007, 45 (1 – 2), 69 – 71.

[171] Salau, E. S, N. D. Saingbe and M. N. Garba. Agricultural Information Needs of Small Holder Farmers in Central Agricultural Zone of Nasarawa State [J]. *Journal of Agricultural Extension*. 2013, 17 (2): 113 – 121.

[172] Schnitkey, G. , M. Batte, E. Jones, and J. Botomogno. Information preferences of Ohio commercial farmers: implications for extension [J]. *American Journal of Agricultural Economics*, 1992, 74.

[173] Shannon, C. E. A Mathematical Theory of Communication. *Bell System Technical Journal* [J]. 1948, (27): 379 – 423, 623 – 656.

[174] Sharma, A. K. Information seeking behaviour of rural people: a study [J]. *SRELS Journal of Information Management*, 2007, 44 (4): 341 – 360.

[175] Tamba, M. and M. Sarma. Factors Influence the Need of Agricultural In-

formation for Vegetables' Farmers in West Java Province [J]. Jurnal Penyuluhan, 2007, 3 (1).

[176] Taylor, Robert S. Question-Negotiation and Information Seeking in Libraries. Journal of College and ResearchLibraries, 1968, 29 (3): 178 – 194.

[177] Thammi, Raju D., Rao B. Sudhakar, Reddy M. Sudarshan, Gupta B. Ramesh, Kulkarni B. S. Factors influencing the information needs of commercial poultry farmers. *Indian Journal of Poultry Science*, 2004, 39 (3): 256 – 260.

[178] Thangata P. H. and J. R. R. Alavalapati. Agroforestry Adoption in Southern Malawi: the Case of Mixed Intercronning of Gliricidia Sepium and Maize [J]. *Agricultural System*, 2003, 78 (1): 57 – 71.

[179] Tucker, M. and Ted L. Napier. Preferred sources and channels of soil and water conservation information among fanners in three Midwestem US watersheds [J]. *Agriculture, Ecosystems and Environment*, 2002, 92 (2 – 3): 297 – 313.

[180] Walisadeera, A. I., G. N. Wikramanayake and A. Ginige. An Ontological Approach to Meet Information Needs of Farmers in Sri Lanka [J]. *Springer Berlin Heidelberg*, 2013, 7971: 228 – 240.

[181] Wilson T. D. Models in information behavior research [J]. *Journal of Documentation*, 1999, 55 (3): 249 – 270.